中國商幫興衰史

讓歷史教你如何成就霸業

范勇◎著

國家圖書館出版品預行編目資料

中國商幫興衰史：讓歷史教你如何成就霸業／范勇著.
-- 初版. -- 臺北縣中和市 ： 漢湘文化，2001〔民90〕
面 ； 公分. --（暢銷系列；6）
ISBN 957-480-612-X （精裝） 1. 商業－中國－歷史2. 商業－文化－中國3. 商人－中國
490.92 90015899

中國商幫興衰史-讓歷史教你如何成就霸業 暢銷系列 6

發行人 胡明威 定價/400 元
編 者 范 勇 執行編輯 呂小惠
企劃印務 范揚松 行政祕書 余綺華・高伊姿
出版者 漢湘文化事業股份有限公司
台北縣 235 中和市中山路二段350號5樓
TEL:(02)2245-2239 . FAX:(02)2245-9154
郵政劃撥 戶名 ： 漢湘文化事業股份有限公司 帳號 ： 1697754-9
E-mail hanshian @mail.book4u.com.tw
登記證 行政院新聞局局版台省業字第620號
法律顧問 文聞・黃福雄・蔡兆誠・王玉楚律師
電腦排版 洪士傑
內文製版 中台彩色製版印刷有限公司
內文印刷 隆興彩色印刷有限公司
裝 訂 精益裝訂股份有限公司
線上總代理： 華文網股份有限公司
網 址： http ： //www.book4u.com.tw
紙本書平台 ▶ 華文網網路書店
瀏覽電子書 ▶ 華文電子書中心
下載電子書 ▶ Online Books電子書中心

初版一刷 2001年12月

ISBN 957-480-612-X

香港總經銷 ● 漢源文化有限公司
地 址 ● 香港九龍觀塘開源道55號開聯工業中心A座1226
電 話 ● 002-852-23438466
傳 眞 ● 002-852-23438440

總經銷：
旭昇圖書有限公司 地址：台北縣和市中山路二段352號2樓
電話：（02）2245-1480 傳眞：（02）2245-1479

前言

翻開中國地圖，可以發現，中國歷史上最具影響力的商幫是分布在長江中下游、黃河中下游地區以及東南沿海地區，整個分布地域呈新月形狀。這輪新月，背靠大海，正面朝著中國廣袤的大陸腹地。這種地域分布是一種歷史偶然嗎？

一個社會，不能沒有商人，近、現代社會，則更是如此。商人、商品和商業資本，是推動社會發展的重要因素。商人可以存在於任何社會的微小隙縫中，為自己開闢出一個活動的小天地。這種頑強的生命力，遇到適當的機會便會勃發出旺盛的生機，以致在一定的歷史時期裡，商業竟然「發生過壓倒一切的影響」。

這種「發生過壓倒一切的影響」的商業活動，出現在中國的明清時期：徽（州）商、晉（山西）商、洞庭（蘇州）商、寧紹（寧波、紹興）商、龍游（浙江衢州）商、江右（江西）商、泉漳（福建）商、臨清（山東）商、粵（廣東）商等商人集團相繼出現和崛起，稱雄於當時，形成了影響近現代社會的中國十大商幫。

在中國歷史上，商幫留下了許多不解之謎。

翻開中國地圖，可以發現，中國歷史上最有影響的商幫是分布在長江中下游、黃河中下游地區以及東南沿海地區，整個分布地域呈新月形狀（形象地講，像一把帶柄的彎鐮）。這輪新月，背靠大海，正面朝著中國廣袤的大陸腹地。這種朝向為何不是相反呢？要知道中國經商歷史最悠久、對商貿需求最大的地方恐怕是沿著中國北部邊地長城一線了，那一帶也正是中國文明史上有名的新月形文化傳播帶！

中國傳統社會是重農抑商的「士農工商」，商排在最後一位。若說賺錢是文明社會中人們的天然本性，經濟發達地區人們經商是自然而然之事，可呈新月形的商幫分布帶並非都是當時經濟發達地區。著名文化史學者余秋雨先生曾慨然喟嘆道：「在上一世紀乃至以前相當長的一個時期內，中國最富有的省份不是我們現在可以想像的那些地區，而竟然是山西！」（《抱愧山西》）

……

中國商幫所產生的文化現象，是十分有趣的。他們留給後人許多有滋有味的精神食糧，留下了他們驚險而又刺激的人生場景，同時又留下了輝煌背後難言的隱痛與憂傷，這些隱痛與憂傷刻寫在飽經滄桑的節女牌坊、斷垣殘壁的商號和古老的商人宅院上，讓後人去回味、去咀嚼、去想像當年商幫的依稀風貌。

他們對中國各地的商業文化和商業活動的影響是巨大的。在這種影響下所形成的各地不同的商業精神，其外在表現，也是很有趣的。

我們現代的商人，仍然流淌著商幫的血液，再現著他們的流風餘韻。因此，有關中國商幫的書，寫它和讀它，都能從中獲得教益和啟迪。

目錄

第六章　亦盜亦商的福建商幫

第七章　內涵豐富的廣東商幫

第十六章　中國南方人的商業精神

第一章

霸氣十足的徽州商幫

十五世紀，皖南徽州，一個偏僻的彈丸之地，卻走出一批批商人。揚州、漢口這些繁華的商埠，竟然是徽州商人的「殖民地」。

更令人不可思議的是，這些手拿少許銀兩，背包桍傘，呼朋喚友的鄉民，竟然使中國的商界為之戰慄。

活躍在大江南北、黃河兩岸的徽州商幫注定要成為明清中國商場的主宰；其商業資本之鉅、活動範圍之廣、經商能力之強、從賈人數之多，在商界是首屈一指的。當別的商幫驚呼「無徽不成鎮」時，徽商對北中國的晉商已有蔑視之意。當胡雪巖從一個小夥計平步青雲做到紅頂商人，成為中國頭號官商時，徽商已經稱霸商場了。

徽商格言

人生在世，不為利，就為名。做生意也是一樣，冒險值得不值得，就看你兩樣當中能不能占一樣。

一個人的力量畢竟有限，就算三頭六臂，又辦得了多少事？要成大事，全靠和衷共濟，說起來我一無所有，有的只是朋友。要拿朋友的事當自己的事，朋友才會拿你的事當自己的事，沒有朋友，就算有天大的本事，還是沒有辦法。

自己做生意，都與時局有關，在太平盛世，反倒不見得會這般順利。由此再往深處去想，自己生在太平盛世，應變的才能無從顯現，也許就庸庸碌碌地過一生，與草木同腐而已。

人要識潮流，不識潮流，落在人家後面，等你想到要趕上去，已經來不及了。

有句老古話，叫做「同舟共濟」，一艘船上不管多少人，性命只有一條，要死大家死，要活大家活，遇到風浪，最怕自己人先亂，一個要往東，一個要往西，一個要回頭，一個要照樣向前，意見一多會亂，一亂就要翻船，所以大家一定要穩下來。

生意失敗，還可以重新來過；做人失敗不但再無復起的機會，而且幾十年的聲名，付之東流。

讀書好營商好效好便好，創業難守成難知難不難。

淚酸血鹹悔不該手辣口甜只道世間無苦海，金黃銀白但見了眼紅心黑哪知頭上有青天。

能受天磨真鐵漢，不遭人忌是腐才。

惜衣惜食惜財兼惜福，求名求利求己勝求人。

以誠待人，人自懷服，任術御物，物終不親。

生財有大道，以義為利，不以利為利。

財自道生，利緣義取。

一 紅頂商人胡雪巖

胡雪巖是一個帶有傳奇色彩的人物。

一八二三年的一個夜晚，月明星稀，安徽績溪街上的一間破瓦房裡傳來嬰兒的啼哭聲，那哭聲分外的響亮。這孩子就是胡雪巖，幾十年後他成了徽商中的巨富，成了徽商中的頂尖人物。

胡雪巖是安徽績溪人，很小的時候父親就去世了，因為家貧，他從小就在錢莊裡當學徒，最初掃地倒溺壺，後做夥計。因他聰明伶俐，善於識人，而且能言善道，做事講義氣，很受錢莊財東及其他夥計的信任。

在胡雪巖二十歲左右時，遇到一位名叫王有齡的人。這次邂逅，成為胡雪巖一生之中的第一次重大轉機。

王有齡父親是候補道，因病而故，沒有留下多少財產。王有齡有心捐官，卻沒有本錢。胡雪巖決心助王有齡一臂之力。他將一筆錢莊未能收回，已經認賠作帳的錢，憑個人在外的名聲，向欠債人索還，竟然得以追回，他即將此錢交給王有齡。錢莊得知此事，不禁大怒，同行都說他膽大妄為，擅作主張，甚至有人懷疑胡雪巖在中間搗鬼，挪用這筆錢去償還賭債。

正當胡雪巖處境艱難、落魄受氣的時候，王有齡出現了。

王有齡依靠官至江蘇學政的「毛根朋友」何桂清的交情，成為浙江撫台面前的紅人，巡撫黃宗漢下委任讓他做海運局的坐辦。海運局是為漕米而專設的，總辦由藩司兼領，坐辦是實際的主持人。

王有齡要替胡雪巖出氣，準備到錢莊去擺擺官架子，胡雪巖反倒不願讓他報復錢莊的「大夥」，而是藉此給錢莊的同行們每人送了一份禮。錢莊的同事無不對胡雪巖心服口服。

王有齡負責海運漕米，費力不討好。胡雪巖為王有齡出了妙計，買商米代墊漕米。買商米的錢，由胡雪巖說服自己當夥計的錢莊去墊撥。錢莊看到是海運局這個衙門作後盾，又是胡雪巖在勸說，便接受了胡雪巖的建議。

事情經胡雪巖一手調理，進行得非常順利，漕運糧食代墊之事完成之後，王有齡受到經常「勾兌」的巡撫大人的回報，署理湖州府。

胡雪巖得到王有齡的支持，自設錢莊，名叫「阜康」。「阜康」的檔手台面放得開，剛開業就做了幾手博得錢業同行喝采的事。

胡雪巖利用王有齡署理湖州之便，到湖州運絲倒賣，繼而倒賣軍火，和洋人打起交道。

胡雪巖交人講義氣，會察言觀色，投其所好，出手又大方。三教九流，官衙錢莊，均是結下了好人緣。為了拜見何桂清，胡雪巖忍痛將自己的新歡阿巧姐讓給何桂清。

王有齡又簡放浙江巡撫，有王的支持，胡雪巖更是如虎添翼。

太平軍進攻江蘇浙江那幾年，胡雪巖已經站穩了腳跟。第一是錢莊，這是他的根本。第二是絲，第三是典當和藥店。在胡雪巖看來，開典當和藥店是為了方便窮人，要讓老百姓都曉得胡雪巖的名字，這是利人利己，一等一的好事。同時他又著手與民生國計有關的大事業，準備利用漕幫的人力，水路上的勢力與現成的船隻，承攬公私貨運，同時以松江漕幫的米行為基礎，大規模販賣糧食。

太平軍李秀成率兵圍困杭州，過了四十天，城內鬧起饑荒，受王有齡委託，胡雪巖潛出杭州城，到上海辦米，米是買到了，但太平軍把杭州城圍得如鐵桶一般，卻運不進去。

杭州城終於不保，王有齡在巡撫衙門上吊殉節。

左宗棠從安徽進入浙江，任命浙江藩司蔣益澧為主將，攻奪杭州。

清軍奪回杭州，胡雪巖隨即用船運來一萬石糧食，令清軍將領和城中軍民驚喜交集。蔣益澧將藩庫的收支，均交「阜康」代理。又派軍官，送胡雪巖到餘杭拜見左宗棠。

左宗棠本來對胡雪巖有成見，他聽外界傳聞說胡雪巖在公款上做有手腳，又覺得以胡雪巖與王有齡的關係，胡竟然不能與王有齡共生死。

胡雪巖見到左宗棠，款訴心曲，又多謙恭有禮，左宗棠遂有好感。得知胡雪巖這一萬石米到杭州，解救了清軍與杭州百姓的口糧，左宗棠便對胡雪巖賞識有加。胡雪巖相識左宗棠，這是他人生第二次大轉機。

胡雪巖不失時機，幫助左宗棠籌得軍餉，左更是對胡雪巖另眼相看，視為股肱。

左宗棠後調任福建，胡雪巖專駐上海，為左經理軍餉、軍糧和軍裝軍械。

胡雪巖本是「鹽運使銜」的「江西試用道」，左宗棠奏請朝廷「以道員補用，並請賞加按察使銜」。

由於胡雪巖為左宗棠部籌餉、籌糧業績卓著，左宗棠在調任陝甘總督時，密保胡雪巖升職，措詞極有分量，懇請朝廷「破格優獎，以昭鼓勵，可否賞加布政使銜」。

胡雪巖被任命為布政使，他原銜按察使，為臬司，是正三品，戴藍頂子，布政使是藩司，從二品，戴紅頂子。

胡雪巖以一個商人身分戴上紅頂子，成為當時全國的頭號官商。

他的家業資產在當時是無與倫比的。

他把徽幫的聲譽推到了極致。

二 徽商的興起——一個尚未完全解開之謎

產生胡雪巖這般傳奇商人的徽州商幫是一個同樣具有傳奇色彩的商幫。

有人說：歷史垂青徽商。事實果真如此嗎？

我們來看看歷史。

徽州，商人的淵藪之地

徽人經商源遠流長，東晉時就有新安商人活動的記載。明清時期的成化、弘治年間，徽州商人正式形成了一個商幫集團。當時的徽商，是指明清時期徽州府籍的商幫，即該府所轄的歙縣、休寧、婺源、祁門、黟縣、績溪六縣商人。

徽商的興起，人們通常認為是與地理環境有關。

徽州地處皖南崇山峻嶺之中，皖、浙、贛三省交界處。這裡重巒疊嶂，煙雲繚繞，河流清澈，可耕土地很少，素有「七山半水半分田，兩分道路和莊園」之稱。

從風景來看，徽州可以說得上秀麗，山水確實宜人。但從糧食產量來看，又很不樂觀，一年所產的糧食僅夠三、四個月食用。不過好在徽州的其他物產卻非常豐富。徽州處於萬山叢中，盛產竹木。所產的杉木用途極廣，大至棟梁之材，小至器用之物，都以此作原料。徽杉以婺源所產最堅硬，堪稱上品。至於竹子，更是漫山皆是。

徽州多崇山峻嶺，氣候溫潤，利於茶樹生長。茶葉栽種是這個地方的主要副產。尤其是祁門縣，山山皆種茶，十分之七八的農人皆以種茶為生，祁門茶葉，色黃而味香，品質超過其他地方，每年二、三月新茶將上市之時，四方商人蜂擁而至。徽州名茶很多，如松蘿、雀舌、蓮心、金芽等。這些茶葉產量大、質量好，大都作商品生產，均能賣得好價。

徽州的一大財富是陶土。瓷都景德鎮所產瓷器，馳名遐邇，行銷中外。但其製瓷原料——白土（高嶺土），卻產於徽州。婺源的高梁山出粳米土，其性堅硬。祁門的開化山出糯米土，其性柔軟。兩者摻合，就能燒成質地精良的瓷器。這兩種土，開發容易，又有商業價值，真是上天賜給徽人的禮品，也算是大自然對徽州少地缺糧的一種「補償」，這種瓷土也就成為徽州與外地交換的天然物產。

徽州的手工業品，最具特色的是「文房四寶」——紙、墨、筆、硯，聞名全國。

早在唐宋時期，徽州出產的紙就已享有盛名。歙縣、績溪兩縣交界地龍鬚就盛產名紙。黟縣、歙縣所產的良紙，自首至尾，勻薄如一。

徽州山上多古松，松煙是製墨的好材料。徽州人很早就開始製墨，只是不怎麼出名。唐末遷居徽州的易水奚超、奚廷珪父子所製的墨，深受李後主的讚賞。從此，各地皆時尚徽墨。宋代黃山張廣厚、高景修所製的墨亦享盛譽，暢銷全國。徽州每年都要以大龍鳳墨千斤作為貢品，送往朝廷。

毛筆是當時文人士子所必需的用具。徽州近鄰宣州所產宣筆很有名，其製筆工藝在宋代傳入徽州，出現了一批製筆名匠，他們所製的毛筆在當時被人們爭購。

徽州盛產製硯的良石。尤其是婺源龍尾山所出龍尾石，是製硯的良材。硯工因石取勢，雕琢成頗有藝術價值的圖案，成為文房珍品。婺源古屬歙州，故這種硯被稱作「歙硯」。歙硯流譽天下，與端硯齊名。

徽州雖然處在重巒疊嶂之中，交通很不方便。但幸運的是，州內有著便捷的水路，可以通航。其中，新安江是徽州境內最大的水系，沿江東下可達杭州。新安江上游的練江、漸江、豐樂水，皆可通舟楫。由績溪境內的徽溪、乳溪順流而下可到江南。祁門一帶則由閶江可入鄱陽。既可上接閩廣，又可下連蘇杭。歙縣也是四通八達。將竹木編成竹排、木排，也能輕而易舉順流運至浙江或江南。

土地少，物產又豐富，交通還算是尚可。這樣的地理環境，在人口稀少的情況下，人們可以過著桃花源般的生活，用不著去經商勞累。如果這種情形長期保持下來，雄霸商場的徽幫也就不可能出現了。

人口與自給自足的經濟的平衡終於被打破了，這是什麼時代的事我們今天已無法確知。但人口不斷增加而耕種土地又無法擴大的矛盾，為徽州地區人們的生活帶來極大的困難：糧食嚴重不足，即使豐年，也要從江西、湖北或宣州、池州運來大批糧食以彌補欠缺。

於是，徽州人開始走上經商的道路。隨著全國經濟重心的南移，南宋定都於臨安（今杭州），都城的修建，南方社會經濟的發展給商人提供了廣闊的天地，於是徽人經商的現象比以前多了起來。他們把徽州境內豐富的土特產運出去銷售，又將本地需要的物品從外地輸入進來，產生了貿通有無的作用。隨著經濟重心南移過程的完成，徽州已成為商人活動頻繁的地區了。

明代以前的徽州商人還比較零散，尚未形成一個有勢力、有影響的商業團夥，到了明代中葉，徽商作為一個影響力強大、頗具特色的地方商業集團就開始名聞海內了。

徽商的崛起，是抓住了歷史的機遇。

明代從成化、弘治時起，東南城鎮商品經濟獲得較大的發展，從而促使徽商迅速興起。由於東南城鎮商品經濟發展，城市日趨繁榮，當時的南京、蘇州、杭州等城市都是商賈雲集、貨物輻輳的大都會。

東南城鎮商品經濟的發展，不僅把這一地區廣大的小生產者納入市場的網絡之中，而且為商人的貿遷活動提供了廣闊的舞台。正是在這種氛圍裡，有著經商傳統的徽州商人因時乘勢，際會風雲，得到較大發展。他們憑藉地緣和血緣關係，結夥進行商業貿易，形成了稱雄於東南半壁的徽州商幫。

徽州商幫的興起，似乎是順理成章的事。

但是，與徽州相近，地理環境較徽州更優越、交通更方便的地方有的是，如宣州、蕪湖、銅陵等地。為什麼這些地方未出商幫，而條件似乎相對較差的徽州卻又形成商幫，而且能夠雄視中國各地商界呢？

這當然是一個尚未完全解開的謎。

徽州商幫的興起，還應有一個隱秘的原因。

我們試著來解開這個謎。

徽幫興起的隱秘

每個社會，每個地方都有商人的存在，經商活動是無處不在的，但要成群結夥去經商，並以此形成商幫，卻不是各地都能做到的。

徽州居民，在明代以前，大多數並不具備經商的能力。據萬曆《歙志》載：「長老稱說，成、弘以前，民間稚樸少文，甘恬退，重土著，敦愿讓，崇節儉」，這樣的百姓，顯然不是經商的材料。這段記載也說明當時徽人經商的現象還不普遍。而到了成化、弘治年間，情況就不一樣了。生活於其時的歙人鄭氏勸其丈夫經商時曾說：「鄉人中經商的十人就有九人，你怎麼能因顧家而不去經商？」十分之九的人都在經商，可見在歙縣，從商已成為人們靡然從之的社會風尚了。休寧縣也是「民鮮力田，而多貨殖」。其他各縣也多是這樣。由於從商已形成一種社會風尚，經商人數也就越來越多，遠遠超過其他地方。當時有人寫打油詩譏嘲說：「丈夫志四方，不辭萬里遊。新安多遊子，盡是逐蠅頭。風氣漸成習，持籌九州。」

徽州百姓，由不擅長經商一變而成為人人爭著經商並進而形成商幫，其原因應與徽州人的素質有關。

徽州地處偏僻，重嶺疊嶂，土著民自耕自足，被外地人視為「桃花源」。唐宋以來，由於經濟重心的南移和戰亂，外地遷入徽州的人逐漸增多。由於地勢偏僻，遷入者大都是聚族而徙的北方貧民百姓，間或有富家大族遷入。

這樣，明代成化、弘治年以前徽州人就有了如下特點：

血緣關係密切（聚族而居的緣故）；

稚樸少文（文化程度不高，博取功名之心也不強）；

本身潛質較高（遠緣婚配）；

吃苦耐勞（山區地理環境使然）。

徽州人的這些特點，雖與商人的特點有差距，但卻具有成為優秀商人的潛質。他們彷彿是一張未經染色的白布，可以在上面繪出最新最美的圖畫。他們不為功名仕進所累，也無法在農業上取得成就來滿足家人的衣食；他們的大腦又管用，智商較高；血緣關係又密切，群體向心力強；又能吃苦耐勞；只要稍微有人點撥，有人帶頭示範，便會擇善而從，群體響應。

因此，明代成化、弘治年間，徽州人終於形成了人人爭著去經商的局面。無論家庭情況好壞，只要有點辦法，都不會放棄經商的機會。外出經商，人地生疏，總會遇到意想不到的困難。為了使商業活動得以順利進行和發展，徽州商人往往成幫結夥。由於徽州地處偏僻的萬山叢中，宗族制度一直十分牢固。這裡「千年之塚，不動一抔；千丁之族，未嘗散處；千載譜系，絲毫不紊」。這種宗族關係自然要為商業經營所利用。徽人大都同家同族結成商幫，一人外出經商，往往是與親戚朋友一同共事，形成宗族性商業集團。而同宗同族一般又同村同地居住，一人經商往往像滾雪球一樣，帶動全村人前往。因而這種宗族性的商幫又帶有鮮明的地域性特點：歙縣多鹽商，婺源多茶商、木商，休寧人多是典當商。

徽州人的素質與社群結構，注定他們要在中國商場上取得卓越的成就。

㈢「遍地徽」與「無徽不成鎮」

「遍地徽」

徽商出行的勢頭，猶如水銀瀉地，無孔不入。因而明朝嘉靖、萬曆年間，民間流傳著「鑽天洞庭，遍地徽」的諺語，意思是說，蘇州的洞庭山人和徽州人都是經商能手，為了牟取厚利，他們無孔不入，無處不到。當時的徽商，足跡踏遍全國。不但京城、各省都會及其他大小城鎮是徽商活躍之處，就連窮鄉僻壤、深山老林、沙漠海島等人跡罕到的地方也不乏徽商的活動。

當時的揚州、儀徵、蘇州、松江、淮安、蕪湖、杭州、湖州、南昌、漢口、北京等城市都有眾多的徽人僑寓其中。有些徽商甚至把自己祖宗的遺骸也從家鄉搬來，遷葬於他們僑居之地，以便及時祭掃。這些墓葬之地，都是當地風水最佳之地。

明清時期，鄰近徽州的蘇浙地區商品經濟最為發達。這裡到處都是牟利生財的機會。所以徽人總是把蘇浙視為理想的逐利之所，呼親喚友，接踵而至，從事各種商業活動。在蘇浙的各大城市中，許多重要的商業部門往往都操在徽商手裡。由於徽人赴杭經營絡繹不絕，不僅控制了杭城的商業和兩浙鹽運業，而且還占據了杭州風水最好的南北二山作為安葬地。

徽商除了控制江南和長江沿線外，還把眼光瞄準了當時縱貫南北的大運河。徽商通常沿運河北上貿易。淮安地近運河、淮河交匯之處，是運河沿線一個重要的商業樞紐。而這裡的商業都操縱在徽商手中。地處運道咽喉的臨清，更是徽商最活躍之處。明末臨清有當鋪百餘家，全是徽浙之人開設的。徽人之多，難以勝數，以致萬曆時，「山東臨清，十九皆徽商占籍」。外地人因占有商籍而取得在臨清參加科舉考試資格者，十分之九都是徽商子弟。運河之濱的山東東阿縣張秋鎮，鎮上最繁華的南京街，綢緞鋪鱗次櫛比，都是徽州、江寧、鳳陽等地商人開設的。黃河流域歷來是晉商的勢力範圍，徽商並不因此罷手，千方百計要擠進晉商的勢力地盤。他們沿運河北上，往來於晉、冀、魯、豫，尤其是北京，更是徽商輳集之地。明朝隆慶年間，「歙人聚都下者，已以千萬計」。清朝乾隆時，徽商在北京開當鋪、銀樓、布店、茶行、茶店的人更多。僅徽人經營的小茶店就有數千家。有些徽商還不辭辛勞遠赴遼東甘肅等邊遠地區從事商業活動。如明末的程次公率其子弟到甘肅河西；周廣在大同、甘肅經商，成為巨商。諸如此類的情況並非罕見。

由贛江溯流而上，越大庾嶺，南入廣東，華南也是徽商的重要商業場所。他們把內地的茶葉、瓷器、絲綢、大黃運至廣州，轉銷海外，又把外洋進口貨物運銷內地。徽人還把江西的饒州（今波陽）作為物資集散地。他們把徽州的茶葉、景德鎮的瓷器運集於此，或運銷於長江、黃河流域，或經由贛江運往廣東。他們為了運貨的需要，還在饒州的彭家埠買地建房，專作徽人停泊貨船之所。江西饒州實際成了徽商的一個商業據點。徽人的貨船經由江西新建縣的吳城鎮，從鄱陽湖駛入贛江，可以直抵大庾嶺下。贛州、南康、南雄一線，是當時的商業熱線，為徽商盤運貨物的挑夫一路上絡繹不絕。明中葉以後，徽人入粵經商者越來越多，他們大都是衝著對外貿易而來的。一般多留居廣州，有一些徽商從閩廣揚帆入海，從事海外貿易。嘉靖時，一些徽商還僑寓日本。徽商不但活躍於全國各地，而且連海外諸國也留下了他們的足跡。

「無徽不成鎮」

徽商足跡遍布全國各地，其活動範圍已經使人刮目相看了。其在商界中的活動能量更令人咋舌，最能說明這點的例子是嘉定縣南翔鎮的興衰過程。南翔鎮為蘇浙地區著名商鎮之一，商市一直很興旺。明萬曆年間，該鎮上的徽商一度遷徙到其他地方去經商，南翔鎮馬上就變得蕭條起來，成為死氣沈沈的市鎮。徽商的聚散竟然關係到一個市鎮的盛衰，這當然使當時的人們驚嘆不已。於是在民間就出現了「無徽不成鎮」的諺語。

四 乾隆皇帝驚嘆道：「富哉商乎，朕不及也！」

徽商財富的增殖和積聚，十分驚人。

富甲天下

明朝嘉靖年間，大官僚嚴世蕃與他的知心好友在酒宴上興致勃勃地評議天下富戶的等次。他們認為，當時家產值銀五十萬兩以上的頭等富戶共有十七家。其中徽州富戶，便有兩家。

到清代乾隆時，徽商的富商所擁有的資本更是嚇人。

清人李澄說，乾隆時，「淮商資本之充實者，商以千萬計」。他所說的淮商，主要指徽州鹽商。徽商中財力最雄厚的要算兩淮鹽商。乾隆時，在揚州業鹽的徽商汪廷璋就是「富至千萬」的大商人。兩淮鹽商之富，到了「全國金融幾可操縱」的程度。萬曆時，在揚州業鹽的秦、晉、徽三幫商人，資本總計不下三千萬兩。清雍正十一年至嘉慶九年，七十年間，兩淮鹽商報效政府的捐款就達二千六百萬兩之巨，皇帝做壽、南巡的花費開支還不在內。

清人李澄則說：乾隆時，在揚州業鹽的山西、徽歙富商共有一百多家，其資本總額約七八千萬兩。從萬曆到乾隆，淮商的資本幾乎增加了兩倍。清朝財力最充實的乾隆四十六年（一七八一），國庫存銀不過七千萬兩，尚不及淮商資本之多。兩淮鹽商之富，竟使天子都感至驚訝。難怪乾隆帝南巡時曾驚嘆道：「富哉商乎，朕不及也！」

徽商商業資本的發展猶如滾雪球一般快速壯大，擁資百萬乃至千萬的大富商的人數越來越多。一個徽州商人發財之後，總是有一大批人在其卵翼之下發展為新的富商，這種連鎖反應從而使徽州富商的隊伍不斷擴大。嘉靖萬曆時，徽州富商程某在荊楚兩廣經商，其門下常集宗族子弟數十人，他們都貸用程某的資本並在程某的具體指導下經商。如果運氣不佳，生意賠了本，程某就會寬延其還債期限，使門下子弟有施展才能、撈回本錢的機會。如果生意賺了錢，程某從中少取利息，使門下子弟有利可圖。所以自從程某發了財，他的族人個個都能分沾實惠，人人都願為他效力。歙人汪玄儀在山西、河北經商時，其弟子十餘人都在他的指導下經商致富，甚至有人賺得的利潤比玄儀本人還多出好幾倍。程某、汪玄儀這種帶徒弟的方法在徽商中具有普遍性。因此，徽州富商的人數越來越多，其資金總量也越來越大，各種渠道流入的資金使得整個徽州竟也「富甲天下」了。

五 徽商的生財之道

白手起家

徽州人剛經商時，大多數人家底薄，經商資本都是七挪八借而來。如休寧人汪應亨經商，資金不足，其妻金氏把自己的私房錢都拿出來讓丈夫去經商。歙人江才常慨嘆：欲種田而田少，欲經商而家薄，可謂進退兩難。其妻鄭氏乃脫衣典當成錢作為丈夫經商之資。明初歙商吳烈夫正是「挾妻妝服賈」，以致「累金巨萬，拓產數頃」的。也有的人是靠親戚朋友援助資金開始經商。歙人鄭鐸善於經商而無資本，其嫂許氏將自己嫁妝首奩拿出變賣，援助鄭鐸經商，他在兩湖蘇浙地往來，商業上有了大發展。有極少數人甚至是變賣家產，籌積資本來從事商業活動。如婺源的李魁經商無本，家中只有一間臥室，竟以十兩銀子的代價賣給同族之人。他就憑這點微薄資本前往南京經商，漸漸致富。當然也有人靠自己的辛勤勞動，省吃儉用，攢成一筆資金後才走上經商道路的。歙人鮑志道，十一歲即去鄱陽跟人學會計，二十歲時到揚州一家鹽商當夥計。由於他精明能幹，所得的報酬也多了起來。後來他就用積攢起來的酬金獨自經商，逐漸成為揚州的著名鹽商。

也有一些徽州人是採取合夥出資的方式，共同經商，得利共分。如嘉靖年間的休寧商程鎖在創業之初，就聯合本族志同道合者十人，每人出錢三百為本，來往於吳興、新市之間經商。後來十人都成富商。

白手起家，空手打天下。用這句話來形容徽商應該說是不過分的。

致富途徑

徽州一旦在商界中站穩腳跟，便開始快速致富，而且通常很少失算。徽商之所以能夠不斷地增殖其財力，累積起巨額資本，主要是因為他們善於分析和判斷經濟形勢，在買賤賣貴的不等價交換中牟取厚利。

徽商致富有四個重要的途徑。

最初是全面介入商業交易，從中尋求利潤。徽商是一個綜合性商幫，幾乎所有的商業行當都染指，都不放棄。徽商從事的主要行業有：

徽商從事北方邊地鹽業貿易，他們以極低的場價購買食鹽，運至銷鹽口岸高價發賣，獲利較場商更大。當時運商之中又有總商與散商之別。總商是由官府指派的鹽商首領，一般由資重引多、辦事幹練者充任。每年徵課辦引時，散商要分隸在各總商的名下，由總商督徵鹽課，查禁私鹽。朝廷有關鹽政大計也每與總商協商。總商的這種半官半商身分，給他們帶來了更多的牟利機會。充任總商的人，沒有一個不大發橫財的。因而總商職位，爭奪尤為激烈。徽商為了徹底控制鹽業利潤，憑藉他們與官府的良好關係和宗族的堅決支持，極力爭得總商的職位。清代揚州的八大總商，徽人就常占其四。最為著名的是江春，他為兩淮總商前後達四十餘年。他多次率領眾商捐資助賑、助餉。乾隆帝每次南巡，他都大肆鋪張，籌備接駕。清廷對他也屢賜宴賞，優禮有加並授以布政使之銜，是一個比胡雪巖還要早的紅頂子商人。從官銜來看，他與胡雪巖同為布政使，從權勢來看，他比胡雪巖還要大，更為風光。他當總商，不僅自己從中大肆撈錢，而且也為徽商們經營鹽業提供了眾多的方便。

徽商除了經營鹽業之外，還經營布、糧、茶、木、典當、文房四寶、瓷器、絲綢、紙張等行業。

徽商早在明朝成化年間，就大規模從事江南松江棉布的販運。當地人不滿地說：松民之財多被徽商搬去了。明末清初，徽商見江南棉布的生產更加商品化，更是有利可圖。於是雲集蘇浙，把持牙行、布莊，把持市價，壓價收布，高價發售北方，獲得厚利。為了更好的控制蘇浙生產的棉布，徽商乾脆開設牙行，從中牟利；開設棉布染印加工業，清代蘇州、松江的數十家色布字號都是徽商經營的；他們算計精到，每年用大批商船載米東下江浙賣米買布，又揚帆而歸，來往獲雙利。

徽商商業意識極強，明中葉以後，歷來被稱為魚米之鄉的蘇浙，由於人口的增加、城市的發展，經濟作物種植面積的擴大，糧食反而不能自給，必須依賴長江中上游的接濟。於是慣為糧商的徽人見機行事，迅速擴大了他們的經營規模，一躍而為在吳楚之間從事糧食貿易的主要商幫了。

入清以後，蘇浙福建等處糧食的需求大增，而湖廣地區的稻米生產也大有發展。雍正以後，四川又成了一個重要的商品糧供給地。看準形勢，徽州糧商進一步擴大了經營規模。乾隆時，休寧人吳鵬翔販運川米沿江東下，適逢漢陽發生災荒，他就在該地一下子拋售川米數萬石。

當時徽商販糧船的多寡，直接影響著產糧區的糧價。

徽商經營茶業是老本行，有不少「世守其業」的茶葉商人，清朝乾隆時，徽人在北京開設的茶行有七家，茶商字號一百六十六家，小茶店達數千家。在漢口、九江、蘇州、上海等長江流域的城市中，幾乎到處都有徽州茶商的活動。浙江烏青鎮的茶葉店幾乎全是徽商開設的。為了擴大貨源，徽商還在外省他鄉採購茶葉。

清代時，徽商改進製茶技術，所生產的皖南綠茶，暢銷海外。由於外銷量增多，徽商改由海道販運茶葉，獲利巨厚。

徽州木商從前主要是採伐家鄉山區杉木，然後販運銷售，後本地所產木材已不敷採伐，他們便遠赴江西、湖廣、四川開拓新的貨源，他們沿水路行進，深入深山老林，利用水運的低廉運費，採伐大批木材，運出銷售。凡是在木材集散地，都可見到他們的行跡和身影。徽州木商從經營木材中獲利很厚，出了不少的大商人。明朝萬曆時，徽人王天俊等趁北京修建乾清、坤寧二宮之機，賄賂權貴，營求採辦「皇木」十六萬株的證件，企圖藉此逃避關稅錢五六萬兩。可見其產業和規模之大。

徽州商人對典當業更是青睞有加，因為典當業是高利貸活動的一種，能夠從中獲取厚利。當時徽人開設的典鋪遍及全國，以江浙地區最多。

清代歙人許某一家就在蘇浙各地開設了典鋪四十餘處，各類營業人員總計不下二千。徽州典商在北方各地也十分活躍。明末河南一省就有徽典二百一十三家。崇禎時，徽人汪箕在北京開設的典鋪竟有數十處。這些典鋪既典當物品，又同時發放高利貸，賺取厚利。徽商經營典業的手段極為高明，往往以種種優惠條件吸引顧客，使其他商幫難以與之競爭。

大規模的長途商品販運活動是徽商致富的另一個重要途徑。他們熟悉水運，利用長江、運河以及我國東部沿海水運之便，把蘇浙的食鹽、棉布、絲綢，皖南的茶葉，景德鎮的瓷器等等運銷於四面八方。又把長江中上游的糧食、木材、藥材，華北和東北的棉花、大豆等等源源不斷地運往蘇浙。他們通常採用在商品產地壓價收貨，運至銷售地點又以高價發賣的方法，盡力擴大商品的地區差價，從生產者和消費者手中賺取豐厚的商業利潤。徽州鹽商、糧商、布商、木商、茶商中，有許多人就是在這種長途商品販運活動中發財致富的。

從事囤積居奇也是徽商致富的一個途徑。在這一點上，徽商經驗是非常豐富的。他們做這類生意常常是輕車熟路，非常老到得心應手。

明朝弘治、嘉靖年間，休寧人程鎖年輕時父親客死外地，其資財也被人占奪殆盡，不得不棄學從商。他與同宗者十人合夥經營，每人出錢三百貫作本錢，在江蘇溧水縣一面放債，一面囤積居奇。嘉靖二十二年（一五四三），溧水豐收，他們趁賤收購糧食。次年，該地發生災荒，糧價大漲，他們便把囤積的糧食拋售出去，在一買一賣之間大獲厚利。

程鎖囤積居奇不僅獲得厚利，而且這一商業行為使他名利雙收，真是一箭雙鵰。

應該說，從事這種囤積居奇的程鎖是個善於經商的人，當他趁糧食市場價低賤收購糧食時，給價略高於市價；趁糧食市場價格較貴拋售糧食時，索價又比市價略低，所以他在獲利的同時還博得人們的稱讚。說他經商講仁義。從此他的名聲大振，很快就擠垮了競爭對手，擴大了自己的經營規模，積累起數萬兩銀子的家當。

像程鎖這類徽商是屬於那種精明人。但也有徽商見利忘義，貪心太大，顯出一種市儈的小人氣。萬曆十七年（一五八九），蘇州大旱，有個徽商從湖廣販米至蘇州。若按當時每斗市價一百五十錢發賣，已可獲利四倍。該商人猶不滿足，便把糧食囤積起來，等待糧價繼續上漲。對於這種商人，人們非常痛恨。有人譏諷他說：「豐年積穀為凶年，一升米糴十升錢，天心若與人心合，頭上蒼蒼不是天。」

這種商人，就是十足的奸商了。

囤積居奇是徽商中最為常見的經商手法。徽商囤積居奇，一方面是徽商追逐厚利的本性使然，另一方面也反映出徽商的膽略和見識。

借助封建特權牟取厚利是徽商致富的又一個重要途徑。在徽商中，以鹽商最富。這主要是因為他們享有行鹽的專利權，可以坐獲高額的壟斷利潤。另外，徽商還利用牙行制度，把持市場，操縱物價。中國舊時，有一種專為買賣雙方說合交易評定價格，從中抽取佣金的商行，被稱為牙行。牙行的人稱呼很多，有叫牙商、牙人、牙郎、牙儈的。明清以前，凡是大宗商品的買賣，都必須通過牙行才能進行。牙行中的牙儈必須由官府特許並發給牙帖的人充任。牙儈原來只是貿易雙方的居間人，本身並不參與貿易。可是明清時期，許多牙儈已經演變成亦商亦牙的人物。他們利用牙儈的身分把持市場，操縱物價，為自己收購或推銷商品。徽商往往結交權貴，利用自己商幫的力量，積極躋身牙商行列，以便從中牟取厚利。清朝乾隆時，績溪人章健德之兄「慷慨有大略，節駔儈（牙儈），貴出賤取，居數年，遂以起其家」。就是說，章某既是評定物價的牙儈，又是買賤賣貴的商人。這種商牙結合的經營方式，使他在貿易中大占便宜，只賺不虧，幾年之內就發達起來。徽商在蘇浙一帶以商牙結合的方式收購棉布活動和以棉易布活動，肆意盤剝小生產者，他們卻從中獲取豐厚的利潤。

六 徽商的商業秘密

徽州商人形成財雄勢大的商幫，有兩個致勝的秘密武器。一個是外儒內商的商業道德觀，一個是宗族勢力和宗法制度。

「賈而好儒」

徽州是南宋大儒朱熹的故鄉，素有「禮儀之邦」之稱。儒家思想道德有著崇高的地位，生長在這樣的環境裡，徽商大都表現為「賈而好儒」的特點，因此他們的商業道德觀帶有濃厚的儒家氣息。但就是這種外儒內商的商業道德觀，卻使他們在商場競爭中屢屢獲勝。徽商以儒道為主的商業道德，具體表現在以下幾個方面：

徽商深知，商人和顧客是互惠互利的兩極，商人只有誠實不欺，才能贏得顧客的信任。所以，他們在經營中，大都強調「忠誠立質」，往往是「寧奉法而折閱，不飾智以求贏」。他們所說的誠就是儒家宣揚的「誠篤」、「至誠」、「存誠」之類。如清代婺源人朱文熾，為人憨厚剛直，在珠江經營茶葉貿易，每當出售的新茶過期後，他總是不聽市儈的勸阻，在與人交易的契約上注明「陳茶」兩字，以示不欺。他在珠江二十餘年，雖因此虧蝕本銀數萬兩，但並不後悔。他深知「以誠待人」的道理，懂得信譽終會給他帶來可觀的盈利。

徽商在與他人合夥經營，或受雇替他人經營時，也講求一個「誠」字，大家相互以誠相待。歙縣商人許憲有句他經商的心得：「以誠待人，人自懷服。任術御物，物終不親。」這就是說，只有以誠待人，人家才信服你，經常和你打交道，否則，終會對你敬而遠之。徽商都把信譽看得很重要，並且非常珍惜自己的名譽。道光間黟縣商人胡榮命賈於江西吳城鎮五十餘年，童叟不欺，名聲大著。晚年還鄉，有人要以重金租用他的店名來進行經營，胡榮命拒絕了這一要求，說：「彼果誠實，何藉吾名也？」

歙縣商人吳南坡，因遵循童叟不欺，市不二價的原則，贏得了顧客的信任，以致人們入市買貨，見到印有吳南坡的封識的貨便立即買走，而不看貨是否夠量和是否質精。明代歙縣商人許文才，也是因為「市不二價」，以「信義」贏得了名聲，以致人們入市購物，專門找他購貨。休寧商人程鎖也是以「信」經商的典型。他在經營高利貸業務時，一年的期限也不過是十分之一的利息。當地百姓都稱讚他有信義。經營糧食貿易時，即便是大饑之年，他也不抬高市價，趁機牟利。

正直者重然諾，守信用。徽商主張「以義獲利」。績溪商人江通，因「以義獲利，為鄉里所重」。明代婺源商人李大暠常以「財自道生，利緣義取」開導他的晚輩。清代的凌晉，更是徽商中「以義為利」的一個典型。他在與人交易時，曾遇到狡詐的商販，蒙混其數，多取他的錢財，他並不斤斤計較。他在付給別人貨物時，若一旦發現有缺斤少兩的現象，則必如數予以補償。這樣做不但沒有蝕本，反而使生意做得更加紅火。

徽商的「生財有大道，以義為利，不以利為利」的經營觀點，使他們獲益不小。萬曆時，歙人汪通保在上海經營典業。他的典鋪四面開門，令其宗族子弟分頭接待顧客，藉以提高營業效益。他又約束諸子弟：貸出的銀子一定要成色好、重量足；計算利息要公道；收回銀子時分文不得多取。這些做法使他的聲譽大起，貧苦百姓都到他的典鋪來典當物品，連別府他州的人也捨近就遠，爭來押當。很快他就由一個小康之家，變成首屈一指的大富翁。

徽商在經營中還講求仁愛之心，不乘人之危而牟利。明正德年間，安慶潛山、桐城一帶發生災荒，糧價暴漲。休寧糧商汪平山並不「困人於厄」，將自己蓄儲的穀粟，全部借貸給貧民不收利息，遠近之人都頌揚他。清代歙縣商人吳鏄也是以「仁心」經商的典型。他「平生仁心為質，視人之急如己，力所可為即默任其勞，事成而人不知其德」。他還經常諄諄告誡其子孫在經商中要存仁愛之心、寬厚之德。

徽商以儒家的「誠」、「信」、「義」、「仁」的道德說教作為其商業道德的根本，使他們在商界贏得了信譽，這種儒商行為促進了商業資本的發展。明清時期徽商之所以能夠雄踞江南而與晉商共執商界之牛耳，重視商業道德是其中的一個重要原因。徽商這種符合中國傳統道德規範的經商行為，是他們經商成功的奧秘所在。

宗族是個「護身符」

徽商以宗族勢力和宗法制度作為商戰武器，具體表現在以下幾個方面：

依靠宗族勢力，建立商業壟斷。這是徽商致勝的法寶。

明清時代，商人牟利的主要手段就在於賤買貴賣。為了賤買貴賣就必須排斥競爭，建立壟斷。徽州的行商、坐賈都善於利用宗族勢力進行商業壟斷。在這方面，他們都是大行家。徽州坐賈對地方市場的壟斷，一是控制城鎮市集的全部貿易，二是把持某一行業的全部業務。

徽人外出經商，在城鎮市集落腳後，其族人、鄉黨隨之而來，都在當地經商，逐漸壟斷了市場。

徽商在建立區域性壟斷時，聯結宗族勢力，造成人力、財力上的優勢。明景泰、弘治間徽商許孟潔在「淮泗通津」的重鎮正陽經營二十餘年，其族人紛紛前來投靠。漸漸形成徽商壟斷正陽商業的局面。許孟潔客死正陽，「挽者近三千人」，旁觀者近萬人，紛紛感嘆，從未見到商人有如此之多的親友。徽商勢力之大，於此可見一斑。

徽商在建立行業性的壟斷時，同樣離不開宗族勢力的支持，這在他們經營的典當業中表現得尤為明顯。他們的競爭策略，是族人鄉黨都從事同一行業，大家憑恃雄厚的資本，採取一致行動，降低典利，擠垮本薄利高的異幫商人。

以宗族作後盾，展開商業競爭是徽商常用的手段。

徽州富商大賈大都是行商。行商比坐賈的經營活動要複雜得多，其利潤率高低取決於對市場需求的判斷和預測、貨運周轉率、季節、物候對價格的影響、運輸工人的工資數額等等。這些因素決定了以集團型的方式從事販運性貿易的經營競爭力強，攫取的利潤高。因此徽商中的大商人都是採用組織嚴密、投入資本大的集團經營方式，參與販運貿易的競爭。

對市場需求的正確判斷和預測，是販運貿易的前提。徽商對市場需求的判斷和預測是依靠副手及在各地經商的族人提供的。徽商常利用族譜來了解族人的分布情況，並從他們那兒探知當地市場信息和情況，徽人的族譜就是徽商行走天下的「聯絡圖」。

徽州行商為了增強競爭力，在各地建立起自己的商業網點，在購、銷、運各個環節上安置自己的親信。

也有的徽商在販運過程中出現市場變化，如行價下跌，或一時找不到買主，凡是遇到此類情況，徽商都是設法找到在當地經商的徽商，把貨物轉賒給當地徽商，或委託當地徽商代賣，或逕直以貨抵押獲得貸款，另覓商業機遇。

徽商利用宗法制度，不僅在商業貿易中尋求宗族的支持，同時也作為控制本族人的一種手段。他們除在故鄉建宗祠之外，還在經商地修建宗祠，祭祀祖先。他們如此重視尊祖敬宗，其目的還在於收絡宗族人心，用宗族禮法來管理約束族眾，維護等級森嚴的管理層次。

為了加強各地徽商的團結，徽州商幫又到處修建會館，作為當地徽商議事共事的場所，聚積起大家的力量，以應付外界來的各種壓力。這些會館一般都有自己的店鋪、倉庫、碼頭，為本幫商人經商提供了方便，從經濟上給予本幫商人以支持。會館在扶植徽幫在商界的勢力起了重大作用。當徽商受到地方勢力或異幫商人的欺壓時，會館會聚合眾商人之力，達到「以眾幫眾」的目的。會館還辦理一些同鄉公益活動，使大家能夠休戚與共，有利於本幫在商業上大家聯手，共同建立壟斷。

以宗族勢力為雲梯，攀附封建政權是徽商夢寐以求的事。徽商深知要在商業上求得大發展，除了宗族勢力之外，還必須要尋求官府的庇護，才能避免封建政治勢力的欺凌，又能從他們那裡得到好處，尋求到「官商」、「皇商」之類的美差。在這種心態下，徽商十分注重投靠封建政權。

徽商要投靠和借重封建政權，採用了兩種手段：一方面，對官僚權貴進行收買賄賂，這種手段稱作「借資貴人」。另一方面，辦學校督促子弟發憤讀書，以求仕進做官。

徽商為了尋求政治靠山，不惜採用收買賄賂的手段，結交權勢，行媚權勢。比如徽商章必林，想獲得鹽務官員的好感，隨身相侍，陪伴鹽務官員巡視，頻獻殷勤。徽商中的最典型例子，便是胡雪巖投靠左宗棠之事。左宗棠本對徽商有成見，胡雪巖知難而進，借捐軍款和賑災款來曲線媚附左宗棠，很得左宗棠的歡心，一來二去，二人竟成莫逆之交。左宗棠身為督帥，親自為胡雪巖任官之事向皇上進奏摺，把胡雪巖大大誇獎一番。

「胡雪巖，商賈中奇男子也。人雖出於商賈，卻有豪俠之概。前次浙亡時，曾出死力相救。上年入浙，渠辦賑撫，亦實有功桑梓。」

胡雪巖竟因此而得官，他平步青雲，成為紅頂商人，做到中國的頭號官商。

徽商在長期經商實踐中知道，「朝中有人好做官」，朝中有人也好經商。收買投靠官僚權貴並非萬全之計，關鍵是自己要有子弟在朝中做官，才能立於不敗之地。

因此，徽州各姓都十分重視培養子弟讀書做官，並把這一條列為家典族規之首，宣稱：「族中子弟有器宇不凡，資稟聰慧而無力從師者，當收而教之，或附之家塾，或助膏火，培植得一個兩個好人，作將來楷模，此是族黨之望，實祖宗之光，其關係匪小。」徽人這樣培養宗族子弟，核心是要藉此壯大宗族勢力。徽州巨族不惜以重資舉辦書院學塾，徽商亦源源不斷輸送資金捐辦學校。眾多子弟躋身仕途，為徽商通過「敘族誼」聯絡封建政治勢力創造了條件。這是經歷史證明的事實。

同時，徽商也注重自己的文化修養，亦賈亦儒、賈儒結合，以有利於他們同官府交往，打成一片。

徽商同封建政治勢力的結合，在其經營專榷商品時表現得尤為突出。明代萬曆年間實行綱法，編入綱冊的鹽商成為世襲的專賣商。各幫商人為取得鹽的專賣特權，展開了激烈的競爭。而競爭成敗的關鍵，則在於他們同封建政治勢力結合的程度。由於徽商十分重視延師課子，客籍揚州的徽商中，「世族繁衍，名流代出。」科舉考試考中者比比皆是，因此徽商很容易躋身官商的行列。要想當上鹽商中的總商必須要有強大的政治靠山。例如鮑志道與長子鮑漱芳相繼為總商，是因為鮑志道的二兒子鮑勛茂官至內閣中書加一級兼軍機行走。又如，總商曹鍖，其父曹文植官戶部尚書，弟曹振鏞為軍機大臣。徽人重視培養宗族子弟業儒的傳統，是徽商競爭總商常常成功的原因。徽州鹽商之所以能夠力克山陝商人，而操商界之牛耳，主要就是徽商與封建政權攀上密切關係的緣故。

徽商的「內商外儒」實際上是一種儒商。這種形態的商人，符合於中國社會的傳統觀念，易於與中國傳統社會相融合，成為封建社會的主流商人。封建官府也非常欣賞與自己習性相近，談吐風雅的徽商，所以從徽商本身而言，易於與封建官僚交往成為朋友。江春和胡雪巖之所以能為乾隆和左宗棠所欣賞，就是他們與一般的商人有所不同，他們身上有那種出仕入仕的儒家氣息。

徽商利用宗族制度、宗族關係，在全國各地結成一張嚴密而又有效率的宗族商人網絡。有了這張網絡，徽商走遍天下都有宗族和同鄉扶持，對於徽商的生意有極大的好處。

徽人子弟做官，對家鄉商人也是倍加關照，提供諸多方便。對於那些有厚利的帶特權性的商人職位，極便於競爭，朝中有人和無人，對於要想獲得封建特權的商業行業的壟斷和控制權，有著至關重要的作用。

徽商的這些商業機密，也是徽商的重要特性。依靠徽商的這些傳統特性，徽商以一府之眾縱橫天下，爭奪到中國有厚利的鹽業控制權，成為各大商幫中的龍頭老大。

徽商的特性是封建社會的產物，其屬性決定了徽商的命運與封建社會、與封建官府是緊密相聯繫的，他們只能共命運、共興盛、共衰亡。

第二章

粗陋殷實的山西商幫（晉幫）

從空中鳥瞰，喬家大院（電影《大紅燈籠高高掛》拍攝場景）的整體布局呈「囍」字型，分為六個大院，二十個小院，三百一十三間，院內觸目皆是「招財進寶」、「麒麟送子」或「天官賜福」之類的磚雕和木雕，極盡奢侈考究之能事。

修建這宅大院的是赫赫有名的晉商「復盛公」財東喬貴發。直到今天，北方許多地方還流傳著「先有復盛公，後有包頭城」的諺語。

就在這所大院裡，喬家的後代，「昌晉源票號」的東家制定了商戰中的奮鬥目標，那就是：打倒胡雪巖。

晉商格言

家有三石糧，不做童子王。

做事謹慎、審時度勢、穩步前進；人棄我取，薄利多做；維護信譽，不弄虛偽；小忍小讓，不為己甚。

一 不甘雌伏的「昌晉源」財東喬家渠

乾隆年間，一個窮困潦倒的光棍漢，身著破爛衣衫，攜帶著鐵鍋、茶葉、粗布等日用品，告別了心愛的「妹妹」，「走西口」去了。

二十多年後，年屆四十八歲的他衣錦還鄉，錢袋鼓鼓的，他與祁縣一位寡婦（當年的「妹妹」）結婚，生子三人，分門立戶，各創家業。

他就是喬家大院的主人喬貴發，大晉商。

他的後代都是名聲顯赫的晉商。

「昌晉源」票號的財東喬家渠，一直牢記先祖喬貴發的訓誡，一心只在商業上發展，他想把祖先留下的基業做得更大。他心中有一個願望，就是想做出超過先祖的業績，對於這一點，他心中是頗為自信的。

「昌晉源」票號是他先祖所辦的「大德通」票號衍生出來的，是祁縣票號幫之一。從資本上看，他本不算巨富，但他的眼光卻是很高的。他親眼見到胡雪巖從一個小夥計做到頭號官商，他為之心動許久，在揣摩胡雪巖的成功經驗之後，他終於下定決心，要在商戰中打倒胡雪巖。

要打倒頭號官商胡雪巖談何容易。喬家渠並不傻，他有他的策略。

你胡雪巖不就是有左宗棠大人支持嗎？我就找一個後台比你大至少不低於左大人的官員。

他把眼光鎖定了赫赫有名的大官曾國藩的弟弟，同樣赫赫有名的曾國荃。

他用錢捐了一個京官的差事，在京城裡混，見到曾國荃的機會是有的。

曾國荃見了他，不過不是在北京，而是在山西，曾國荃說的話使他心跳，「像老哥這樣，是三家票號的財東，又是『大德亨』的女婿，『真誠信』的親家……在山西恐怕沒有第二個了。」曾國荃拿出一個黃皮小本，給喬家渠看，喬一看是「上諭」嚇了一大跳。這是一個下令保舉諂旨。曾國荃說要保舉他作「司官」，就是籌餉的官。

喬家渠明白了，曾國荃的部隊需要錢。曾國荃說：「我學的是左宗棠西征的辦法，沒有錢找人借！我記得他找的是一位浙江財東，叫……」喬家渠酸溜溜地回答說：「胡雪巖。」

「對，我就是找你老哥，讓你做我的胡雪巖。」

喬家渠夢寐以求之事，就這樣輕易到來了。他想到自己頭上的頂子是料球，誰叫咱是一個五品官呢。但做曾國荃的「胡雪巖」那就不同了，自己這個頂子也能換成紅頂子了。自己要戰勝胡雪巖的機會終於要來了，頂不濟，也是「南有胡雪巖，北有喬家渠」。

喬家渠成了曾國荃的「司官」，他開始實現他的夙願了。

一場隱秘的、靜悄悄的徽商、晉商大戰揭開了序幕。

這是兩大商幫決一雌雄的最後時刻。

二 歷史造就了晉幫

機遇降臨到晉商頭上

晉幫的興起，完全是歷史成全了他們。

明代時期，為了防備漠北的蒙古軍隊，在東起鴨綠江、西抵嘉峪關，綿亙萬里的北部邊防線上，明朝相繼建立了九個邊防重鎮，稱為九邊，每邊均駐守數以萬計的兵馬，九邊共駐紮約八十萬軍隊，形成一個大的軍事消費區域。

明政府在北部邊境上實行軍事屯田，來解決駐邊軍隊的供應問題，但北部邊鎮地瘠氣候寒冷，糧食產量很低，難以供給幾十萬兵馬所需的大量糧餉、布匹、草料等軍用物資，因而，明政府每年還得撥運糧餉供應邊防。運糧大都採用民運糧方式，這對農民來說是一項沈重的負擔，貧苦農民往往因之傾家蕩產。這種讓農民輸納糧餉的做法激起了廣大農民的不滿，甚至引起農民的敵對情緒。為了節省民力與運費，更多是為了安撫廣大農民，洪武三年（一三七〇）始創開中法，就是明朝政府利用國家所控制的食鹽專賣權，讓商人運糧實邊，以解決北邊軍鎮糧餉供應的一種辦法。它規定商人只要把糧食運到邊境糧倉，便可向政府換取販買食鹽的專利執照——鹽引，然後憑鹽引到指定的鹽場支取食鹽，再到政府規定的銷鹽區去銷售食鹽，獲取利潤。這一方法，利用豐厚的鹽利誘使商人來承擔運糧任務和費用，不能不說是一個高招。

由於商人要獲得鹽引是以在北方邊鎮交納糧食為條件的，因此在北部邊鎮出現了規模較大的糧食市場，納米換鹽引成為商人獲取厚利的主要途徑。

這樣一來，地臨邊境的山西商人便是「近水樓台先得月」了。他們借助明政府「開中法」政策的實施，踴躍介入，大顯身手，或在邊地屯田生產糧食（商屯），或往邊鎮販運糧草、茶葉、鐵器，換取各邊鎮手中淮、浙二省的食鹽引，然後前往江南鹽運使司領鹽發售，大賺一筆。

山西商人因此而迅速興起。

山西商幫的形成，除了歷史機遇之外，當然還有另外的原因。不過，這些原因比起歷史機遇來，只能算是「小巫見大巫」了。

山西人有經商的傳統。

山西地處萬里長城的內側，農牧分界線之間不同生產方式所具有的互補性，使得山西人經商有得天獨厚的條件，邊境小規模的交易，民間私下的交易是時常都在發生的。處在這種環境下的山西人耳濡目染，經常受商人行為的影響，很容易就轉變成商人了。

明代前期，山西受戰亂的影響較小，經濟較鄰近省區穩定，因此社會較安定，可謂同時受到了地理及歷史的恩寵。

二 「平陽、澤、潞，豪商大賈甲天下」

晉商是中國最富有的一個商幫。

從明初到明代後期（十五—十七世紀）。

晉幫商人經過二百多年的經營，積累了巨額的商業資本，成為一支財力雄厚，在全國商界占有舉足輕重地位的強大商業集團。當時，平陽府、澤州、潞安府都有不少擁資數十萬，財雄天下的富商大賈。在國內商界，只有新安商人（徽商）可與它分庭抗禮，在北方晉商則名列首位。

史書評價當時的徽商和晉商說：在有錢大戶中稱雄者，江南首推新安（徽）商人，長江以北則首推山右（山西）商人。徽商中的大商人，經營魚鹽行業，家財有至百萬的，其他那些家財二、三十萬的，只能算是中等商人。晉商或是經營鹽、絲綢，或是轉運販賣商品，或是窖藏糧食，其富裕程度甚至超過徽商，因為是徽商奢侈而晉商儉樸的緣故。

明代嘉靖年間，嚴嵩的兒子嚴世蕃曾與其朋友屈指計算天下富豪，將資產百萬以上的列為第一等，全國共十七家，其中山西三姓，徽州二姓，他們都是商人。由此可見晉商資本的蓄積程度以及在全國的地位。無怪乎當時的方志和明人文集對晉商的豪富留下了深刻的印象。用帶有幾許讚嘆的口吻寫下這樣一句話：

「平陽、澤、潞，豪商大賈甲天下」。

到了清代，晉商就更富了。

山西有個富商，名叫亢百萬，是北京城規模最大、資本最多的糧店老闆。這位亢百萬曾拍著胸脯自誇道：「上有老蒼天，下有亢百萬。三年不下雨，陳糧有萬石。」

這位亢百萬的親族中有一位大典當商，當有人另開當鋪與亢氏當鋪進行競爭時，據說亢氏為了把持行市，便派人把家藏的金羅漢送到別人開的當鋪內典當，每個金羅漢當銀一千兩，每天當一個，連續當了三個月，當鋪主人著了慌，問來人何以有如此多金羅漢？來人說：我家主人有金羅漢五百尊，現只當了九十尊，尚有四百一十尊準備來當。當鋪主人得知來當者原來是富商亢氏，自知不是對手，只好自認倒楣，託人與亢氏協商，請將金羅漢贖去，閉門歇業，離開當地。

由於全國的票號都是由晉商掌握，山西成為中國堂而皇之的金融貿易中心。經營獲利巨大的金融業，更使得腰纏萬貫的晉商的錢袋迅速膨脹起來。

人們驚訝不已，但這是事實。

在清代全國商業領域，人數最多、資本最厚、散布最廣的是山西人，每次全國性的募捐，捐出銀兩數最多的是山西商人。

在京城宣告歇業回鄉的各路商家中，攜帶錢財最多的也是山西人。

四 晉商的致富之道

晉商自明代至清代，財富得到迅速增加和積聚。他們的致富之道有哪些呢？

晉商的致富之道有六個途徑。

首先是全面介入商業領域，追逐利潤。晉商經營的項目很多，鹽米、棉布、鐵器、絲綢、木材、瓜果、金融典當、牛馬牲畜、香藥草料、陶瓷器皿等是應有盡有，形成種類繁多的各色商人。

其中主要的經營行業有鹽、糧、絲綢、棉布、木材、冶鑄和金融行業。

明代開中法施行後，商人們通過納粟中鹽，可以從政府控制的食鹽專賣權中獲得一少部分利益。當時許多山西商人通過運糧到邊鎮換取鹽引進而銷售食鹽，追逐豐厚鹽利，是晉商第一戰略目標。

明初為了解決北邊地區的糧餉供給，實行了以鹽引召誘商人運糧到邊的辦法，導致晉幫商人的興起，他們從北方邊鎮市場，向距離山西較近的遼東、宣府、大同、延綏、寧夏諸邊鎮大量販運糧食。當時參與開中法活動的晉商，兩種生意同時做，都是鹽商兼糧商。到英宗正統年間（一四三六—一四四九）邊餉由納實物轉向納銀，在北邊興起了大宗糧食交易市場，晉商更為活躍，他們採用各種辦法廉價買進糧食，當政府購買糧食時，即將糧食販運到北邊，從中獲利。他們經營糧食，大都採用窖藏的方法來保管。明人謝肇淛在《五雜俎》書中說：「三晉富寶藏米百萬石，都埋窖後封存起來，到開市則買者紛至，如同趕集似的，常有貯藏十幾年不腐壞的。」黃土高原的地理環境，為晉商糧食的囤積居奇提供了天賜之便，他們賤買貴賣，從中獲得厚利。此外，他們又將南方的糧食買到山西販賣，將歸化城的糧食買來運到北京、山西出售，他們利用各地糧食的價差，轉運倒賣。

山西商人多是從江南販運棉布，輸送到北方邊地。當時由山西商人運往宣府、大同兩鎮的棉布數額相當龐大，正統元年六月一個月，光是運往宣府的棉布就有二十五萬匹之多。

晉商對絲綢業的經營也有興趣，江南蘇杭等許多市鎮和山西潞安府都是當時有名的絲織業中心，許多晉商從浙東一帶購買絲綢，然後運到各地去賣。

晉商中經營木材業者也是不乏其人。嘉靖年間北直隸真定府官員將採伐皇木之事轉給山西巨商採辦，所採木材約為三十餘萬方。

晉商天生對數字和計量感興趣，他們經營金融典當業在明清兩代是頗負盛名的。高利貸資本和商業資本是晉商兼用的手段，他們對經營這些行業得心應手。清代，晉幫商人所經營的金融典當業發展到頂峰，尤其是金融業，晉商所經營的票號長期執中國金融界的牛耳，對中國金融業影響巨大。

經營茶葉、洋銅、煙、皮毛、中藥、玉石、書籍的晉商也不少。

其次，擴大經營規模是晉商致富的另一個重要途徑。

晉幫商人擴大經營規模表現在兩個方面，一是積聚商業資本，不斷擴大規模，比較迅速地完成從小商販到大糧商、大鹽商的過渡。

一是擴大和拓展經營勢力範圍。將自己的勢力不斷擴大，在運司納銀制實行之前，他們主要在黃河流域的北方地區活動，到明中葉開中法改為折色制後，晉商大量地向淮浙地區移居，逐步進入全國範圍的流通領域，活動範圍大為擴大，他們由一個具有地方影響的商幫變成具有全國影響的大商幫。

晉幫致富的第三個途徑是長途販運，賤買貴賣。

長距離的販運轉售貿易是晉幫商人獲利的重要手段。從事長距離販運轉售貿易的多是晉商中的大商人，如山西富商亢百萬，他在北京開的糧店規模最大，資本最多。晉幫根據全國各地所出的物產，如糧食、鹽、布、茶葉等百姓日用必需品的價格差，然後尋求最佳買賣路線，即買賣可以作雙邊貿易，對於只能跑單邊的貿易，晉商通常興趣不大，一般留給其他商幫去做，比如甘肅、寧夏、青海等省區，山西商人一般不太去做生意而是讓給陝西商人去做。山西商人對富裕的江南地區和華中、華南、北方華北比較感興趣，對長途遠距離的對俄貿易也有興趣。這些雙邊貿易，為晉商提供了主要的商機。

艱苦創業，珍惜信譽，是晉幫致富的第四個途徑。

山西人從小就養成了艱苦創業的精神。他們十來歲就外出貿易，等到蓄積到資產時，才回來娶親。山西習俗又很節儉，山西人也不怕吃苦，長年累月在外經商，反覺生活比在家鄉還好。

晉商也十分珍視商業信譽。在商幫如林的明清時代，晉商並沒有特別的優勢，因此他們對於商業信譽這種安身立命的東西看得特別重。

近人梁啟超說「晉商篤守信用」。由於晉商珍惜信譽，因此在當時的社會中能以講信用而立足商界，並得以發展壯大。

重視信息，預測行市，壟斷市場，這是晉商致富的第五個途徑。

做生意，要講信息，尤其是賤買貴賣為主要手段的晉商，他們對商品信息十分重視。他們雖無徽商那種族譜「聯絡網」，但也盡量透過各種渠道了解市場行情，掌握各地物資餘缺及影響商業經營因素的情報。在商業總號和分號之間，一般是五天一信，三日一函，互通情報。這種經濟情報對晉商尋求商機和下決心產生了很大的作用。晉幫商人獲取高額利潤的手段除低買貴賣外，還有把持行市、囤積居奇、壟斷市場、高利盤剝，作賒銷生意。如太谷曹氏在瀋陽的富生俊商號，一次獲悉當地高粱收成因蟲害減產，立即大量收購包括陳糧在內的糧食，秋收後糧價暴漲，富生俊商號因而大獲其利。

放高利貸是晉商致富的第六個途徑。

晉幫商人普遍都放高利貸。汾州一帶商人更是專做高利貸生意，其活動範圍往往遍布天下。正因為晉商普遍放高利貸，《津門雜記》有專門記載，說：「印子錢，晉人放債之名目也。」

五 晉幫的商業秘密

與徽幫一樣，晉幫也有自己的商業秘密。商業秘密是晉幫在商場商戰中致勝的法寶。晉幫的商業秘密是：以地域和血緣關係為紐帶，凝聚本幫商人的向心力；用傳統道德規範經商的行為；尋求政治上的靠山，庇護本幫的經商活動；加強本幫的集團性。

以地域和血緣關係為紐帶，凝聚本幫商人的向心力，主要表現為：

以地域和血緣關係為紐帶結幫；山西商人鄉土觀念十分濃厚。晉幫都是以同鄉或同宗為紐帶組織和發展起來的。結幫的晉商在經營採用「合夥」這一經營形式。夥計即使不出資，但作為企業經營者，作為資金增值的參與者，同樣享受分紅的權利。晉商通常都是自己出資，然後吸收一些品行端正的人做夥計，並把經營業務委託給夥計去辦，自己當財東。而夥計也以認真負責的態度履行自己的職責。只要夥計人品好，晉商不論他有無資本都願意合夥做生意。而且有些晉商很奇特，積蓄不藏於家，而盡散發於夥計手中，當然前提是那些夥計「治理家產有方而且品行端正」。

修建「會館」作為活動場所。山西商人集資修建了許多專供本行業本地區商人活動的會館。會館的修建具有團結和凝聚晉人向心力的作用，並為晉商的活動提供方便。山西會館大都建在通都大邑，商業繁華的地方。山西商人在京師的會館始於明代嘉、隆年間，本省商人到北京做生意，探親訪友，會館都給予方便。除京城外，河南、山東、南京、揚州、漢口等省市都有山西商人的會館。

晉幫商人在競爭角逐中，為了團結一致，增強群體凝聚力，把關公作為聯結山西人的信仰紐帶。所有山西會館以及商人家中，都懸掛關公像，有些地方還建有關公廟，定期舉行祭祀活動。如移居揚州的山西鹽商，在嘉靖年間建起一座關壯繆侯廟，每年陰曆五月十三日，山西蒲州遷居揚州的鹽商，必定舉行盛大的祭祀活動。晉商尊奉關公，通過一獨有的表現形式和內容來把自己與其他商幫區分開來，從而形成一種獨有的群體意識。這種群體意識對商幫中的眾商來說，其作用不下於徽商的宗族意識。

用傳統道德規範經商行為，主要表現為：

勤儉持家，吃苦耐勞。山西自然條件差，環境陶冶了山西人不畏艱險、勤儉吃苦的品行，故人們稱讚「晉俗勤儉」。

講求誠義，守信不欺，是山西商人的成功之道。山西商人在經商的實踐中明白守信不欺乃是經商長久取勝的成功之道，認為經商雖然是以營利為目的，但凡事則應以道德信義為根據。商人樊現對子侄說：「誰說天道難信呢？我南至江淮，北盡邊塞，做生意時，人以欺詐為計，我以不欺為計，因此，我日興而彼日損。」

尋求政治靠山庇護本幫的經商活力。

晉幫在經商過程中，充分認識到官府的重要性，他們積極向官僚權貴靠攏，尋求政治靠山，晉幫拉攏官府，通常採用賄賂收買幫助升官和結為姻親的手段，雙方互相利用，相得益彰。

到明代後期，官與晉商的關係十分緊密，官商合一的趨勢日益加強。例如隆慶、萬曆期間的王崇古和張四維就是典型的例子。王崇古擔任宣大總督，他的弟弟則是與北邊開中有密切聯繫的鹽商。張四維的家庭也是一個有勢力的鹽商世家，他的父親和三個兄弟都是經營鹽業的大商人。後來，王張二家又結合成姻親，這樣，他們勢力大增，成為當時炙手可熱的商人家庭。在官商盛行的時代，官僚依靠商人的財力支撐而討好上司，得以保官乃至升遷，商人則憑恃官僚的權勢貪婪地獲取暴利，二者互為利用，狼狽為奸。明清時期地主、官僚、商人三位一體的經濟關係，使得商人、地主和官僚成了「通家」，為市場的壟斷奠定了基礎。

最為典型的事例是，當徽商胡雪巖討好左宗棠，從普通商人一躍而成為紅頂商人，成為中國頭號官商時，一個晉商，祁縣喬家的後代，實力在晉商中位列前茅的「昌晉源」票號財東，在極端羨慕胡雪巖的暴發之餘，制定了商戰中的奮鬥目標，那就是：打倒胡雪巖。為此，他北上京城，極力想攀上當時朝中的重臣曾國荃和張之洞。

晉幫與徽幫在尋求政治靠山方面不同的是，徽幫是拉拔官府和督促子弟讀書作官，兩手並舉，以求萬全。而晉幫子弟多繼承父輩家業，依然經商，晉中優秀子弟經商，其次作胥吏，中材以下的子弟，父母才讓讀書應試，其地科舉中舉之人之少是可想而知。晉幫卻另有妙法，通過與官員結成姻親來達到尋求政治靠山的目的。上面所說的王崇古和張四維兩家聯姻，就是一個實例。

一般來說，各大商幫都想與封建政權保持密切關係，在這一點上晉幫商人尤為突出。早在清政權入關前，一些晉商便打好主意，預先為自己投靠滿清統治者做好前期準備，他們以張家口為基地，往返於關內外，為滿族統治者輸送物資，甚至提供情報，傳遞文書。晉商還在資金方面對朝廷提供資助。清政府較大的軍事行動，大都在財政上得到過晉幫商人的支持。乾隆時，晉省僅捐助川省餉銀就達一百一十萬兩。咸豐時，這種捐餉數目更大。咸豐二、三年間（一八五二、一八五三），晉商捐銀達二百六十七萬兩。清季興起的晉幫票號，更深地介入朝廷的財政之中，要代戶部解繳稅款，為各省關借墊京、協餉，為政府籌措和匯兌抵還外債，承借、承匯商款，承辦「四國借款」，還本付息等，山西票號實際上成為清政府的財政部。當然，晉幫商人也憑藉與清政府的特殊關係，享有經濟特權，而獲得巨大利益。可以說，這既是晉幫商人致勝的秘密武器，也是清代晉幫商人迅速發展的一個重要原因。

強化本幫的集團性，有如下表現形式：

清代晉幫商人集團性加強的一個表現，是聯號制形式的出現。這種聯號，有些類似西歐資本主義企業子母公司。大都是由一個財東出資（或一個為主）對所經營的在各地不同行業的商號以子母形式進行管理的一種體制。晉幫商人聯號制的總號，均設在山西，分號遍布各大商埠和城鎮。總號設在山西，既是晉商鄉土性的表現，又是晉商炫耀晉幫聲譽的一種方式。當各地分號都向山西總號請示時，晉商心中便有了人上人的感受，各子商號雖然都是獨立核算，但是各子商號在上一級商號的領導下，無論在信息交換、物資採辦、市場銷售上都相互支持，必要時在財政上也可挪款相助。這種聯號制的實施，客觀上形成了一個比較有力的商人集團。

清代晉幫商人集團性加強的再一種表現是股份制的實行。股份制又稱股俸制，原是在明代貸金制、夥計制基礎上發展起來的，是晉商的一種獨特的發明。股份有銀股和身股二種：凡投資者為銀股，凡憑資歷、能力頂生意者為身股。不論銀股、身股，均可按股分紅。晉商的這種股份制，是晉人智慧的結晶，是當時最為先進的商業資本形式。這種股份制與山西票號一樣，讓來到中國的外國人留下了深刻的印象，他們通常是讚不絕口，對於股份制，清末曾在俄國駐中國領事館供職的俄國官員尼・維・鮑戈亞夫連斯基說：「漢族人則特別喜歡聯合行事，特別喜歡各種形式的合股。……有些商行掌握了整省整省的貿易，甚至是整個大區的貿易。其辦法就是把某一地區的所有商人都招來入股。因此，在中國早已有了現代美國托拉斯式企業的成熟樣板。當前在中國西部地區活動的主要是山西和天津的商行。」他的話，從另一個角度對晉商加強集團性的股份制做法表示贊許。晉幫商人通過銀股形式，吸收資本，擴大了商業資本，通過身股形式，把商號的經營與商號職員的利益聯繫起來，調動了經理、職員、學徒的工作積極性，這種較為先進的商業經營形式，不僅擴大了晉商自身的經營規模，同時也增強了晉幫商人在同業中的競爭地位。

晉幫的商業秘密內含晉商經商的理念，這種理念，也不是其他幫商人所能窺伺的。晉幫的商業秘密無文字記載，是深深隱藏在晉商的心中，溶化在他們的血液中，使他們不知不覺按著前輩商人所規定的經商道路前進的一種商幫意識。

七 稱雄商界的晉幫票號

晉幫票號是晉幫最為得意之作，值得專門敘述。

著名文化學學者余秋雨先生在《抱愧山西》一文中這樣談到晉幫票號：

「北京、上海、廣州、武漢等城市裡那些比較像樣的金融機構，最高總部大抵都在山西平遙縣和太谷縣幾條尋常的街道間，這些大城市只不過是腰纏萬貫的山西商人小試身手的碼頭而已。」

的確，晉幫票號的興起是一個很奇特的事。

清道光時期，社會商品貨幣經濟的發展，使晉幫商業資本終於找到了投資的好去處，這些商業資本與金融資本相結合，創辦了具有巨大影響的票號。票號，又稱票莊或匯兌莊，是一種專門經營匯兌業務的金融機構。在票號成立前，晉幫商人異地採購所使用的現銀，主要靠鏢局運送。票號就是在商品交易有較大發展，鏢局運現銀已遠遠不能適應形勢需要的情況下出現的，相傳票號的產生是這樣的：平遙縣西裕成顏料莊在北京、天津、四川等地均設有分莊。起初，在京的山西同鄉開乾果店的很多，每到年終均要將薪金由鏢局運回山西，後因運費高昂，又恐發生意外，於是常常把現銀交給西裕成北京分莊，再憑西裕成北京分莊寫的信到平遙西裕成總號取款。後來，西裕成經理發現這種現款兌撥是一個生財之道，便設日昇昌專營匯兌。果然業務發達，利潤猛增。於是晉幫商人紛起效尤，投資票號，道光末年，山西票號已有十一家。這些票號一般不貸款給商人，但貸給錢莊。

這些票莊由辦理匯兌、存放款業務，逐漸發展成為清代政府匯解京餉和軍協各餉，收存中央和各省官款，吸收官僚存款和給予借墊款。他們與封建官僚關係密切，因此擴大業務非常順利，進展很快，到二十世紀初，山西票號發展到三十三家，分號四百餘處，在北京、天津等全國各大城市、商埠均有分號，並且遠至日本的東京、大阪、神戶、俄國的莫斯科、南亞的新加坡等地都設有分號。按一個分號一年做匯兌業務五十至一百二十萬銀兩，存放款業務三十餘萬銀兩計，這樣一來，山西票號已經基本上壟斷了全國的匯兌業務。

山西票號在歷史上存在了一百年。前三十年，即清道光年間，山西商人尚處於興盛時期；中間的六十年，即咸豐至光緒年間，山西商人漸漸走向衰敗。山西票號的發展與山西商人發展恰好相反，同治光緒間恰恰是票號發展的盛期。一衰一盛，相互交錯，由於盛掩蓋著衰，致使晉幫聲譽越來越高，反倒給人一種風華正茂的感覺。

晉幫票號真是一俊遮百醜。

晉幫票號的產生，表明晉商的經商眼光不凡，有見識，他們為自己找到了經商的最佳楔入點。

同治光緒年間，票號發展到鼎盛時期。山西票號的總分號達三百五十八處之多，按二十二家票號計，每家平均有十六家分號，遍布全國八十多個城市。

山西票號為山西商人帶來空前盈利。太谷錦生潤票號是光緒二十九年（一九〇三）開業的，資本為三萬二千兩銀，當年就盈利七千三百八十兩，光緒三十二年帳期，盈利五萬一千九百四十三兩等於資本的一・六二倍。祁縣大德通票號每股資本分紅，光緒二十六年（一九〇〇）為四千零二十四兩，光緒三十年（一九〇四）為六千八百五十兩，光緒三十四年（一九〇八）竟達一萬七千兩！

山西票號的興盛，與外國資本主義侵入中國，中國國內貿易和國際貿易迅猛發展有關。而清政府的財政需求又為票號「錦上添花」，更促成了山西票號的發展。在興盛的背後，是半殖民地半封建中國的社會背景。

山西票號為晉幫增光添色，其分號設立之廣泛，超過晉幫任何一個行業，它把晉幫的商業影響擴展到全國。然而，山西票號興盛之時，恰恰是晉幫衰敗之日，晉幫的勢力衰落已成定局。

晉幫票號的興盛，是中國特殊的國情所致，它的出現給瀕臨衰落的晉商注射了一劑強心針，延緩了晉幫的衰亡時間。但無論票號怎樣興盛，它也只能注定是晉幫的一種「回光反照」而已。

第三章

視野開闊的龍遊商幫

當徽商、晉商在商場爭雄之時，冷不防在浙江中西南部崛起一個頗有影響的龍游商幫。於是角逐商場的爭霸戰變得微妙起來。

這是一個不事聲張但又咄咄逼人的地方商幫。它張揚起浙江人經商的大旗，為後起的浙江寧波商幫、紹興、溫州等地商人開闢出一條直往向前的通道。

一 得天獨厚——龍游商幫自然而然興起

龍游是個風景秀麗的山區。有詩贊曰：

停步湖頭問去津，
蘭溪風物更宜人。
驛夫知我南來客，
移棹相近瀫水渡。

龍游東南多山，西北多平原，山地約占十分之四，地占十分之二，田占十分之三，水面約占十分之一。農業條件明顯超過徽州。

龍游物產也較豐富，其主要物產有：

紙：龍游最重要的外銷商品是紙，當地已有數百年造紙的歷史。明代生產燒紙，紙質勝於其他縣。到清代，紙業更加發達。

甘蔗：有紫白二種，紫甘蔗出龍游，僅供咀嚼。白甘蔗自閩中移栽來，可碾汁煉糖。

木材：樹木多樟樹、柏樹、南山多杉樹、桐、梓、松、柏類，處處有之。

此外，還有茶、竹、薯蕷、漆、炭、薑、桔等。

茶、木、染料、煙、油等山貨，除供本縣自給外，大部分還是外銷。附近開化、常山諸縣也盛產山貨，也都是龍游商人從事商業活動的重要物資。

龍游地理位置很重要，其地處浙、閩、皖、贛四省要衝。境內有一線溪河，可行舟船，上達江山、常山，下通杭州、紹興。水路可以從北京、南京抵達福建，再由睦州到達龍游；陸路可由婺州經龍游到福建。被人譽為「東南孔道」，「入閩要道，八省通衢」，浙皖「金、衢、處、徽之衝」。江西鉛山縣河口鎮是著名茶市，皖閩茶匯聚於河口鎮，如運至上海出口，須走玉山常山杭州這一路線；玉山以產玉版紙著名，紙的外銷上海，亦須按上述路線走，而龍游正在這一線路上一個重要位置。由於它在交通上所處特殊的重要地位，萬曆時曾任知縣的萬廷謙就說：「龍邱浙衢勝壤，水陸輻輳。」

身處這種地理環境下的龍游人，經商就是很自然的事了：一方面位處四省要衝，交通是水陸並行方便迅捷；另一方面是物產較豐富，有大量的可供外銷物產。

龍游商幫的素質

明代大文學家王世貞從另一角度來談龍游人經商成風的原因。他說：「龍游地貲薄無積聚，不能無賈遊」。意思是說龍游這個地方土地不夠豐饒，無法積聚財富，因而人們必須要外出經商才能聚積起財富。

這個看法就涉及到龍游人的素質問題了。龍游所出的物產，若是對滿足於自耕自足經濟的人也就足夠了。但對於一心想積聚財富，或者是快速致富的人來說，那就遠遠不夠了。因為這類物產都是土產，價值不高，而加工成高附加值的產品，在當時又無法做到。要依靠生產這類土產來致富，無異於老牛拉破車，難上加難。

只有從事商業，經商才能達到積聚財富的目的，而這點，又正是許多龍游人的願望。

於是，一個栩栩如生的龍游人形象展現在我們面前：

見多識廣（交通地理環境使然）；

頭腦清醒（明確自己致富的目標）；

吃苦耐勞（山區人的特點）；

智商較高（位處四省交通要道，流動人口眾多，有遠緣婚配人種雜交優勢）。

當龍游人都去經商時，龍游商幫的形成就是很自然的事了。

明代嘉靖《衢州府志》對府屬數縣經商情況作如下記載：

「龍游：西通百越，東達兩京。……瀫水之南，鄉民務耕稼，其北尚行商。

常山：四通八達，水陸衢要，必由之地。……閩楚之會，地狹民稠，習尚勤儉，業事醫賈。」

天啟《江山縣志》卷一《風俗》記載說：本縣人「釋耒而逐負擔」，意思是放棄耕種而去經商。

雍正《浙江通志》卷一〇〇《風俗》對衢州經商情況作如下介紹：

「西安：賈人皆重利致富，於是人多馳騖奔走，競習為商，商口益眾。

江山：邑沃壤，民殷富，人肩摩，廬舍鱗次，商賈輻輳。

常山：地狹民稠，人尚勤儉，事醫賈趨利。」

上引資料都說明了衢州一府之民都因交通便利而多以經商為業。

歷史上所稱的龍游商幫，實際上應是衢州府商人集團。因為龍游商幫雖是以龍游命名，實是包括了衢州府屬西安、常山、開化、江山、龍游五縣的商人，其中以龍游商人人數最多，經商手段最為高明，故冠以龍游商幫。

龍游商幫的興起，宣告了明清時期的中國商場角逐進入了一個新的時期。

二 「遍地龍游」

明代萬曆年間，商界中又傳出新的民諺：「遍地龍游」。「遍地龍游」有兩層意思，一層意思是說龍游商人足跡遍及全國各地，一層意思是說龍游商人經商範圍廣泛，無處不入，無所不在。

龍游商人遍天下

明中葉以後，龍游商人開始大顯身手。全縣一半之人都外出經商，而現存就近的商業機會和市場早已被徽、晉等其他商幫所占。龍游商幫無法相抗衡，便另闢蹊徑，去尋找其他地方的市場和商業機會。於是，全國各地便紛紛出現龍游商的身影。

龍游商不辭艱辛足跡遍及全國各地，龍游商從事長途販銷活動，他們開闢徽商晉商通常不去的邊遠地區作為經商之地，常常深入到西北、西南僻遠的省份，「以其所有，易其所無」，以維持生計。在溝通了東南與西南北的經濟聯繫方面有著獨特的貢獻。

無所不精，無所不營

龍游商是一個善於學習的商幫，它的觸角伸向各個行業，尤其在紙、書、珠寶這類其他商幫涉及不多的行業中占有重要的地位。龍游商幫經商範圍很廣，經商項目也多，但它有自己的重點，其經商的主要行業有紙、山貨、中藥材、珠寶、書、絲綢、海上貿易等。

龍游商經營紙業是因為龍游山區多產竹。竹是造紙的原料，當地產紙歷史悠久，歷來當地有從事紙張貿易的傳統。

龍游山區多土特產，山貨貨源較豐富。龍游土產以竹、木、紙、穀為大宗，茶葉、油桐、漆樹都是當地民眾的衣食所依賴的物資。

龍游山區又是中藥材產地，當地人經營中藥材，同時又經營西藥，有的龍游商人自己既賣藥，開中藥鋪，又坐堂當醫生。龍游城鎮與鄉村，遍布著中醫、西醫藥店，較有名的就有一百多家。

龍游本地並不太生產絲織品，龍游商中的絲綢商主要是做蘇浙絲織品生意，他們將蘇杭的絲織品販銷到湖廣等地。其中有一個名叫李汝衙的龍游絲綢商，勾結官府，在湖南十五郡販賣絲綢，生意極興隆，規模很大，在湖南十五郡中赫赫有名，成為湖南人尊崇仰慕的大商人。

龍游書商從事書刊刻印，從中取利。這種文化傳播的商業行為，很合龍游商人的口味，因為許多龍游商就是亦賈亦儒，也有的龍游商人讀書成癖。龍游書商有的是專門開店經營書業，如龍游望族余氏曾在江蘇婁縣開書肆，專門聘請學者為他校刊書。他求書不遺餘力，凡是見到質量高的圖書，他就一邊校刊，一邊買賣。也有書商是以裝訂圖書為業的，他們承校圖書，予以裝訂裝幀，以供主顧銷售。

龍游商人中大都有文化，亦賈亦儒使他們頗有見識。他們在經商過程中積聚起商業資本，憑著自己較高的文化底蘊，瞄準了投資較大、文化水準要求較高的珠寶行業。在當時，明朝宮室貴族和官僚豪商生活非常奢侈，他們對珠寶特別喜愛，追求奇珍異寶趨之如鶩。為了這些珠寶他們不惜重金，到外求購，甚至派人到海外尋購。龍游商人見販賣珠寶有厚利，市場也不小，於是他們雲集當時最大的珠寶市場北京，在那裡投資設店，經營起珠寶行業。明代中期，龍游珠寶商在全國已頗有名氣，文士王士性用帶有讚佩的口氣說：「龍游人善於做生意，其所做的多是明珠、翠羽、金石、貓睛之類較輕便柔軟物品生意。價值千金的貨物，龍游商一個人就敢帶著貨物到京城販售。他身上穿的破爛棉襖，僧鞋、爛衣衫，身上的假癰，巨疽和貼膏藥處，都藏有珠寶，沒有人會知道，了不起啊！龍游商人。」

龍游人中還有許多商人做海上貿易生意，龍游雖不近海，但因為做珠寶生意的人多，而許多珠寶又是從海外進口貨源，故有相當一些龍游商人改做海上生意，最初是做珠寶進口生意，以後逐漸發展，什麼物資、什麼生意都做。

三 龍游商的開放心態

龍游商幫雖地處偏僻，卻有著開放的心態，在觀念上也比較新潮。龍游商的開放心態集中表現在兩個方面，即投資上的「敢為天下先」精神和「海納百川」的度量。

敢為天下先

明清時期，許多商人將經營商業所賺得的資金用來購買土地或者經營典當、借貸業，以求有穩定的收入。其實，這種使商業資本與土地或高利貸資本相結合的路子，其前景並不樂觀。

採用這種作法的商人，往往是受了視野不夠開闊的局限，加之有守舊的心態而致。當然，客觀現實是當時商品經濟尚不夠發達，投資於手工業生產或其他產業比較困難。這種情形說明商業資本沒有擺脫封建社會裡的商業資本傳統趨勢。但在商品經濟較發達的時期與地區，比如蘇杭地區，商業資本則向能獲取更多利潤、前景更為廣闊的產業資本轉化，即投資於某一手工業或某一產業的經營上。

龍游是一個偏僻的山區，但龍游商已經敏銳地意識到，要獲得更多的利潤，必須要轉向手工業生產和工礦產業上。他們果斷地投資於紙業、礦業的商品生產，為僻靜的山區注入了帶有雇傭關係的新生產方式。

龍游商或者直接參與商品生產，使商業資本轉化為產業資本，或者是將商業資本和產業資本二者結合，就地投資於造紙與開礦的生產。這是龍游商人的一大特點。

龍游鄰縣西安有銀礦，本縣北有煤礦，比鄰的浙閩贛交界的銅塘有鉛礦，均有龍游商人在從事開採。江西廣信上永二縣所轄的銅塘平洋，有鉛礦木材。龍游商也設法在當地開礦。

從事紙業生產的龍游商人就更多，這種亦工亦商的紙商稱為槽戶。龍游造紙歷史悠久，「衢之常山開化等縣以造紙為業」。常山「民多造紙」。當時江南、河南及湖廣、福建到龍游來購買紙張，以便繳納攤派下來的官紙。

造紙在龍游縣國民經濟生活中占著極其重要地位，知縣多次下令禁止外地人流入龍游砍伐竹筍，因為當地居民多以紙槽為業，植竹封山是為醃料做紙。

槽戶生產紙張必須雇用工匠，工匠來自全國造紙業中心之一江西（鉛山）、浙江（東陽等地）各地，一個紙槽（工場或作坊），明清時須有八人操作，抄紙一簾二人，輪流抄紙就得有四人，抄紙前的選料檢料，抄好後的曬、焙紙工、整理工也不得少於四人。槽戶除用自己家屬外，抄工焙工須有技術，體力消耗也大，必須雇請工匠。

雇用工匠，這就是龍游商人造紙作坊的經營出現了新的因素，龍游商人不再是簡單的傳統意義上的商人。他們已站在資本家的門檻上了。

龍游紙商（槽戶）的造紙經營，規模頗為可以。紙商中的佼佼者林巨倫經營造紙，以紙槽為業，積資累達巨萬。他一次就捐銀一萬多兩修建通駟橋，足見其經營規模不小。

龍游紙商在大規模擴大生產的同時，沒有意識到他們在做一件內地其他地方未有的事，他們只是憑著自己的感覺，憑著自己的思考，走到了商品經濟的前沿。

當自由雇傭勞動者（紙槽工匠）在龍游紙業中大量存在時，槽戶所經營的造紙作坊（或工場）中，就已經具有若干新的生產方式的萌芽。

龍游紙商轉向經營手工業生產，其生產不是為了自給，是以贏利為目的的商品生產。這樣，商業資本也就轉向產業資本了，偏僻地方的龍游商人經濟中的新生產方式的出現，在經濟結構中是很有意義的。

「海納百川」的度量

龍游商人的開放心態，還表現在其不以地緣關係而排斥外地商幫在本鄉的經商和生活，也不排斥外地商幫對本鄉的滲透。他們容納外地商人在自己家鄉經商，並且相處友善，吸收融合外地商人於己幫。融入龍游商幫的外籍商人把各自的傳統經驗帶入龍游商幫中，推進了龍游商幫的發展。

融入龍游商幫的外籍商人主要有徽商、閩商、江西商。

從各地遷居於龍游的商人，並不都是零散遷入的商人，還有聚族而遷的商人家族，他們仍維繫著氏族血緣的紐帶。明清二代，從各地遷移來的氏族很多，主要是安徽、江西、福建、廣東、江蘇、浙江等省的商人家族。

龍游商人「敢為天下先」的精神和「海納百川」的度量，是他們良好的經商心態的反映。他們雖然是出自一個偏僻之地，一個小衢州府，既無官府支持，又無強大的宗族勢力作堅強後盾，但他們卻能在強手如林的各大商幫中崛起，自立於商幫之林，如果沒有良好經商素質，要有良好的心態是絕不可能的。

從龍游商幫身上，我們可以得知後起的寧波商幫，紹興、湖州商人、溫州商人為什麼能在中國睥睨群商，揚名中外的原因。

第四章

有膽有識的洞庭商幫

在同業公會裡，大家都誇自己的家鄉好。一個商人站起來，用他那帶著吳儂軟語音調的官話大聲說道：「要說家鄉，你們誰的家鄉都不如我們洞庭二山好！」各商幫的商人面面相覷，不由得閉住了口。

他們驚疑地注視著這個高談闊論的洞庭商人。在內心裡，對於這個在鍾靈毓秀的自然環境中成長起來有膽有識的商幫，他們實在是不敢掉以輕心。

洞庭商人格言

身無擇行，口無二價。
人無笑臉休開店。
今日不成錢，還有下次扳本。
和顏悅色，出口要沉重有斤兩。
瞞天說價，就地還錢。

一門十四人，全是洋買辦

提起席氏買辦，舊上海金融界誰人不知，哪個不曉。

一部上海金融史，就有六十四年與席氏有關聯。

一八七四年的一天，洞庭東山商人席元樂，攜妻帶子乘著滿載財物的車船，逃出了被太平軍所攻占的洞庭東山老家，急奔上海而來。

這位洞庭東山的巨富，在車轎中瞇起了雙眼，心中如翻轉的風車，不停息地思考今後的前途：目前手中是有些錢，那是我開商號辛苦集聚起來的財產。若到上海當寓公恐怕是不行，坐吃山空不是辦法，繼續開商號也有困難。正焦眉愁眼地思考中，突然車一顛，席元樂的頭碰到了車轎底，他不由得皺起臉，正待要發作，突然一道亮光閃過他的腦袋。他不由得喜上眉梢，大喊一聲停車。駕車的夥計驚慌地跑了過來，等待著挨一頓臭罵。奇怪的是，搗著腦袋的席元樂並未生氣，反而樂哈哈地下令：去找一家好的飯店，我要美美吃上一餐。

席元樂到了上海，忙著託人找關係通門路，將他的兩個兒子送進上海的外商銀行，成為席家第一個洋買辦。

席元樂有的是錢，他如法炮製，將其子女一個接一個地送進外國銀行，讓他們當上洋買辦，他彷彿看到，大量的銀元向他滾滾而來。

席氏子孫在外商銀行作買辦的，祖孫共有十一人，再加上三個女婿，共有十四人，形成了有名的席氏買辦世家。他們先後在六家英商銀行、二家美商銀行，二家日商銀行和法、俄、義各一家銀行裡作買辦。

席元樂長子同治末年進美國麥加利銀行任買辦間司帳。

次子同治末年入英國滙豐銀行，任買辦。

三子曾在滙豐銀行、英國有利銀行、德國德豐銀行、俄國華俄道勝銀行任買辦。孫子四人，重孫五人，女婿三人都是外國銀行的買辦。

英國滙豐銀行對席氏家族極為欣賞，這些洋人感覺到自己已經離不開這個席氏家族了。自一八七四年至一九三七年，席氏家族連續擔任買辦達六十四年之久。一門十四人，人人是買辦。

這在中國歷史上是絕無僅有的，就是在世界歷史上，也是很罕見的。蘇州洞庭山商人的才幹由此可見一斑。

二 洞庭商幫的興起——風土與人文的聚合

說洞庭東西兩山「鍾靈毓秀」，環境優美富庶，一點也不過分。在中國各個商幫的家鄉中，是公認最好的。

在這個經濟發達，自然物產豐富，生活優裕的環境中興起的洞庭商幫，應該說是順理成章的。

人傑地靈。

洞庭商幫的興起，是老天的傑作。

鍾靈毓秀

洞庭東西兩山分峙於太湖東南部，周圍有粲山、横山、葉餘山、長沙山、漫山、武山、餘山、厥山、澤山等山峰，隱見出沒於波濤之間，遠望渺然。兩山上重崗複嶺，滿山翠綠。勝景有林屋洞、縹緲峰、消夏灣、石公秋月等，古蹟有毛公壇、天王寺、金鐸、龍潭、龍君宮、雉塘等數十處。山坡上、山塢裡，有著肥厚而疏鬆的土層，有利於果樹的生長和林業的發展，因而四時花果不絕。東西兩山上的各村各塢各有特色，再加佛剎、道觀點綴其間，為少有的風景勝地。這是一處風景秀美的好地方。洞庭東西兩山風景好，而且物產也很豐富。

兩山果實種類繁多而且質優，有梅子、杏子、桃子、楊梅、枇杷、櫻桃、花紅、柿子、桔子、金柑、棗子、板栗、銀杏、石榴、橙子、香櫞、葡萄等。其中最有名的是楊梅、枇杷、銀杏、梨和桔五種。如梨就有蜜梨、林檎梨等十餘種。桔子則有綠桔、平桔、蜜桔、糖囊、枝柑、染血、早紅、漆碟紅，而最為珍貴的是真柑，「芳香超勝，為天下第一」，是宋代紹興年間的貢品。

花果產品之外，兩山的經濟特產作物還有茶和桑等，也極為有名。東山的「嚇煞人」茶，就是清代康熙以來的碧螺春茶，質量上乘，頗為名貴，清末民初遠銷歐美各國。兩山之地，凡是不適宜種植花果茶樹的地方，就種植桑樹。

除了山地上的物產外，兩山的水產資源也極為豐富。魚蝦之屬有鯉、鮒、魴、鱖、鰱、鯔、鯇、青、白魚和蝦、蟹等幾十種，而且不少都為僅見於當地的特產。這些魚類中，最有名的是鮒魚、刀魚、銀魚和白魚。

洞庭東西山的物產如此豐富，為當地開發深度農業和副業提供了物質基礎，品種繁多的食物和水果又為當地的商品交換，提供了可能。

洞庭東西兩山的地理位置和自然環境，又為商業的發展創造了條件。

洞庭東西兩山處於太湖之中，對外交通全靠水路，東西兩山人民到達明清時期經濟最為發達的蘇松常嘉湖五府的大小城鎮，少者只需半天時間，多也不過一、二天，極為方便快捷。浩瀚的太湖連結通向江寧、鎮江兩府的荊溪，連結著經蘇州府、松江府而流入東海的劉河、吳淞江和黃浦江，連結著通往湖州府的苕溪，連結著蘇州府、常州府而通往長江的許浦和江陰運河，同時也與大運河相貫通。太湖通過其周圍四通八達密布如蛛網一般的河流，溝通了洞庭東西山與全國的聯繫。

人傑地靈

明清時期，洞庭東西兩山平均每人占有面積一・四畝左右。其中主要是山林和蕩地，只適宜種植桑樹、果樹、茶葉和發展養殖業，適宜種植糧食的水田面積僅為人均〇・五畝左右，而且單位面積產量也不高，由於糧食奇缺，而自然條件又十分適宜果木種植，因此充分發揮本地自然優勢，廣泛種植經濟作物，大力發展捕撈業，就成為兩山人民謀生的有效方式。

在當地人辛勤培育下，優質果樹得到大發展，商品價值也很高，桔子的經濟收入很高。蠶桑生產也獲得長足進步，成為農戶的重要商品，每年農曆三、四月是蠶月，家家閉戶，不相往來。農家繅絲後，運至蘇州城隍廟前，賣給收絲客商，稱為賣新絲。洞庭兩山所產桑葉除農家自用外，還常出售給沿湖各縣。民國初年，光東山出售的桑葉，每年就達三萬擔左右。

東西兩山的所有這些名特產，都是高度商品化的物產，除了少量自用外，絕大部分是作為商品投向市場的。如此優越的自然條件使得最初從事商品化生產的人們從謀生方式中解脫出來，品類繁多的經濟作物，極為興盛的副業生產，為洞庭山人從事商業活動提供了十分有利的條件。

經商福地

洞庭商人所處的太湖流域，可以說遍地都是商業機會，也就是說，遍地都是錢。這個地方自唐代以來就是著名的重賦區。《明史》說，蘇松常鎮嘉湖杭，供輸甲天下。明初這七府田土約為四十萬頃，約占全國總面積八百五十萬頃的五%弱，而稅糧為六百餘萬石，約占全國稅糧二千九百四十四萬餘石的二十%。成為明政府用糧的主要來源地。當地人民為了上納重賦，下贍家庭，廣泛種植經濟作物，以追求最大的經濟效益。除了糧食作物外，蘇松嘉湖大體上形成了棉花和桑樹兩大經濟作物種植區，不少地方出現了桑樹或棉花面積壓倒稻作面積的現象。這些地方農業商品化生產，為本地的商業經濟帶來了充足的動力。

太湖周邊及浙西杭嘉湖平原，基本上以種桑養蠶為主。吳縣環太湖諸山，與之相鄰的吳江、震澤等縣瀕湖地帶，大都種植桑樹。

除了桑棉兩大高收入經濟作物外，太湖地區各府縣還種植煙草、苧麻、靛青、茶樹、豆類等經濟作物。品種繁多的經濟類作物，不僅能夠從中獲得較高的農業收入，而且這些經濟作物的商品化生產，又自然衍生出以此為原材料或以此種植有關的手工業生產。

太湖地區在普遍種植經濟作物的基礎上，又普遍從事家庭副業手工業生產，形成絲織業和棉紡織業兩大手工業生產基地。

太湖地區的紡織業非常發達，各地都有不少的家庭紡織作坊，每年織布、織絲數量大得驚人。光松江一府，在清代乾嘉時期，一到秋天，每天交易的棉布達十五萬匹左右，加上蘇州及嘉興、杭州部分地區，每年銷售棉布在三、四千萬匹。嘉興府嘉善縣的魏塘鎮，則是有名的紡紗地區。因此明後期就流行「買不盡松江布，收不盡魏塘紗」的諺語。蠶絲和絲綢生產，光湖州一府，每年就向外提供數十萬公斤的上等湖絲。官營織造的絲經，清代是全部購自嘉、湖產絲地區。明代時期對外出口的生絲和在國內流通和遠銷重洋的絲絹，絕大部分是由江南生產的。當時江南絲織業之盛，人們用「萬家機聲」、「衣被天下」等詞句來形容當地紡織業的盛況。

太湖地區各種手工業都較發達，為了獲取更多的商業利潤，不少地方的農民普遍兼營副業。手工業生產有織草席、燒窯、織綿綢素絹，績苧麻黃草布。西至杭州，北至湖州或宜興的農民，一年中有半年多時間在外從事手工業。江南人民在地狹人稠的壓力下，廣泛尋求謀生的路子，他們在從事農業以外，專營一種或兼營多種副業手工業生產，為市場源源不斷地提供各類商品。

眾多的商品生產，是社會需求的一個反映。處在這種各類商品化生產的環境中，人們每日每時都在受到商品的薰陶，各類商品知識又為人們所熟習。人們對商品以及商品生產變得格外敏銳了。

江南地區不但商品經濟比較發達，而且商品交換的條件極為優越，交通便利、城鎮繁多。這一地區是商人得天獨厚的福地，也是哺育商人的搖籃。洞庭東西山商人經商有許多便利的條件，有繁華並且人口眾多的商業城市，有眾多的專業性生產的手工業市鎮，有交通方便的運輸網，而且還有大量的商品需求。洞庭商人的家鄉府城蘇州，是近代以前最為發達的工商城市，城中絲織業、棉布加工業、糧食運銷業、印染業、紙業、銅鐵器業、金銀珠寶器業、木器業等幾十種行業甚為發達，杭州不但是絲綢有名的，而且杭扇、杭線、杭粉、杭煙、杭剪是極為有名的手工業產品，號稱「五杭」。在這兩大城市周圍，分布著數百個工商業興盛的大小市鎮。有棉布業市鎮、絲織市鎮、米業市鎮等。其他還有專門從事某種手工業的市鎮。這許多市鎮，都有河道通往各地，各自形成了巨大商業網上的網點。它們是江南地區商品經濟發展的必然產物，反映了江南經濟發展的特點。

太湖流域商品生產的快速發達，對產品銷售網的建立和原材料的來源有著迫切的需求。江南一方面是商品生產的中心，另一方面又是原料輸入的地區，運出和輸入都屬大規模。

因此，江南地區就面臨著這樣一種局面：必須要依賴於大規模的商品運銷活動。顯而易見，社會經濟的發達，迫切需要大批的商人來從事這種大規模的商品運銷活動。洞庭幫商人應運而生。

得天獨厚，人文薈萃

江南商品經濟的發展及其特點，都為生於斯長於斯而不斷尋找生活出路的洞庭人提供了得天獨厚的極為有利的經商條件。

洞庭商人可以就近利用家鄉經濟發展的優勢與特點，及時迅速地組織貨源，掌握生產信息，熟悉市場行情，從而減少中間環節，降低成本；遠距離、大批量的商品販運，有利於洞庭商人商業活動規模的不斷擴大；從事與民生日用息息相關的大宗商品之經營活動，又為洞庭商人追逐穩定可靠的商業利潤提供了保障。正是這堅實的經濟基礎，哺育壯大了洞庭商人，最終使他們躋身於全國著名的十大商幫之列。

洞庭商人的出身地與不少商幫不同，大多數商幫都是出身貧窮之地或自然條件不好或物產不豐富之地，而洞庭商幫則是出身於土壤肥沃、物產豐富、交通便利、自然條件優越、社會經濟發達之地。誕生地洞庭兩山，人稱為「東南之沃壤」。整個兩山「無素封之家，亦無凍餒之人」。

唐宋以來，中國文化的重心開始向東南地區傾斜。至明清時期，我國江南地區已成為全國文化最發達的地區。洞庭東西兩山周圍的蘇松常杭嘉湖地區，既是全國經濟最發達、賦稅最繁重的地區，也是家誦戶詠、人才輩出的人文淵藪。洞庭東西兩山位處江南中部，自然是文化精華之區。

生長在這樣一個風景秀麗、經濟發達、文化昌盛的洞天福地，實在使洞庭山人受益良多；土地少一點，可由魚蝦之利補償；水田少一點，可由果木之饒補償；糧食缺一點，可以高效益的經濟作物收入輸入。當地的自然條件和堅實的經濟基礎也為他們提供了多種謀生方法。

在多種謀生方法中，洞庭人選擇了經商。

洞庭人選擇經商是由兩個方面的原因決定的。

一個原因是經商的傳統。早在春秋戰國時代，越國大夫范蠡，在輔佐越王勾踐「臥薪嘗膽」，東山再起消滅吳國後，攜帶絕色美女西施來到太湖流域，過著隱居的生活。因范蠡經商有方，被人譽稱為「陶朱公」。當年范蠡財色盡得，泛舟五湖，引起多少人的艷羨。他經商成功，一定給太湖流域（自然包括洞庭二山）人們留下深刻印象。

洞庭人自生下來不久，就耳濡目染父母輩的商品交換，懂得各種物產的價值，他們天生就是預備商人。

另一個原因是洞庭人的自身素質。洞庭人具有優秀的經商素質。

洞庭兩山的風土，孕育出洞庭人的如下素質：

眼界開闊，見多識廣（太湖四通八達，交通極為方便，可與水鄉任何城鎮相通）；

心胸廣闊（浩瀚的太湖，是開闊人心胸的地方）；

勇敢、團結、積極進取、敢於冒險（經常出入江湖，行動皆用舟船，經常要與風浪搏擊）；

見識明敏（有較高的文化素養，能夠「任時而知物，籠萬貨之情」，「權輕重而取棄之」）；

吃苦耐勞（山區與水域自然環境使然）。

洞庭兩山之民，早就懂得「以末致財，用本守之」的道理。從事農業只能餬口，經商則是為了發財致富，奔走江湖是洞庭人最佳的行業選擇。正是這追求厚利的動機，孕育成了頌之人口的「鑽天洞庭」商人。作為一個地域商人集團，大概是在嘉靖、萬曆年間初步形成。

三 「鑽天洞庭」

「鑽天洞庭」是明清時期的民諺，意思是說洞庭商人是無孔不入，無處不在。削尖腦袋鑽天，可見是機靈到極點。

「鑽天洞庭」的經商範圍主要是太湖流域為中心的長江以南地區、長江以北的廣大北方地區、長江沿線、通商口岸上海地區。

洞庭商人利用花果之鄉和地近便捷的優勢，可以將時花和鮮果迅速地運送至蘇州等地市場。清代蘇州城西南郊的楓橋市，是當時江南最大的米糧集散中心，清初有人用「雲委山積」來形容楓橋米豆之多。

楓橋米大都是由洞庭商人長途販運來的。

洞庭人自豪地說：「楓橋米艘日以百數，皆洞庭人也。」

洞庭人在蘇州、南京以及附近的許多貨物集散地，如楓橋修建了會館，作為商人聚會之處，也為本幫商人提供了經商方便。

洞庭商人在江南主要是經營當地果木商品，收集江南城鎮盛產的絲綢、布匹，銷售湖廣等地販運來的米糧，以及兼營糧食加工業、刻書印書業等。

鴉片戰爭後，上海被闢為商埠，外國資本主義殖民勢力隨之蜂擁而入，上海一躍成為全國最大的商業都市。在江南活動的洞庭商人得風氣之先，紛紛轉向上海活動。太平天國革命爆發後，長江沿線和江南地區長年處於戰爭狀態；當地的經濟受到了嚴重創傷，商業活動急劇減少。太平天國革命失敗後，這些地區包括洞庭商人的老家嚴重地受到兵燹的破壞，社會經濟更是一蹶不振，而上海的商業則在外國資本主義侵華勢力的商品傾銷政策推行下，獲得畸形的發展。原先活動在長江沿線和沿河運線的洞庭商人挾資轉向通商口岸上海。

光緒末年滬寧鐵路築成，自後汽車通車，交通更為便利，洞庭商人更聚居於上海。到民國初年，洞庭商人在上海經商得巨利的有數十人，皆為大富家。民國四年（一九一五）成立東山會館時，捐資的就有七百八十三家商號。洞庭商人在上海各行各業中都占有一定的地位，特別是外國資本勢力在上海開設的洋行和銀行、錢莊、絲經和絲綢、洋紗和洋布、呢絨和絨線、糧食和糖業、海味和洋雜貨等行業，洞庭商人較多，影響也較大。

四 洞庭商幫的致富之道

審時度勢，把握時機。這是聰明商人的做法。洞庭商人就是一個聰明的商幫。

揚長避短，穩中求勝

明清時期洞庭商人活動的領域表面看起來十分廣泛，包括糧食業、蠶絲絲綢業、棉花布匹業、染料業、木材業、糧食加工業、典當業、花木果品業、藥材業、皮張業、鹽業、山地海貨業、瓷器業、紙張書籍業等，但主要集中在糧食業、布帛業及其染料、糧食加工等附屬行業中。

為什麼洞庭商人不主要從事鹽業經營和典當經營呢？在當時，經營鹽業是獲利最豐厚的，是商人爭著經營的行業。按一般常理來推論，蘇州地區靠近淮、揚，從事鹽業經營也很有條件；民風民俗相近，情況熟悉，交通又便捷。從事典當業獲利也頗厚，是許多商人熱中的行業。

洞庭商人不去主要經營鹽業、典當業，這正是他們的聰明所在。

洞庭商幫興起時，徽幫、晉幫在鹽業經營上已搶了先機。大批晉商在做邊貿生意時已盯上鹽業的厚利。山西省土地貧瘠，物產不豐，經營當地物產所獲之利較之在淮、揚經營鹽業所獲之利差距甚大。晉幫專心致志去經營鹽業，心無旁顧，所以收穫很豐厚。徽幫也是同樣，經營其他行業賺錢既然不如經營鹽業，他們也就抓住鹽業不放鬆，一心要在經營鹽業上發展，要賺足夠的錢。徽、晉兩幫在鹽業經營上投入的資金最大，參與的商人最多，從事經營的時間也最早、最長。這塊已經到口的肥肉，他們豈容別人染指？洞庭商幫要想躋身鹽業之中豈非難事。

典當是徽商、晉商經營的強項。在他們所經商的地區，典當行業的商業機會是很多的，但在洞庭東西山地區以及太湖流域地區，這種機會則不多。當地百姓是「無素封之家，亦無凍餒之人」。溫飽型的當地居民，為衣食不足而去典當的情況少之又少；而暴富又暴亡的情況也少，洞庭商人要想大賺其錢是不現實的。但是經營糧食、布帛及染業、糧食加工等附屬的行業情況就不一樣了。

糧食是洞庭商人的老家及整個江南地區所緊缺的生活資料，絲綢和布匹則是江南地區生產量最多、銷路最廣的大宗手工業品，它們都是與人民生活息息相關的商品。洞庭商人充分利用江南這種特有的經濟格局，主要經營衣食這兩大類商品。這種經營眼光是很敏銳的，他們看出這兩種商品，前一種商品的銷售起點，就是後一種商品的銷售終點；後一種商品的銷售起點，又是前一種商品的銷售終點。販銷這些商品，往返都是重載，經營效果比單程高出一倍。洞庭商人經營這些商品，不但可以利用地區差價和季節差價，牟取較為穩當保險的商業利潤，而且與其他商幫相比，在同樣條件下，也會更便利高效地組織貨源，大大降低運輸成本及各種中轉費用，可以牟取到其他商幫所不易獲得的高額利潤。而且，經營糧食布帛都是洞庭商人的強項，他們對布帛、糧食早有了解，經略的渠道也心中有數。經營米糧布帛是當地洞庭商人最為穩當的生意，不冒什麼風險，可以穩中取勝。很明顯，這是洞庭商人長期經營並發揮家鄉經濟特色而合理選擇的結果，從而在經營品種上構成了不同於其他地域商人的明顯特徵。

經營米糧和布帛這些商品也使得洞庭商人與封建專制政權保持了一定距離。這些商品不像鹽一類商品是封建政權的專營或嚴加控制的商品。對統治階級而言，米帛的商業貿易有利於各地的社會秩序穩定，有利於穩定人心，是有關國計民生的好事，因此一般都不予以干涉，也不怎麼控制。徽商與山西商人的情況不同，他們獲得封建政權的庇護，大力經營鹽業，使他們牟取到高於一般的商業利潤，而大受其益，也使他們負擔了多於其他商人的封建義務而深受其害，甚至因封建政府的格外優惠而暴發，又因封建政府的百般勒索而驟落。洞庭商人主要經營米糧和布帛而很少從事典當高利貸，說明他們投資的是商業資本而不是高利貸資本。這種追求正常而又穩當的商業利潤的做法，決定了洞庭幫商人既難於發大財，也不太會迅速破產。全國各地域商人中最富有、最有實力的不是洞庭商人，而最早敗落甚至銷聲匿跡的也不是洞庭商人。對一般人而言，洞庭商人的經營之路，可能是較為正常和帶有普遍意義的經商之路。

更新觀念，開拓創新

鴉片戰爭以後，上海作為通商口岸，由於地理和經濟上的優勢，迅速成為進出口貿易最為重要的城市，商業規模急劇膨脹。與此同時，江南由於經受了前後十幾年的清王朝鎮壓太平天國革命戰爭的破壞，經濟遭到沈重打擊，長期以來在全國占據統治地位的江南的絲綢和棉布的銷售市場也逐步收縮，紡織業的重心已向華北、兩湖地區轉移。面對這種急劇變化的經濟形勢和經濟格局，洞庭商人沒有滯留在原有的經營行業和活動地域，憑著他們的敏銳商業眼光密切注視著經濟發展的大趨勢，攜帶其長期積累起來的工商業資本，向金融中心上海集中，憑著一身膽氣開辦了買辦業、銀行業、錢莊業等金融行業和絲綢、棉紗等實業，在新的歷史背景下，他們學習新的商業行業知識，開始從事不同於以往的行業。洞庭商人積極介入銀行業，做起外國銀行和洋行的買辦。

上海在一八七四到一九四九這七十五年中，共有外國銀行六十八家，其中歷時較久影響較大的只有二十餘家。這些銀行都有中國商人作買辦。洞庭商人進帝國主義銀行作買辦，不僅時間早，人數也很多。

銀行買辦的職責：一是負責貨幣的出納和保管；二是負責金銀、外匯的買進賣出；三是負責對錢莊和外商銀行之間的票據的結算；四是負責對中國工商業者放款。帝國主義銀行一般都給買辦以優厚的薪金和佣金。薪金是固定的，佣金則花樣繁多，除了這些有形收入外，買辦還有無形收入，賺行市、賺折息，利用外國資本進行金融或商品市場投機，買辦的收入猶如個謎，誰也說不清楚。但其很有錢則是用不著懷疑的。

還有一些洞庭商人做外國洋行的買辦。洋行是向中國傾銷商品並掠奪原料的商業機構。洋行買辦除了能得到高額薪金和佣金以外，同樣能夠在推銷商品和購原料中投機取巧，賺取額外收入。

洞庭商人對錢莊也很感興趣，他們積極介入錢莊業，開辦自己的錢莊。錢莊最初經營不同貨幣的兌換，進而經營存放款以及匯兌等業務。其匯兌採用同業往來制，即委任異地同業辦理匯解。

在一九一〇到一九一一年的金融危機前，上海錢莊業可用的拆票總額達一千幾百萬兩，有些錢莊能用這種方式一次借款七、八十萬兩，即超過其本身資本的十幾倍，以應付日常交易所需現金。

經營錢莊，對於精於算計又有膽略的洞庭商人來說是一個最合他們口味的行業，尤其是當他們熟悉金融業知識後，如何「四兩撥千斤」，用較少的錢作較大的生意，一直是他們思考的問題。

洞庭商人在上海還經營洋紗、洋布、絲、絲綢等行業。

帝國主義勢力入侵，帶來了機器紡織的棉紗棉布在中國市場傾銷，使中國農村手工紡織業遭受到沈重打擊。由於洋紗洋布充斥我國市場，洞庭商人也就從過去經營的土布轉為經營洋紗洋布。絲綢是我國傳統產品，外國產品無法替代，洞庭商人到上海後仍然經營這一老本行，他們主要是在上海經營出口外銷絲經業務和綢緞出口業務。

洞庭商人有不少志在發展民族工業，他們將商業資本轉向經營工業企業，開辦了不少實業，主要有製革、紡織、印染、麵粉、橡膠、鋼板、印刷等企業。

洞庭商人另外還經營了糧食業、棉業、糖業等傳統行業。他們過去是經營傳統商業起家的，進入上海以後，他們憑藉在經營傳統商業方面的經驗和現成銷售渠道和銷售網絡，輕車熟路地又幹起了老本行，並且將規模做得更大。

洞庭商人除在上海城市經營之外，在上海附近的城市和鄉鎮，特別是蘇州、常熟等城市和一些市鎮，都有他們活動的足跡。他們在上海設有金庭會館，還在上海十六鋪建有洞庭山碼頭，作為同鄉船隻停泊之處，以便利本幫商人經營活動的展開。

洞庭商幫的致富之道充分體現了他們這個具有較高素質的商幫的特點：揚長避短，穩中取勝，這是體現了他們有「識」的方面；更新觀念，開拓創新，這是體現了他們有「膽」的方面。

有膽有識，不會致富才怪。

五 洞庭商幫的商業秘密

商場如戰場。

每個商幫角逐商場時，都會有自己的致勝武器。這些武器，就是商業秘密。

洞庭商幫當然也有自己的商業秘密，否則，他們就別想在商戰中逐鹿中原了。

洞庭商幫的商業秘密是辯證的經營手段和帶地域性的獨特經營方式。

辯證的經營手段

為了在經營活動中立於不敗之地，洞庭商人十分講究具體的經營手段。這些手段很符合現代經商的要求。

洞庭商人時常預測行情，注重市場信息，明清時期各地商幫普遍注意到經商一些必備而且又非常實用有效的方法。在經商時，首先要掌握各種物產的季節、產地、價格、數量及運輸里程與方式，甚至與物產有關的氣候變化、年成豐歉等知識。密切注視市場變化行情，預測商品的多寡貴賤。洞庭商人在這一點上表現得非常出色，凡是業務範圍較大、經營得法的大商人，大都是這方面的行家。他們對商品信息掌握得清楚而又及時。在預測市場行情的基礎上，何時該取何種商品，何時又須拋棄何種商品，運用得恰到好處。

洞庭商人會根據情況和時間的變化，經營不同的商品。大凡注意季節變化，了解市場行情的商人，都會隨時利用季節的轉換而經營不同的商品，以避免因過時而導致虧損，在洞庭商人說來就是「隨時而逐利」。

經商過程中，隨著市場行情與商品交換的情況變化而變化自己的經營方略，並順時而行，在具體買賣之中，又不拘成見，只要有利就行。這正是洞庭商人的辯證經營手段。

洞庭商人實行薄利多銷，加速資金周轉。他們牢記商場「薄利多銷」這個鐵則，不貪求厚利而貽誤資金周轉。在販銷活動中，經營者一般都是賤時買進，貴時賣出，通過賤買貴賣賺取商業利潤，但如何把握時機，適可而止，既賺錢而又穩妥，卻不易掌握。這種銷售時的矛盾心態，至仍時常看到。一般人都要等到貨物價格最高時或最有希望騰貴時才肯拋售。然而很多洞庭商人卻不是這樣，他們採用的是薄利多銷的辦法，以商品全部出手為原則，他們的信念就是「十鳥在林，不如一鳥在手」。薄利多銷，商品不會積壓，不會造成損耗，資金周轉相當迅速，是一條既有利可圖又穩妥保險的經營之路，最終能獲厚利。相反，為了博取厚利，等待物價踴貴，而遲遲不肯出手，一旦錯過機會，貨物積壓，資金難以周轉，不但無利可圖，反而蝕了本金這種經商方法是洞庭商人所不願採用的。以薄利多銷為原則，著眼於銷售一空，以加速資金周轉，最終爭取厚利，是洞庭商人普遍採用的方法。

洞庭商人選擇高品質貨物，注意名牌效應和銷售效果。在轉輸過程中，洞庭商人往往選擇質量優的商品。他們在經商實踐過程中認識到，品質好的商品不易敗壞，很少造成虧折損耗，適當提高價格也比較容易銷售，而且一旦因品質高出了名，商品就更容易脫手。洞庭商人在商品選擇上，非常注意經營名優商品實在是一個高明的辦法。而正是經營名優商品，洞庭商人才能獲得大量的顧客，其中包括許多「回頭客」，並從銷售這些名優商品中獲得不菲的利潤。

獨特的經營方式

洞庭商人的經營方式是根據當地實際情況，比如商人資金情況、民俗民風特點、商業經營項目來制定的，因而具有地域性和獨特性。

洞庭商人的商業活動，其經營方式較為獨特。

洞庭商人的獨資經營形式。

洞庭商人利用獨立資本從事獨立經營較為普遍。獨立資本的來源，主要靠繼承遺產或自身積累。依靠祖業或前世遺資開展活動，就是利用的自有資本。這種自有資本包括自身資產的積累，其經營特點是：全靠自有資金，自負無限責任，即自有資財與商業資本並無界限，盈利併入自有資財，虧損不限於商業資本，連自有資財也一併補上。洞庭商人不但小商小販多是以自有資本獨立從事經營活動，即使是號稱「翁百萬」、「富推翁許」的大富商，也是利用獨資開展獨立經營的。日人寺田隆信評價中國商業資本時說：「一般說來，中國的商業資本不是個人獨資，而是多數人共同出資」的觀點，雖然與大多數地方的中國商人經商特點相似，但卻並不適用於洞庭商人。

這種獨資經營的方式，經營者有完全的自主權，他們根據實際情況自行決定怎樣經營，在具體經營過程中，資本所有者與經營者有時是同一個人，有時卻往往是分離的，因此就有直接經營和委託經營兩種情形。這兩種現象都在洞庭商人中同時存在。

小本經營者多是直接經營，他們的資金有限，經營規模較小。

洞庭商人中，採用直接經營的最多。

委託經營比較複雜，大體上又有兩種表現形式。一種是經營規模較大，資本所有者本身不可能親操其業，而必須將部分乃至全部商業事務委託他人。洞庭商人中有名的大商人大都採用這種方式。他們只管總的決策，具體經營都是委託屬下經營。

還有一種形式是暫時代理經營，這是一種帶有過渡性質的權宜之計。比如資本所有者遇到變故，或本人無意於纖末之事時。再就是家業擴大，本人忙不過來，自然委託他人經營。

洞庭商人的「領本」經營形式。

任何地方、任何時候的商人都不可能全部利用自有資本從事經營活動。洞庭商人除了獨資經營外，普遍採用一種與借貸有關的「領本」形式開展經營活動。沒有資本者或缺少資本者，都可以通過領本籌措到資金。具備本錢的有兩種人，一種是一般的富戶，另一種本身也是商人，除自己廣泛開展商業活動外，還將資本大量地借貸給他人營運。這種經營的約定「恆例三七分認，出本者得七分，效力者得三分，賺折同規」，或者是「得息則均折」。因此，「領本」不同於一般的借貸行為，這種「領本」制是富者出資，窮者出力，獲利後按成分紅的一種形式，類似於同期山西、徽州商人的「商夥」制。但在「商夥」制下，分成比例並不一定，要視經商資本、難易程度等來決定分成比例。而這種「領本」制卻賺虧總是三七分成或對半均折，是事前就固定不變的。由於出資者事實上獲得的商業利潤比例高，所以富家想將資本託人謀利，唯恐求之不得。因為「領本」賺折要同擔風險，富室在貸款時既很樂意但又十分謹慎，往往注重的只是借貸者信譽和德行，以及經商的能力。至於他是否有產業，卻並不計較。

洞庭商人的合資經營形式。這種經營形式的特點是共同出資、共同經營、共同負責盈虧。它大都發生在單個資本無法獨立經營的較大規模的商業活動中，也是一種權宜之計。但不可一概而論。蘇州有秦與蔡二姓，自祖輩以來就合夥在楚貿易，後來家業日益興隆。又如東山徐明珍家，與妻弟蔡淡庵家，兩家共同出資共同經營竟達幾代人之久。

洞庭商人合資經營或是出於利潤考慮，或是出於友誼和親情考慮。由於合資經營對經營伙伴、經營方略、經營興趣的要求較多，一般洞庭商人並不熱中此種經營方式。他們都願獨資經營。

洞庭商人經營時願意獨資經營，一方面表現了他們能幹、獨立經商能力強的一面，另一方面也說明了洞庭商人沒有太多的親情和鄉誼約束，他們是較為獨立、較為自由的商人。這大約也與他們所經營的商業行業多是糧、棉之類較為穩當的商業有關。這些行業沒有太多的風險，相對而言，洞庭商人對互相聯合起來，「互相扶助」，互相支持，共同抵禦商業風險的意願就遠不如徽商、晉商、寧波商那樣強烈。徽商、晉商、寧波商是專門追逐厚利的商業行業，這些有厚利之商業行業的風險與利潤是成正比的。風險越大，利潤越高，為了追求高額利潤，就只能去冒風險，但只靠個人力量是不行的，這就需要群體意識，團隊精神，而且不是一般的群體意識，是需要大家共同努力，全力投入，是一種高度凝聚的群體意識。所以徽商、晉商、寧波商幫是相當團結的，其反映在商業經營上，也是以合資經營方式居多。

洞庭商人大都從事利潤尚可的穩當商業項目經營，個人又具有較獨立、較自由的個性，這些因素決定了他們的商業經營規模和商業利潤在全國各大商幫之中，只能名列中位。

第五章

迂腐守舊的江西商幫

俗話說：「天上九頭鳥，地下一個江西佬，三個江西佬，抵不上一個湖北佬。」有九個頭的鳥，自然是機靈的鳥。能與九頭鳥相比，江西佬也必定是不笨的了。三個江西佬，抵不上一個湖北佬？

平心靜氣地說：湖北佬聰明過分了一點，江西佬的聰明又欠缺了一點。之所以欠缺，並不是智商不夠，而是太迂腐！

對江西商幫來說，這個評價是恰如其分的。

江西商格言

物聚必散，天道然也。且物之聚，愁之叢也。苟不善散，必有非理以散之者。

天生財必有用，無則取於人，有則與人，烏用作守錢傭為。

吾儕成本無多，利貸速售，方足以資周轉，非若多財善賈者流，可居奇貨以待善價也。

一 另闢蹊徑的江西商人李宜民

雍正五年，一天，漢口碼頭上出現兩位青年，一位長得清秀，約略十五、六歲，乾淨的布衫上補有一塊補靪，不留意看不出來。雖然他臉上略有幾許稚氣，但儒雅之氣已充溢眉間。另一位青年面色黝黑，筋骨強健。聽二人口音，是江西臨川人氏。那位有儒雅之氣的青年就是後來江西商幫中帶有傳奇色彩的商人李宜民。另一位青年是他的同鄉，他們結伴到漢口，開始了他們的商人之旅。

李宜民自幼父母雙亡，孤苦伶仃，被舅父收養。舅父習儒，喜愛讀書，他很早就教李宜民讀書，李宜民年齡雖不大，但書已讀得不少，滿腹經綸，有超人之才。

李宜民並不想在儒學上下功夫，也不追求仕途，通過做官來光耀門庭。儘管他內心非常想光宗耀祖，為死去的父母爭氣，但他明白舅父家境不好，沒有能力再供他寒窗苦讀，他必須離家自立。他要去做生意，掙錢來養活自己。

讀書人初做生意並不順利，一年下來，結果本錢虧盡。他不敢再回臨川，流亡在外，後到了廣西桂林，尋得一個教書之職。他靠教書度日，日久竟也小有積蓄。

李宜民並不甘心一輩子教書，他看好太平土司所管轄的少數民族地區，他要利用這個地區內缺少商品交易和商人的機會，去做販運貿易。

他選擇了販鹽這一有厚利的行業，將自己的積蓄全部買了私鹽，然後販運到太平土司轄區大獲成功。沒有多久，他便成了當地著名的大鹽商。

他為人處事機敏老練，人情世故一應知悉，深受當地官員和百姓的讚賞。

雍正十年，清政府在兩廣實行鹽法改革，將食鹽收歸官賣。並在各地設立糶運司。當地官員以為李宜民人緣好，辦事老成練達，便委託他協助辦理有關事宜。桂林、柳州、潯州、太平、鎮安諸府的官鹽運銷均由李宜民主持。

他成為一位官商，或多或少圓了他少年時光宗耀祖的夢。

乾隆二十三年，朝廷取消食鹽官賣的方式，召商運銷。桂林、柳州等地商人俱心存疑懼，無人敢應。大家推奉李宜民，由他領頭籌劃安排，每年發巨船百餘艘去運鹽，沿途和當地食鹽供應充足，鹽務日有起色。

李宜民終成有錢有勢的大賈。

李宜民錢雖不少，但多用來接濟朋友和鄉親，自己平時很節儉。臨去世之前散盡家產，說：

「物聚必散，天道然也。」

二 江西商幫的興起——一個獨特的歷史現象

「（江西）地產窄而生齒繁，人無積聚，質儉勤苦而多貧，多設智巧挾技藝，經營四方，至老死不歸。」

——〔明〕張瀚

江西商幫成員的構成，與所有的商幫都不相同——

江西商幫是江西流民運動的產物，歷史造就了這個獨特的商幫。

史無前例：流民經濟

隨著全國經濟重心的南移，江西在兩宋時期成為全國經濟文化的先進地區，其人口之眾、物產之富均居各路前茅。宋徽宗崇寧元年（一一〇二），全國戶口數為二千零二十六萬戶、四千五百三十二萬口，其中江西地區為二百零一萬戶、四百四十六萬口，約占十分之一，人口居各路之首。

至明代，江西人口雖然次於浙江而居全國十三布政司的第二位，但江西每年所繳納的稅糧卻超過浙江。

江西社會經濟的發展，使部分地區開始出現人口過剩的現象，也刺激了豪族大戶對土地的兼併。尤其是賦役的嚴重不均，從而導致鄱陽湖區和吉泰盆地等經濟發達區大量農民的脫籍外流。

這些外流流民多是流向湖廣、河南、四川、貴州、雲南。這些流民有相當部分是墾殖務農，但也有許多人在流徙過程中，開始從事商業貿易。他們憑藉手中的少量資金，或憑藉自己的一技之長，闖蕩江湖，做些小買賣謀生度日。

這些散布在各地的江西商人，來往於江西與外流人口省份之間，或者是長居某地，形成了人數眾多的商人集團。

江西流民運動，造就了江西商幫。

無奈才經商

明清時期的江西商人，外出經商都給人一種被逼無奈的感覺。似乎外出經商並非他們的本意。

從商幫的構成來看，也許能夠從中悟出些什麼。

江西商幫的構成，大致有三種情況，即家貧經商、棄儒經商、子承父業經商。

明清江西商人中有七〇%左右是家境貧寒的農家子弟，因生計所迫而棄農經商。其中許多人是少年便外出經商賺錢謀生。

棄儒經商是因為家中發生變故，或者家境窘迫不得已而經商。或者是科場失敗，對舉業失去信心轉向經商的。也有的是為了以商養文，即做商人賺錢，再用賺的錢來供親人讀書。

這些無奈才經商的江西商人，他們本意並不太想經商，他們經商是被迫的。在他們心目中，商人並不是一個光榮的職業，他們大都把經商作為一種解決生活困難的手段，而不是作為一種事業，作為一種職業來對待的。因此，他們一旦緩解了家庭困難或略有贏餘，便懈怠了經商之心。當然，在明清時期的江西商人中，也有不少是繼承父輩賈業而從商的。

管窺蠡測：江西商幫群體的素質

江西流民運動造就的江西商幫，其群體素質尚可。大略而論，有如下幾個方面：

早熟（從商年齡小，早操勞）；

文化不高（家貧讀書少，加之從商早）；
見多識廣（經商走南闖北的結果）；
吃苦耐勞（江西多丘陵山區，家貧使然）；
智力一般（家貧營養不良。婚配血緣關係較近。因為從宋代經元至明代，江西人口密度很大，基本上沒有外出人口大量遷徙到江西的事，只有明代時江西人才向外流。長時期的人口相對穩定，對江西人的智力不會有太大的提高）；
觀念守舊（受程朱理學的束縛，受傳統宗法思想和宗族制度的壓抑）；
有技術專長（挾技走四方）。
正是因為江西商幫群體素質不是太高，經商的潛質不大，所以他們經商的後果難如人意。

三 「無江西人不成市場」

人們說「無徽不成鎮」。
人們也說：「無江西人不成市場」。
似乎兩句話相類似，但實際上兩者並不能相比！
「無江西人不能成市場」，以白話說，就是「（吉安）商賈負販遍天下」。
對於江西商人的活動，明代臨海人王士性有一段很著名的概括：「江（西）、浙（江）、閩

（福建）三處人稠地狹，總之不足以當中原之一省。故身不有技則口不餬，足不出外則技不售。惟江右尤甚。……故作客莫如江右，江右莫如撫州。」吉安人彭華也說：「（吉安）商賈負販遍天下」。

湖廣鄰近江西，是江西商人的主要活動地區。武昌、漢口、漢陽，「五方雜處，商賈輻輳，俱以貿易為業，不事耕種」。湖廣地區物產豐富，自然環境和氣候與江西相似。所以是江西商人的聚集之處。江西商人到武漢，猶如跨門過庭。鹽、當、米、木材、藥材、花布在漢口稱六大行業，都有江西商人在經營。尤其是漢口的藥材業，江西清江商人幾乎壟斷了這個行業。湖南的岳州、長沙、衡陽，都是江西商人聚居的地方，湖北洪江、鄖陽、鍾祥、天門也有大量的江西商人。難怪明清時期湖廣一帶流傳著「無江西人不成市場」的民諺。

江西商人避開其他商幫角逐的地方，專往其他商幫不太光顧的地方。西南的四川、雲南、貴州，是江西商人活動的又一重要地區。這三省之中，以雲南省內的江西人為最多。雲南居住人口之中有一半以上是江西人。

江西商人也向北方各省發展，尤其是河南省，在明代是江西流民遷徙的主要地區之一，江西商人到河南經商，有地利人和之便。江西商人在河南經商賺錢，曾引起河南籍官員的不滿，他們多次上書奏報朝廷，要求驅逐當地的江西商人。山東、陝南也是江西商人匯集之地。

江西商人利用地理之便，躋身於福建、兩廣地區。福建、廣東本地也有商幫，不過他們的貿易重點是放在海上，所以是以海商為中堅的商幫，而省內的山區地帶，基本上都是江西商人活動其間，福建的建陽、邵武、長汀等地的居民口音與江西口音相類，這自然是江西商人的活動與入籍有很大關係。盛產武夷茶的建寧府，該地的茶農與茶商幾乎都是江西人。而且，每年早春二月，總還有數十萬江西人來這裡，或做茶業生意，或替茶商傭工。建寧府幾乎成為江西的一個屬地。

江西商人積極向京城發展，也想取得一席之地。

北京是明清時期全國的政治經濟中心，「今天下財貨聚於京師，而半產於東南，故百工技藝之人亦多出於東南，江右為夥，浙（江）、（南）直次之，閩粵又次之。」

江西商人財不大氣不粗，他們上京城發展，只能依靠自己的一技之長，所謂「百工技藝」，就是一些有手藝的小商小販，諸如做糖人、補瓷器、冶鐵鑄器之類。

對於徽商、晉商最為活躍的江南地區，江西商人也要插一腳。甚至遠至邊遠地區如遼東、西藏、甘肅和域外，也有江西商人出沒其間。明代的滿喇甲（今馬來西亞馬六甲州）、琉球國（今日本沖繩）都有江西人去經商。

在江西本地經商者更多，他們因為資本所限，或者是家庭拖累，無法遠離故鄉，只能在鄰府、鄰縣往返貿易或列肆經營。

江西商幫的人員構成和興起的歷史背景決定了他們是一個比較獨特的商幫，即：

人數眾多；

經營的項目和行業很廣泛；

活動地區廣泛；
資本分散，總資本並不小；
滲透性極強（經商項目和經商區域）；
競爭力較弱（小本經營、利潤較薄）。

四 江西商幫的致富之道

一位南昌籍商人因經營不善虧了本，年終回家只剩下二百錢，債主蜂擁而至。商人無奈，躲到僻靜處準備自尋短見，遇到一位頗有見識者。那人知道商人尋死的原因後，笑道：「怪事！有二百錢還要去尋死？」商人說二百錢辦不了什麼事。那人又笑了，說：「你看這個世上無事可為，這種想法正是使你頭腦不開竅的原因。」於是向商人要了那二百錢，買了一罈酒、一塊肉，以及幾十件小孩玩具。兩人找座古廟吃飽喝足睡了一夜，第二天一早，那人將商人叫醒，將昨天買來的玩具給他，並告訴他：「今天是新年，你將這些玩具拿去賣，如大人買可便宜些，如有帶小孩的可賣貴些。商人按照辦了，結果發了筆小財，非常高興。回到古廟將情況說了，並打算再去販賣玩具。那人連連搖頭說：「此就是你為什麼經商虧本的原因。昨天是大年三十的晚上，市中玩具價較廉，所以買來賣可以獲利。今天已經是新年，市中的玩具價格也漲了。我輩成本不多，貨應該迅速售出，才能夠資金周轉，並非那種多財善賈者可以囤積居奇，以求善價。」

——徐珂《清稗類鈔》

小本經營，借貸起家

江西商人絕大多數是因家境所迫而負販經商的，因此，借貸就成為江西商人主要的資金來源方式。

江西商人的借貸活動一般是在親友同伴之間進行的。因為江西人家族觀念強，而且家族能真心實意給予支持。有些家族還專門設有「生息資」，由全族共同出資為本金，借貸給本族子弟經商業賈，利息則用於修祠續譜。借貸之間，一般立有文契。除專門施放高利貸的錢莊，親友間的借貸一般也得支付年率十%左右的低息。

江西商人的借貸即使是親友之間也要立有文契，要支付利息。這是因為親友的錢來得不易，立文契後可以使他們放心。

江西人借貸經商，貸款一方，即宗族成員，非常看重借貸人的人品，他們那種真心實意的支持使人感動。例如新城陳世爵，人品在宗族中受到好評，因家境窘困，棄儒經商。一次，陳世爵從外地經商歸來，途經吳城，船翻貨傾，僅以身免。想到這次出去的資金「皆受人所付託」，覺得無法向人交代，於是產生了投鄱陽湖自盡的念頭。幾經反覆思考，後來還是咬著牙，在湖灘上走了一百多里，找到一戶人家借了一套衣服和一點錢，回到家鄉找到那些將本金付託給他的人，對他們說，我這次不幸遭難，一定變賣家產，歸還本金，如果不足的話，打算到各家做工以還錢。那些鄉鄰並不怪他，而是再一次湊集數千金給他，結果獲利數倍。這種事例如在其他地方發生，大都是不可能的。江西人的真誠和厚道使陳世爵絕處逢生。

那些世代經商或父子兄弟一道經商的，其基本資金自然是繼承於父兄遺產，一般說來，也是小本者居多。

由於江西商人是謀求生計的貧家子弟居多，其資金來源一般又是小額借貸，這就必然使江西商幫具有資本分散，小商下賈眾多的特點。表面上江西人到處都是，實際上幾十個商人抵不上一個徽商、晉商。

江西商人的活動，一般是以販賣本地土、特產品為起點，「以小買賣而致大開張」，逐步進行資本積累。因此，經營行業多以本地物產為依託，循時漸進，根據自己的財力和能力再進行經營行業的選擇。

自身積累，因地制宜，因時而異，這是江西商人的必然選擇。

廣泛從業，尋求商機

江西商人以本地物產為依託，全面介入經營本地物產的行業。

江西是全國的水稻主產地，是重要的大米輸出省份，江西糧食生產在全國的重要地位，直至清末，仍為「直省之冠」。明清時期，稻米是流通領域的大宗商品。

江西商人對本省所產的紅茶也是積極推銷販賣。對江西商人來說，茶葉是最好的商品，因為茶葉體輕價昂，便於個體商販攜帶。江西商人大都是小商販，自己肩挑背負就能販運。鉛山商人鄒茂章就是自己肩擔背負茶葉到處販賣，最終積資二百萬兩銀，成為全縣的首富。

江西盛產瓷器，尤其是景德鎮生產的瓷器名揚天下，其在全國的銷售量是獨占鰲頭，在海外成為當時中國外銷最受歡迎的商品。瓷器的銷售是商人牟取大利的一個經營項目。江西商人當然不會輕易放過。

江西還盛產木材。江西各府均產木材，又以南安、贛州二府為最。《江西志》說：南、贛地方，出場開曠，盛產杉木，吉安等府縣的流民長年來此，謀求生理，結幫成夥，砍伐竹木，有的還在這裡裁木鋸板，然後將木料或板材順水道轉賣他省。贛州商人主要靠杉木運銷外省致富。吉安、南昌、撫州等地也有大量木材外銷。

江西商人在販運木材方面積聚了豐富的經驗，他們選擇沿江河、交通又通山區的地方作為木材集散地，經由水運，盡量減少運輸成本。

江西商人和徽商基本控制了本省的紙業。江西紙業很發達。在明代，江西鉛山的造紙業和蘇杭紡織業、松江棉織業、蕪湖漿染業、景德鎮製瓷業並為全國的五大手工業中心。直到清代，江西鉛山的造紙業仍雄居全國前列。鉛山所產之紙有數十種之多，分為優級和普通、下等紙。

江西本地盛產夏布，而且質量很好，撫州所產夏布與湖永永定夏布齊名，頗受商界歡迎。

江西在明代末期開始種煙。贛州府各縣均種煙，大量稻田改為煙地。廣信府所屬的玉山、永豐，從事煙草生產的各有數千人，且多為雇工。這裡生產的煙葉遠銷大江南北。建昌府屬的新城、廣豐也種煙成風，良田幾乎占盡，新城是家家種煙，廣豐縣洋口墟有「行鋪」千餘家，都是經營煙葉茶油的。

在江西各產煙區收購煙葉的，有閩粵商人和徽州商人，但更多的是江西商人。閩、粵、徽商都是大商賈，江西商人多是小商人，多來自撫州、建昌等地。

此外，江西商人還根據自己的資本和各地實際商情，有所側重介入一些利潤較大的行業和自己喜愛的行業，這類行業主要是：

江西商人從事鹽業經營，一般都是較富的商人，由於兩淮、兩浙的鹽業都被徽商、晉商等商幫所控制，江西商人要躋身其間很困難。江西商人知難而退，轉而求其次，做起販運私鹽的勾當。江西鹽商運私鹽有專門的走私路線。

從廣東、福建、浙江販運來的私鹽使江西鹽商獲利不小。這些鹽商甚至設立私倉，限量售賣，致使鹽價上漲。

江西商人販賣私鹽的活動，在明清兩代均引起有關政府部門的注意及追查。但此種販運私鹽的現象，並未因此止息。

江西商人早就看上了典當業，因為典當業獲利很厚。但在財力不豐、本金少的時候是無法開典當鋪的。所以開典當鋪對許多江西商販來說還是一個夢。但隨著經商日久，財力逐漸豐厚，許多江西商人有了做典當業的資本，於是江西開典當鋪成風。典當業既有專營的，也有兼營的。其盈利甚多。撫州的典當業受當的時候，所當衣物首飾等如值一金，只能當五錢，滿十個月不贖回，則將所當物品拍賣，這樣一來，十個月等於收了一倍的利息；如果按時取贖，則按每月三分算息。在書寫所當物品質券時，即使是上好錦帛，按例寫成破舊，即使是十足赤金，按例寫成低淡。江西商人的專門典當鋪，經營的範圍較廣，一般以物抵錢。那些兼營典當質押的富戶，一般以物抵穀米。而且手法高明，常在當地農民麥收時節和稻穀揚花時節去施放利債，讓農民用麥子或新穀作為質押。等到收穫時，稻多還未入倉，商人早已趕來，如數運走。

江西商人從事藥材生意的歷史比較悠久。清江縣樟樹鎮，在唐代名為「藥墟」，在宋代名為「藥市」，在明代為全國「藥碼頭」。樟樹鎮本地並沒多少藥產，因是藥材集散地而名聞全國。這些藥材都是樟樹藥商從四川、湖廣、兩廣等地運來的。江西藥商以重慶、漢口、湘潭、梧州為活動基地，開鋪設店，廣收藥材。僅湘潭一處的江西樟樹藥鋪清末時有二百多家。

江西商人根據自己本金少和經商能力小的具體情況，常選擇較穩當的項目來進行經營。如一些棄儒經商者對書商很有興趣，對他們來說，經營書既可牟利，又是一種精神寄託，是一種比較高雅的商業行業。江西商人在外地，有不少是經營雜貨鋪的。這個行業具有投資少、資金流動快、城鄉居民不可缺少等優勢，正適應江西商人資金分散、小本經營的特點。江西商人的滲透力強，也與經營此業有很大關係。這些雜貨商人，一般兼營小批量食鹽、布匹、茶葉、紙張、果品食物，是較典型的雜貨商。

其實，在整個明清時期，除了一些資本較大的商人外，大部分江西商人的專業化並不明顯，他們走州過府，隨收隨賣，操業甚雜，只要有微利可圖之物，皆可成為江西商人經銷的商品。兼營諸業的現象在江西商人之中很普遍。他們腦中的商業意識猶如貧瘠山區農民「廣種薄收」的意識，只講求經營的廣度，並不追求經營的深度。所以江西商人快速致富者並不多見。

講求「賈道」，注重經營

注重「賈德」，講究「賈道」，建立商業信譽，這也是江西商幫致富的一個成功之道。

江西商人一般都注意商業信譽，講究職業道德，他們認為要待人以誠，才能做長久生意，打長久交道。江西商人的「誠信」，有一個典型事例：新城吳大棟，父母死時，留有債務未償還。十幾年後，吳大棟因長年在廣東經商，稍有積餘，就帶著財物往尋債主。這時，債主早已去世，借資也無文字憑證，其家人亦不知此事，大棟仍然反覆說明原委，償還了這筆債務。

江西商人講究「賈德」，注重誠信，是江西人質樸做事認真的性格的一個外在反映，也是江西人頭腦中中國傳統儒家思想的自然流露。

江西商人中的大商人，在注重經營方面也很有心得，他們注意市場信息，看準行情進行投資。清代江西會昌商人歐陽振鑾眼光很遠，也很有氣魄，從不斤斤計較，但各地物產的盈虛情況及價格變化，全都了然於心，一旦看準行情動輒投資巨萬，利潤也非常可觀，「不幾年，積累之厚甲於一邑」。廣豐縣的商人經常往蘇松一帶販賣蓮子，太平天國時期，江浙戰事頻繁，這些商人就往該地輸送油茶、苧布等急需之物。太平天國起義被鎮壓後，外逃的土豪富戶紛紛遷回蘇州、南京，廣豐商人得知這一消息後，馬上組織蓮子貨源，趕緊發往蘇州、南京，結果大賺其錢。

江西商人還善於揣摩消費者的心理，迎合不同主顧的要求。他們根據商品銷售時間，季節氣候，顧客對象，銷售地點，區分場合，針對各類消費者推銷自己的產品，價格也因人而定；如是小孩喜歡之物，大人又在旁邊，價格可定高一些；如是大人來買小孩用品，價格又可以低一些。節前價格可高一些，節後商品的價格低一些。

總之，以售盡手中的商品和捕捉商機為原則，這是江西商人發財致富的經驗總結。

五 江西商幫的經營方式和特點

江西商幫的經營方式較特別，有許多獨特之處。

江西商幫的經營方式，勾畫出一幅完整的封建社會經商方式演變遞進圖。

這幅圖共分為三個層次：

第一個層次，是個體經營。

明清時期，江西商人之中的大多數是因家境所迫的棄農經商、棄儒經商者，他們小本經營，負販往來，以求養家活口。因此，江西商人最常見、最大量的經營方式是個體經營。這種經營方式簡單易行，不受多少約束，而且在經營過程中比較自由，能夠根據市場和商品的情況隨時予以變化。

在個體經營的江西商人的家庭裡，存在著分工，一般的家庭大都是以農為本，以商補農。因此男子外出經商，所攜帶的經商資本或是家資，或是借貸，獨立進行商業經營，所賺的商業利潤用來彌補家用的不足，妻子一般留在家裡持家，也有父兄外出經商，子弟務農的。一般來說，外出經商的人都是家庭中最能幹的，或是家長，或是家裡的主導者，或是家中最大的兒子。男主外，女主內，這是江西商人的基本家庭分工。

在一些較富的商人家庭中，家族內部也實行職業分工，由其中的個別或幾個人去進行個體經營，其他人則在家務農或做工，或者學習讀書準備科舉考試。

江西商人的個體經營活動被納入整個家庭乃至家族的自然經濟結構之中。

個體經商的高級形式，就是個體商販的臨時性結合體。

這種經營方式的特點是，同幫商販均有各自的資金、貨物，經營上也完全獨立，如果有人虧損或發生意外，則眾人要共同扶持。有這樣一件事例：高安商人梁懋竹與兩位朋友一同乘船去貿易，船行至洞庭湖，夜晚有水盜持刀登上船強索財產。梁懋竹把自己的錢全部給了水盜，水盜又逼二位朋友交出身上的錢，懋竹說：「這是我的兩個弟弟。」水盜這才離去。梁懋竹犧牲了自己的本金，但卻挽救了兩位朋友所帶的本金。

個體經營的最高級形式是主夥或夥東關係。這種關係是商品經濟和商業資本一定發展階段上的必然產物。在江西商幫中，主夥關係的實質往往被親友關係、同鄉關係所掩蓋。這種經營方式的特點是：主夥共同進行貿易，主為老闆，夥為職員，帶有商業雇工的性質。或者是東家出資，由夥計單獨經營。

第二個層次，是同幫同業商人組成的合夥團體經營。

這種團體，即同本貿易的商人小團體。其特點是同業商人合資經營，雙方或數方相互承擔經濟上和道義上的責任。

因為是同本貿易，本錢是同夥人共有的，合夥人在經營過程中任何經營活動對合夥人都有利害關係。江西商人一旦相互共同出資做生意，就在事實上構成了一種不待明言的契約關係，即對方有什麼事找到自己，自己都負有道義上的責任。有這樣一件事：江西大庾商人劉永慶，在明崇禎年間與同鄉易明宇一起做同本生意，兩人同往浙江等地進行貿易。後易明宇生病，病重之時，以妻子相託付，囑劉永慶多加照顧。劉永慶說：「你放心，這是我應盡的職責。」易明宇死後，劉永慶為易明宇妻安置好生活，擔負起贍養易明宇妻子的責任。後易明宇妻子又去世，劉永慶又為易明宇的兒子成家娶妻，並將自己的財產和僮僕分給明宇之子。此件事可以說明同本貿易的雙方所要承擔的經濟和道義責任。

第三個層次，是行業壟斷性經營。

這種經營形式是商幫經營的高級形式，其特點是：一個或幾個以同鄉或同宗為紐帶的地域性商人集團壟斷某一地區一定行業的商品市場或原料市場。商人集團的會館往往起著一定的壟斷協調的作用。

清代江西樟樹藥商為了壟斷和控制中國一部分地區的藥材市場，將他們在外地的藥號大體按區域分為專營川、陝、冀、豫等地所產藥材的「西北號」和專營兩廣、閩浙等沿海省份藥材的「廣浙號」。這種劃分就是在樟樹藥商內部瓜分藥材原料市場，以便與外地藥商進行競爭。

官商化與「召商」

清政府在對商業態度上與明政府截然不同。明政府對商業活動的干預相對鬆弛，因此包括江西商人在內的各地商人的活動自由性也較大。雍乾時期，清政府對商業活動的干預和控制加強了。在江西商幫中，清政府積極尋找商業代理人，使部分江西商人官商化，並以「召商」方式調劑地區間物資供應的不平衡，將部分江西商人的活動納入在政府的組織支配下。

清政府在政治上加強對民眾的控制之外，在商業活動方面也進行了加強，並用自己信得過的商人來作自己的代理人，這也是清政權的一貫作法。清政權剛建立，就將山西八大商人立為「皇商」，用他們來為清朝政權的財政和籌餉服務。他們對江西商人也採取了用官商的方式來作他們在商業活動的代理人，將當地商人的活動納入自己的支配和控制之下。

召商經營，主要是與國計民生密切相關的鹽和糧等行業，此種方式是清政府利用商人力量來為政權服務，穩定地方上的社會秩序，解決民眾社會生活上的不便。江西商人被召商經營是比較常見的。

乾隆三年，因為江西寧都食鹽供應跟不上，於是官府招募土著商人，開設鹽埠，以便鄉民購買。

乾隆五十年，湖北連續遭受水災和旱災，糧食嚴重減產。清政府緊急在江西、四川兩省召商運來，以救燃眉之急，江西糧商被召，用船一千三百餘艘，共載大米數十萬石運往湖北。

官商與「召商」，體現了封建國家的權力意志，清政府這種積極介入經濟活動的「癖好」，強制性地將江西人納入自己的支配之下，嚴重地限制了商人自主經營的獨立性。

六 迂腐的商人

春秋時期，宋國國君宋襄公與楚國爭霸。宋襄公十三年（公元前六三八）伐鄭國，與馳軍來救鄭國的楚兵戰於泓水（今河南柘城西北）。楚兵強大，他講「仁義」，不願在楚兵渡河之中發兵擊敵，而要等待楚兵渡過河列陣再戰。結果宋軍大敗，宋襄公也受了傷，次年傷重死去。

宋襄公的迂腐成為笑談，流傳至今。

江西商人的迂腐並不比宋襄公好多少。

江西商人為什麼富商巨賈少呢？

江西商人中多迂腐之人，是一個重要的原因。

受傳統「知足常樂」及「父母在，不遠遊」的觀念影響，不願在商業上作更大發展。相較於其他商幫旺盛的企圖心，江西商人自是難以匹敵。

江西商人受傳統的「謙謙君子」和「溫良恭儉讓」等觀念的影響，凡事多替別人考慮，寧願自己作出犧牲。因此他們常採用「息事寧人」的做法。新城涂肇新年輕時在兩湖、川滇往來經商，積賺下家資。晚年回到故鄉，不想再外出奔波經商，於是將本錢託付給夥計，讓其代他前往蘇、浙貿易。沒想到夥計把他的本錢花光，還買了兩個女人帶回家，有人勸涂肇新押送此夥計到官府。涂肇新卻笑著說：「他不義，但因他掠取了我的財產，而使他身敗名裂，我不忍心。」於是，他並不追究那位夥計的罪過。此外，還有一位鹽商欠肇新等白銀萬餘兩，眾人邀肇新一起去告發，肇新卻居中調停，寧願自己破財，也不訴訟官府，以求息事寧人。

還有借貸予人而自毀借約的事情。餘干胡鐘，有鄉人向其借貸而無法償還，將自己的房契抵債而遷往他鄉，胡鐘知道後於心非常不忍，連忙派人追回，將房契歸還原主，並將借據燒掉。金溪劉光昌晚年居家，仍做典當生意，許多鄉民用衣被典貸糧食，這年因歉收無法贖回。天氣漸寒，光昌將這些鄉民召來，讓他們將衣被全部取回，所貸糧食均不再索。有人不解，劉光昌說：「天氣這樣寒冷，同族的鄰居都冷得受不了，我怎麼能忍心一個人擁有棉被暖和自己呢？」又將所有的債券盡行燒毀。臨川李春華在貴州經商幾十年，晚年返回家鄉，行前召集當地負債之人，將萬餘兩銀子的債券全部燒掉。時人評價說，這樣做的目的是「無為後人留爭端」。

江西商人對聚積家產有一種獨特的看法，他們認為財產是用來謀生的，夠用就行了。錢要「能聚能散」。臨川李宜民是雍乾時期著名的官商，他有一套這樣的理論：「物聚必散，天道然也。且物之聚，愁之叢也。苟不善散，必有非理以散之者。」他不是虛言，實際上他也正是這樣做的。萬安嚴致祥因經商致富，於是教育兒子：我勤儉起家不只是留給你們，功名財物都是身外之物，創業和守業並不只是為了積財，更要學會散財。豐城熊琴致富後也開始睡不著覺，常常對子侄輩說：「你們不缺衣食就行了，千萬不要守財，積而不能散，恐怕會招致怨恨，該散財的時候，絕不能吝嗇。」在思想深處，江西商人還有著「水滿則溢」、「月滿則虧」的觀念，他們認為錢多了並不是一件好事。明代萬載商人彭顯的看法代表了江西商人的意見：「天生財必有用，無則取於人，有則與人，烏用作守錢傭為。」明正德時有瑞昌商人董伯益家資較富，遠近皆知，恰值寧王朱宸濠起兵，將他兒子抓去做人質，脅伯益出銀一千兩作為軍費，方才放人。通過這一事件，董伯益悟出了一個道理，對兒子說：「千金活汝，亦幾殺汝。」於是盡散家財。

江西商人的迂腐，由此可見一斑。

江西商人的這些獨特看法和做法之中，我們可以窺見江西商人之中為什麼缺少巨商大賈的核心原因。一個在金錢上沒太大興趣的商幫，怎麼可能會產生一種強烈的進取心呢？沒有強烈進取心的商幫，又怎麼會出現巨商大賈呢？

江西商人，歷史注定不會讓你成為商業場上的主角。

第六章

亦盜亦商的福建商幫

明代嘉靖中期，大臣朱紈出巡海道，嚴禁出海貿易。巡按朱紈的一道禁令，立即掀起軒然大波。

在朝為官的福建人、浙江人都攻擊朱紈，尤其是福建人，他們如喪考妣。

原籍福建的巡按御史周亮，上疏攻詆朱紈，在朝的黨朋好友都隨聲附和。朝廷竟然同意他的請求，將朱紈由巡撫改成巡視，最後又免去朱紈的官職，羅織朱紈的罪名。

困窘之中的朱紈喟嘆道：除去外國的盜賊容易，除去中國的盜賊難；除去中國瀕海之盜尚還容易，除去中國的衣冠之盜尤其難。縱然天子不欲殺我，閩浙人也必定會把我給殺了。

朱紈被迫自殺了。

福建海商們個個揚眉吐氣，欣喜若狂。

福建商幫的威勢震動朝廷，「中外探手不敢言海禁事」。

福建商格言

行船走馬三分命，東洋無洋過西洋。

窮無窮根，富無富種。

冤枉錢，水流田；血汗錢，萬萬年。

欠字壓人頭，債字受人責。

生處好尋找，熱處好過年。

命長唔怕家鄉遠。

一 海商巨盜鄭芝龍

鄭芝龍出生在泉州平安鎮，鄭氏家族多是平安商人。

鄭芝龍不願做山海兼顧的商人，他要做財勢和武力雄大的海商。

鄭芝龍一離開家，便前往廣東香山投奔他的母舅黃程，從事海上貿易活動。不久，他又投靠於同鄉巨商李旦的麾下，從事海商海盜活動。

他在經商的同時，聯繫自己的兄弟、從兄弟、堂兄弟組成鄭氏「十八芝」好漢，開始縱橫於東南沿海。

鄭芝龍以鄭氏家族成員為核心，以鄉人為骨幹，拚命擴充自己的勢力，終於組成了一個龐大的亦商亦盜集團。

他的集團有船數百艘，手下數萬人，全福建到處遍布他的爪牙和窩主。

鄭芝龍海商集團，設立山、海路五大商，直接與大陸進行秘密貿易，售貨地點設在京師、蘇杭、山東等處。海路也分五大商，負責船運海上走私貿易商品。

這個海商集團財勢之大，福建無人能望其項背。在福建，鄭芝龍海商集團名聲遠播，歷時數十年。

海商巨盜鄭芝龍，其子鄭成功是「青出於藍，而勝於藍」。

鄭成功率鄭氏海商集團為核心的軍隊，一舉攻克台灣，把台灣從荷蘭人手中解救出來，回到祖國的懷抱之中。

鄭成功，中國的民族英雄。

他為乃父鄭芝龍毀譽參半的一生增添了瑰麗的色彩。

二 靠海吃海的海商

福建商幫的歷史淵源很古老。

明清的福建商幫以海商為主體。它初興起於晉唐。

福建背山面海，形成了獨立的經濟區域。這裡的居民從很早的時候開始，就謀求通過海路來加強與外地的經濟交流。唐代末期，中國的海上交通日益興盛起來，泉州和廣州成為新的海上絲綢之路的起點。宋元時期，南方各省的海上貿易也隨之進一步繁榮起來。福建的商人浮海載貨，北上山東、朝鮮，東赴日本，南入交廣，遠航南洋各國。元代，福建泉州作為對外貿易港的地位顯得越來越重要，其繁榮的程度已超過廣州，被譽為當時世界最大的貿易港口之一。

明代以前，福建沿海地區的海上貿易是嚴格控制下的官方海上貿易，海上貿易的目的，在政治上是中央王朝為了「羈縻」海外諸幫，以確立自己宗主國的地位，因此又稱作「朝貢」貿易；何況採辦的「海外珍奇」，又能用來滿足帝王權臣的奢侈腐朽生活的需要。

明代中葉，由於受到西方殖民主義者在東方海上貿易的刺激，福建海商變得具有挑戰性了，他們不再受朝貢貿易的支配，他們以自由商人的姿態參加了海上貿易活動。走私商貿，成為他們的主要謀生方式。

福建海商的興盛，甚至吸引了閩西、閩北山區的部分商民，他們也投身到海上走私貿易的行列之中。

福建海商的活動範圍日益擴大，與之貿易的國家和地區也越來越多，東起日本、朝鮮，南至安南、交趾、暹羅，中經菲律賓群島和南洋群島，西達阿拉伯半島，甚至非洲的東海岸，都遍布著中國海商活動的足跡。整個明代時期，福建海商在東洋各國的海上貿易中儼然一副霸主模樣。

明代福建海商經營的出口商品，有二百三十種之多。有手工業品、礦產品、水產品、農副產品、肉製品、乾鮮果品、文化用品、中草藥品和動物。其中以生絲、紡織品、瓷器、糖製品為大宗。進口商品有一百一十六種之多，貿易的商品已發生變化。這些進口的商品，除了傳統朝貢貿易所包括的香料、寶貨及海產山珍之外，其他如手工業原料、手工業製品、農副產品、礦產品等的進口數量也有著大幅度的增長，至嘉、萬時期，這些商品的進口量已超過香料寶貨等海外珍奇的進口量，成為進口商品的大宗。尤其是美洲所產的白銀，此時更是通過海商之手源源不斷地流入中國。

海商對中國的經濟發展產生了相當重要的作用。福建海商是中國民間進出口貿易的功臣，儘管這個「功臣」，是用非法的形式獲得的。

康熙二十三年（一六八四），福建泉州人清海侯施琅等請求朝廷開放海禁。康熙皇帝決定正式開放海禁，准許民間恢復海上貿易活動。

福建海商終於能名正言順地做海上生意了。但福建海商發現：形勢並非對自己有利。在東南亞和中國沿海，出現了許多英國、荷蘭、葡萄牙等國的商船，這些商船又大，載運商品又多，他們基本上掌握了東南亞一帶的海上貿易大權。

過去從西歐各國的貿易商人們那裡用中國商品來換取美洲白銀的情況也一去不復返了。十八世紀以後，西方殖民者們逐漸控制了南洋各地的生產和貿易，原來由南洋各國向中國輸入的各種傳統商品如香料、寶貨、土特產品等，也逐漸成為西方商人與中國貿易的大宗商品。隨後的東南亞各國的大米也成了西方商人和中國貿易的大宗商品，中國白銀入超的現象明顯減少了。

昔日稱雄東方海域的福建海商，無可奈何地淪為西方殖民者的附庸。

不過，天無絕人之路。

福建海商對外國的貿易雖然一蹶不振，但台灣農業的興起，又為福建海商們提供了牟利的機會。

康熙統一台灣之後，台灣在清政權的管理下獲得了進一步開發，農業生產開始迅速發展。

台灣的自然環境非常優越，適宜大米三熟生產。雍正年間，台灣便有了「米倉」之稱。大量的糧食使台灣成了大陸沿海省份開闢糧食運銷的貨源地，而台灣對大陸商品的需求也日漸擴大。

福建海商「近水樓台先得月」，他們擔負了從大陸遠販商品到台灣，再從台灣運送大米到大陸的轉運販賣任務。

這樣，福建海商「失之東隅，收之桑榆」，雖然失掉了與南洋貿易的海上控制權，但卻壟斷了台灣與大陸間的海路貿易。

當時往來於台灣、福建海峽間的商船不下數千艘，盛況空前。利之所誘，甚至連沿海的許多漁船，也投入閩台貿易的角逐之中。福建各路商人，為了方便與台灣的貿易，紛紛在台灣的主要港口市鎮設立貿易據點，號為「郊行」，從而促進了台灣西部等各沿海城市的繁榮。當時台灣有「一府（台南）二鹿（鹿仔港、鹿港）三艋舺（萬華）」之稱。比如鹿仔港，「煙火萬家，舟車輻輳，為北路一大市鎮」，這裡的街道縱橫交叉，主大街長達三里許，以泉州和廈門所設立的郊行商號居多、市面上百貨充盈相當熱鬧。道光初年至咸豐末年，台南「商業大興」。這些城市的繁榮興盛和福建海商的活動有著密切的聯繫，他們積極地從事海上貿易運輸才造成台灣商業繁盛的局面。

與晉商開闢包頭城、西寧城，徽商開闢溪口城一樣，福建商開闢了台灣府的台北、台南等城。福建商人為台灣的開發和發展作出了巨大的貢獻。

三 獨具特色的多階層商人組合

明清福建海商的大規模興起，原因何在？過去人們認為：原因是明中葉以來封建壓迫日益，土地兼併不斷擴大，致使沿海地區大量失地失業的農民，不得不鋌而走險，冒險下海從事私人貿易。因此，明中葉發展起來的私人海上貿易和海盜活動，是農民反抗地主壓迫的階級鬥爭形式之一。

這是一個認識上的誤區，只是截取了萬花筒中的一個景觀。明中葉以後的福建商幫，是很難用階級的概念來加以界定的，階級和階層在這裡失去了它的所有意義。明代的福建海商，實際上是由福建社會的多階層共同組成的，成分十分複雜：有凶徒、逃犯、被罷免的官吏、僧侶、失業者、不得志的書生等等。參加者不僅有一般的貧民百姓、流氓棍徒，更有許多富家地主、巨姓大族，他們禁不住海上走私貿易獲重利的誘惑，紛紛躋身這一行業。當時官員中的有識之士，意識到這種魚龍混雜經商的弊病：「福建經商者皆沿海居民，富者出資，貧者出力，為利所驅而四方奔走，積久弊生而轉為奸盜」，各個階層均投身於違法的海上貿易，已成為明中葉以後福建地區的一種時尚。「利之所在，天下趨之」。福建海商為此語作了最好的注腳。

參加福建海商的人雖然形形色色，身分各不相同，但是在這個商人集團中為了一個共同的目標——賺錢而聚在一起。

在福建海商這一多階層的組合中，自然出現了「富者出資，貧者出力」這種帶有自由雇傭勞動性質的經濟關係。這種形式的經商組合，從明代中葉起已成為福建沿海經濟中一個重要組成部分。

大量的舵工、水手的存在，使福建海商的經營規模大大提高。甚至成了朝廷關注的對象。康熙五十六年（一七一七），因台灣發生動亂，清政府下令禁止福建沿海海商前往南洋貿易，致使廈門一帶數萬以此維生的舵工水手衣食無著、生活窘困。朝廷見此，不得不在雍正五年（一七二七）再次開洋，恢復貿易。

在海商這個多階層組合中，躋身其間的士紳官僚階層扮演著重要的角色。他們不但積極參與這種違法的海上貿易，而且成為海上走私活動的庇護者。福建的泉州、漳州海商依仗著大姓宦族在背後的支持，肆無忌憚地走私，令當地官兵無可奈何。在沿海一帶從事緝捕的官兵所逮獲的走私商販，常輕易地被宦族大姓從上司那裡領走，常常是敢怒而不敢言。

海商的勢力越發壯大，甚至發展到京城朝廷之中。那些在朝為官的福建人，成了海商的代言人，不僅通情報，而且幫福建海商說話，幫他們去掉主張海禁的政府官員。執行海禁最得力的福建巡撫朱紈，在被福建籍朝官的控告彈劾下免去官職之後，在困窘之中昂首長嘆：「除去外國的盜賊容易，除去中國的盜賊難；除去中國的瀕海之盜尚還容易，除去中國的衣冠之盜尤其難！」嘆罷，自縊而死。

福建海商勢力之大，由此可見。

福建商幫這種特殊階層組合，反映出這個商幫的嚴重封建性，是地主、官僚、豪紳的封建政治、經濟特權在這一商業組織中的延伸。

福建商幫的這種多階層組合，並非符合商業經濟的客觀需要，相反，卻阻礙了商人集團及其資本的自由發展。

四 武裝貿易：經商的雙重性

福建海商商幫的興起，一開始就與封建政府的官方朝貢貿易和禁海政策針鋒相對。他們走私進行商業貿易，不能貿易時就進行搶劫，他們具有海盜和商人的雙重性格。

當海禁較弛或開放海禁時，他們往來販鬻於東西洋之間和中國沿海各地，主要從事商業貿易活動，是商人的身分；一旦禁海，他們就不得不轉商為盜，成為寇盜。明代就有人提醒政府說：「寇與商同是人，市通則寇轉為商，市禁則商轉為寇。」

福建人的這種海盜與商人的雙重性格，是一定社會自然環境下的產物。

福建濱海一帶土地貧瘠，當地農民都把精力放在海上貿易上。海上貿易，成為他們的主要謀生手段。一旦這種手段沒有了，那貧瘠的土地和繁重的農業勞動根本無法解決他們的生存問題。因此他們往往鋌而走險，不是進行海上走私貿易，就是殺人越貨做汪洋大盜。因此，明代嘉靖前後，漳州月港既是海上走私貿易最繁盛的根據地，又是出產「海盜」的地方。

福建海商形成了許多大大小小的海商海盜集團，這些集團是宗族血緣和地緣關係構成的。

相互之間你爭我鬥，並未有人能夠協調。這些海商海盜集團中較為有名的有鄭芝龍、劉香、李魁奇、李旦、顏思奇等集團。這些集團少則數百人，多則數萬人，船隻數百艘，橫行海上，來去令人膽寒。

福建海商集團以亦商亦盜的面目與外國殖民主義者打交道。外國殖民者葡萄牙荷蘭等「紅毛」鬼，常在我國沿海亦商亦盜，福建海商也「以其人之道，還治其人之身」多次交戰，打得昏天黑地，最為壯烈的是崇禎六年（一六三三）七月，荷蘭海盜八艘戰船突入廈門港，不宣而戰，襲陷廈門城大肆擄掠，鄭芝龍率屬下海商海盜集團與明軍水師發動反攻，大敗荷蘭海盜戰果輝煌：

生擒荷蘭首領一名，

荷蘭海盜頭目數名，

生擒荷蘭海盜一百一十八名，

燒死擊斃荷蘭海盜數千名。

斬首荷蘭人二十名，

燒毀荷蘭夾板巨艦五艘，

繳獲荷蘭夾板巨艦一艘，

擊毀荷蘭海盜小船五十艘。

福建海商亦盜亦商，既有嚴懲荷蘭殖民者的光榮業績，又有跟隨倭寇燒殺擄掠作惡多端的劣跡：

嘉靖三十三年（一五五四），倭寇海盜襲擾江南崑山一帶，嘉靖四十二年（一五六三）倭寇圍攻興化縣（福建漳州），他們燒殺擄掠，實行「三光」政策，而倭寇之中竟有一半是漳州本地的海商海盜，他們事先摸清了當地有名的士大夫及豪門巨族的情況，趁著倭寇掠殺時，裡應外合乘勢而出，他們把這些人拘來關押在一座大寺院中，命家屬以金帛贖身，各限以數量，達不到規定數量者，就把人腰斬鋸解處死。海盜倭寇所過之處，不僅殺人越貨，還把興化、莆田縣滿街堆積如山的古今圖書全部燒為灰燼。

一念之差，福建海商可以做出令後人予以截然不同評價的事來。

五 走私貿易與「山海兼顧」——走私貿易

內外勾結的貿易方式是福建海商最常見的經商方式，人們廣泛聯絡沿海居民，建立了許多據點，安插「窩主」，他們利用窩主來打探情報消息，利用據點收購出海商物，囤積國外走私商品以利銷售。

明代後期，福建海商走私貿易已很猖獗，海盜控制區和各城市，甚至連省城都有許多窩主。福建海商的走私貿易，當時的人有一番有趣記載：盜賊出海經商，他們都是附近之人，一路上所遇見的盡是熟悉面孔，他們互相牽線相為勾通，身帶鳥銃刀械、火藥、米穀、綢帛等物，或者是借用兵船，或者是暗藏在糞船、蕩船運載出海，使人無法懷疑其中有詐。他們偽裝巧妙，令朝廷所設的關卡要津無法稽查出來。他們每次出海或走私或行劫，皆是滿載金銀歸來，無人敢於過問。到岸之時，迎接他們的親族皆歡呼雀躍而歸。

福建海商集團的走私貿易規模龐大，尤其是那些有名的海商海盜大集團。財力武力甚為雄厚的鄭氏海商集團，其設在內地的秘密貿易據點，不以家鄉福建為限，而是遍及東南沿海各地，乃至江南甚至京師。

清代康熙年間，政府開放海禁，海商內外勾結的走私貿易方式已無什麼必要，他們與窩主、據點內外接濟交通的現象大為減少。

清代後期，朝廷召海商配運官米，許多海商又重操舊業，逃避稽查，走私偷渡，不一而足。

山海兼顧

福建海商在海上從事貿易，上演了一齣又一齣的精彩鬧劇，把大家的注意力都吸引過去了。提起明清時期的福建商幫，人們便馬上聯想到福建那些令人印象深刻的海商們。

其實福建商幫並非都是海商，他們還有許多「陸地商」，就是海商，也有許多是「水陸兩棲」，海上貿易也做，陸地貿易也做。他們是「山海兼顧」並不偏廢。

福建商幫中最具商人氣質的是泉州安平人。泉州人李光璟在《景壁集》中對安平商人經商，不懼艱險，山海兼顧的特點作了一番頗為公正的評價。他說：我們溫陵（泉州）那裡，家家弦樂響，戶戶誦讀聲，人們喜讀詩書而不重商賈，安平人則獨重買賣，追逐什一之利。然而他們並不倚門擺市，成年男子往往荒廢詩書，積聚資財，遍行全國各地貿易，北賈燕、南賈吳、東賈粵，西賈巴蜀。或者衝風突浪往海外爭利，甚至連一些僻靜的海島也有他們的蹤跡。近者一年一歸，遠者數年方回，過邑不入門，以異邦異地為家。家內一切事務，由婦女掌之。

安平鎮位於泉州城的東南面，瀕臨海上，有十萬餘戶人家，習俗與徽州相類似。

福建西部、北部山區，也是福建商人活動的地方。外來商賈的活躍，刺激了本地人經商的熱情，這裡土瘠民貧，男耕女織不足以謀生。本就有外出經商的願望，親眼目睹外來商人的活動，他們也怦然心動，汀州府連城縣的縣志記載說：

如今行商貨賈熙來攘往，比比皆是，連城居民豈能株守一隅！於是紙販木商，買賣茶葉者，足遊武夷，東入百粵，尤以前往江西的最多。至於開礦鎔銀等技術，此地人最為擅長，他們的足跡所經過之處幾乎覆蓋了半個天下。

隨著明中葉以後社會商品經濟的發達和海上貿易的繁榮，閩西、閩北等山區盛產的茶、木、紙以及礦鐵、瓷器等，成為出口的暢銷產品，這些山區土特產品的外銷出口，不僅促進了山區手工業品和農副產品的生產，而且也使內地山區的一些商人，從經營內地市場的土特產品為主轉而開始面向海外市場，成為從事進出口貿易的商人。有許多商人為海商集團服務，有一些商人甚至參加海商，從事對外貿易。

福建中部的永安縣土地薄瘠，糧食產量低，物產很少，當地百姓無法維持生活，紛紛外出經商。乾隆四十年以後人口日增，產煙也漸漸增多了，青壯男子出外經商，相隔一年或三到五年回一次故里，或乾脆在外成家立業。

明清福建商人，把國內與國外的貿易緊密地結合起來，努力擴大經營，進行多種形式貿易，從而形成了中國封建社會晚期一個很有影響的地方商幫。

福建商幫是一個具有雙重性的商幫，其所具有的封建性本能足以致它死命，但隨著封建社會的消亡，福建商幫卻在海外南洋、台灣等地開闢出新的商業場地，並未隨著中國封建政權的完結而完結。此奇特現象自然是與福建的獨特自然地理環境有關，另外也與福建商幫清代後期封建屬性逐漸減少有關。福建商幫中的許多商人，正是以自由商人的身分，大無畏地開拓海外市場，終於在福建商幫這棵枯樹上開出新枝，使福建商幫的商業精神在海外華人和台灣的福建籍人身上得到延續。

第七章

內涵豐富的廣東商幫

道光十年（一八三〇），英國議會對曾在中國廣州作過商業貿易的英國商人進行過一次調查，最後得出的結論是：「絕大多數在廣州進行貿易的人都一致聲稱，廣州的生意幾乎比世界一切其他地方都更方便、更好做。」

海外流傳著這麼一句話：「太陽無時不普照粵人社會。」

廣東商格言

商品必須全面轉手。

非經商不能昌業。

於商逾入為約平，於商歉出而為之取足。

一 實業救國的僑商簡氏兄弟

光緒三十一年（一九〇五）春天，設在香港的南洋兄弟煙草公司在鞭炮聲中隆重開張了，幾個英美煙草公司的「老外」，遠遠地注視著南洋兄弟煙草公司的掛牌，眼中流露出仇恨，悻悻然鑽進轎車內，疾馳而去。

公司內的會議室裡，兩位長相相似的中年人，正忙著與來客們打招呼寒暄，遞煙遞茶，他們的臉上漾溢著笑意，只是眉頭略有幾絲憂慮。

這兩個中年人就是南洋兄弟煙草公司的董事長和總經理——簡照南和簡玉階。

簡氏兄弟出生在廣東南海縣，早年在香港學生意，後去日本經商。創辦了順泰輪船公司，購買大船「廣東丸」，來往於中國大陸、香港、日本及南洋各埠，甚至遠至歐美各大商埠，成為南洋一帶的商界鉅子。

簡照南的順泰輪船公司業務眾多，其業績正如日中天。但簡照南卻陷入一種苦悶之中。他看到英美煙草公司生產的紙煙在中國暢銷，他看到中國許多百姓手拿洋煙吞雲吐霧，心裡就揪緊了：中國百姓的血汗錢就這樣被英美煙商掠奪走了！

他夜不能寐。他決心自己來生產國貨香煙，為民族爭權利。他把自己的想法與從兄弟簡玉階談論。希望兩兄弟攜手共創國貨煙草企業。簡照南得到簡玉階的堅決支持。他們立即行動，將開辦的順泰輪船公司拍賣，匯集資金購買機器，招聘技師、工人，辦起了南洋兄弟煙草公司。

英美煙草公司對此耿耿於懷。

南洋兄弟煙草公司生產的「雙喜」、「白鶴」國產香煙品質不錯。簡氏兄弟打出香煙廣告，號召「中國人請吸中國煙」。國產香煙吸引了不少煙客銷路大開，直逼英美煙草公司。

英美煙草公司對此驚慌不安，他們想出種種辦法來打擊破壞南洋兄弟煙草公司的信譽。所謂侵犯商標案出籠了，為英國人撐腰的香港巡理府判決有利於英美煙草商。南洋的香煙牌號遲遲不能註冊，公司經營每下愈況，欠債累累，一些股東失去信心。

一九〇八年，公司宣告倒閉。

一九〇九年，簡氏兄弟再次奮起，借款重新在香港註冊開辦「南洋兄弟煙草公司」。

不久，辛亥革命爆發，民眾愛國熱情高漲，國貨香煙大受歡迎，「南洋」開始扭虧轉盈。

一九一五年簡氏兄弟將公司總部遷至上海。

英美煙草公司一計不成又使一計。他們不惜血本削價競銷，企圖利用價格擊敗「南洋」。

簡照南胸有成竹：水來土掩，兵來將擋。

他們也實行降價銷售，同時避開上海，迅速向內地省份發展業務。在上海銷售的香煙廣告上特別使用了激發民族感情的詞句。

為了表明「南洋」倡用國貨，振興中華的心跡，簡照南又廣濟博施，盡力資助公益事業，為災民捐款，為學校捐款，用船運糧食到災區賑災……同時他又把「飛馬」牌香煙送去北京國貨展覽會參展並分送各界，使國貨「飛馬」牌香煙散入人心。

英美公司見狀，又施出撒手鐧。

他們利用春節大擺「鴻門宴」，將上海稍有名氣的煙商都請來赴宴，五天共擺五百桌酒席，宴飲時還有名伶演唱助興，又同時大送禮品、摸彩贈獎，再將印有煙草廣告的月份牌廣送政府機關、學校、社團、商店等以及公眾場合張貼。

簡照南也針鋒相對，在煙箱中附送商品，都是一些國產貨，如肥皂、牙刷、牙膏、毛巾、襪子之類，並送上《三國演義》、《水滸傳》的人物畫片，頗受煙客的歡迎。尤其是家中有小孩的，更是對「南洋」香煙著迷，他們專買「南洋」香煙，以集成成套的《水滸傳》人物，或《三國演義》、《紅樓夢》的人物圖片。

「南洋」出奇兵，令英美煙商始料不及，他們既妒忌又仇恨，但又無可奈何。

「南洋」煙草公司使出回馬槍，又給英美煙草公司一個猝不及防。

英美煙草公司的買辦是浙江奉化人鄔挺生，他為英美煙草公司的發展立下汗馬功勞，英美公司對他很滿意，還特地出錢為他捐了一個候補道的官銜，以便他出入官府結交顯貴，利用上層人士來擴大英美煙的影響。

「南洋」兄弟煙草公司「挖牆腳」，將鄔挺生挖走，聘他為「南洋」公司的業務部經理，並把他在英美煙草公司的一班人馬引進「南洋」公司。

這一來，「南洋」公司如虎添翼。

「南洋」公司在上海、香港設立了五個煙廠，每年利潤可達三百萬元。

簡照南被眾股東推選為永遠總經理。

在這場香煙大戰中，愛國華僑商人簡氏兄弟所創建的「南洋」公司取得了最終的勝利。

二 廣東商幫：應運而生

廣東商幫的興起並不出人意料。

廣東商幫在明清時期形成和發展絕不是偶然的。它與廣東的地理自然條件的優越、商品貨幣經濟的發展、國際環境的複雜和封建政府的海禁政策有著密切的關係。

廣東商幫的興起和形成，猶如瓜熟蒂落，水到渠成。

優越的經商條件

廣東是中國最南部的一個省份，背依五嶺，東西南三面臨海，海岸線長達四千三百公里，居全國首位。南海島嶼星羅棋布，沿海多良港海灣，地當太平洋、印度洋、亞洲和澳洲之間的航路要衝，是世界上海洋航運繁忙的地區之一，也是中國與東南亞諸國交往的紐帶。境內河網交錯，以西、北、東三江為主流的珠江水系貫通全省，溝通全國。廣東交通十分方便。特別是珠江三角洲，更是河道縱橫，航線交織，百舸爭流。遠航出海，便利之極。停泊商船的澳門、黃埔等港口均屬淺水港，是當時對外貿易的良港。廣東發達的內外商業貿易，使廣東大批富商應運而生。

明清時期，廣東經濟有了較快的發展，商品貨幣經濟一躍而進入中國的前列。農產品的商品化程度，已與江南五府比肩，甚至還要更勝一籌。在珠江三角洲出現了眾多的生產專業戶和各種專業性商品生產基地。經濟作物的種植面積日益擴大，廣東省的糧食作物種植面積相應縮小，廣東形成了對糧食的需求。

商業性農業的發展直接為手工業生產提供了充足的原料，廣東的手工業獲得迅速的發展。

其門類之多，花色品種之豐富，技術工藝之精巧，都足以在全國名列前茅。絲織業、棉織業、製糖業、冶鐵業、陶瓷業、造船業、製茶業等行業都是專門化的手工業，都是進行商品生產的行業。

發達的農業商品化生產，手工業商品化生產，加上糧食的對外需求，這些外部環境，形成了濃厚的商業氣氛，為商人的大規模出現奠定了物質基礎。

刺激反應：海商商幫形成

民風強悍的廣東人，遇到外部刺激，必然會作出相應的反應。

廣東海商商幫的形成，就是這種刺激反應的結果。

廣東海商商幫是怎樣形成的呢？

明代嘉靖年間，皇帝「出給榜文」，實行海禁，不但禁止民間出海貿易，就連下海捕魚等活動和沿海之間的交通也都被隔斷。

如此嚴厲的海禁，怎麼不會引起廣東人的強烈反應呢？

海禁對廣東商人的打擊尤其大，廣東商人正要利用明代中期以後的商品經濟快速發展這一有利時機，擴大海外貿易。但海禁令一出，使他們的願望成了「黃粱美夢」。

憤恨之餘，一些廣東商人紛紛組織武裝船隊，採取武裝販運方式，來反抗明政府的禁令。

他們結成了廣東海商商幫。

這些海商商幫，隨著清政府實行開海貿易，更加壯大起來。

牙行與「走廣」

明嘉靖中期以後，外國商船來中國做生意大都匯聚在廣州港，與此進出口貿易相適應，廣東牙行商幫也於隆慶、萬曆年間初步形成。

牙行制度是封建社會長期流傳下來的交易制度，這種制度有濃厚的封建性。因為牙行是封建政府特殊的中間商人開設（官牙），或依靠地方封建勢力開設（私牙）。官牙由政府發給牙帖的商人開設，而能夠領到牙帖的多是當地富商大賈或地主豪紳。封建政府用牙行來監督商稅，登記和監督商人的活動，牙行便成為封建政府的爪牙。牙行在產地、集散地或銷地市場上成為法定的或強行插入的仲介者，妨礙商人與生產者直接接觸，妨礙外來客商與本地商人直接接觸，因而嚴重地阻礙自由貿易和商品的自由流通。

嘉靖三十四年（一五五五），官府在廣州設立的壟斷貿易的廣州、徽州、泉州十三家商號，明末已發展為廣東三十六行。這已經不是單純買賣的仲介者，而是成了主持和操縱外國商船來廣州貿易的商業團體，即牙行商幫。

康熙二十三年後，廣東商幫中的牙商則發展成為著名的廣東十三行商。所謂「十三行」，是經營進出口貿易特殊機構的總稱，實際上行商並不一定就是十三家商行。

清代廣東十三行商是清政府直接控制下經營對外貿易的壟斷商人，具有官商性質。他們的經營方式是以外貿批發商的身分代外商購銷貨物，是國內長途販運批發商及外商交易的居間者。

清乾隆二十二年（一七五七）以後，廣東粵海關獨口貿易的形成，給廣東十三行商予極大的好處，他們從中牟取暴利，迅速膨脹起來的錢袋使他們成為中國最富有的商人：怡和行商伍秉鑒的家產，在道光十四年時，已達二千六百萬元以上。咸豐十年同孚行商潘紹光的家產總額也達一億法郎以上。他們富可敵國，與徽商、晉商等大商巨賈相比，也毫不遜色。

廣東十三行商不僅壟斷了對外貿易，他們還要代外商繳納關稅，代辦一切交涉事務和監督外商在廣州的活動，是外商與清政府聯繫的媒介，具有經營對外貿易和經辦外交事務的雙重職能。

明中葉以後，廣州成為中國對外貿易的最大通商口岸。中國內地的商品就大批地源源不斷運至廣州出口，而外國商品也通過廣州銷散到全國各地。廣州成為「洋貨」和「土特產」的集散中心，而佛山則成為「廣貨」和「北貨」的集散中心。

清乾隆二十二年以後，廣州又成為中國獨家通商口岸，全國的外銷商品和外國的內銷中國商品全都匯集廣州，廣東商人成群結幫把「洋貨」販運到全國各地，並購買大批「土特產」回廣州出口；而外省商人也成幫結隊把本地的土特產販運來廣州出口，而把「洋貨」、「廣貨」運回本地銷售。這種千軍萬馬齊奔廣州做生意的情形，當時人稱之為「走廣」。

在「走廣」的過程中，廣東國內長途販運商幫也就逐步得以形成。為了更好的「走廣」，為了維護商幫的利益和了解勾通商業信息，廣東商幫紛紛在全國各大都會或要津商埠建立分館，至於在廣州、佛山建立的行業會館更是到處皆是。

廣東商幫應運而生，成為當時世人矚目的一個商幫。

二 生財各有道——廣東商幫的三大類型

明清時期的廣東商幫，在經營上，俱是「八仙過海，各顯神通」，各有各的生財之道。從類型劃分，他們可分為海商、牙商和國內長途販運批發商三大類。

形式豐富的海商

廣東海商專門從事經營海外貿易。明代海禁時他們從海上走私貿易謀生。開放海禁後他們就從事海上貿易或進出口生意。

明清時期，廣東的商品貨幣經濟快速發達，受到這種商業利潤的刺激，一些廣東官吏和封建地主豪紳利用手中的權勢，積極開展海外貿易活動。他們一般不直接參加貿易，而是讓他們豢養的「義男」、「義兒」以及下屬官員出海經營貿易。所謂「義男」、「義兒」，實際上就是家內奴隸，他們與主人之間有著明顯的封建人身依附關係。

有些海商資金有限，自己未備有遠航大船，他們便向豪紳大賈之家租賃船舶，再雇用水手攬載其他商人運貨出海貿易，從中獲利。

海南島的豪族海述祖是明大臣海瑞子孫，家有一艘全長二十八丈，桅高二十五丈的大船，沿海海商三十八人共同租賃下他這艘大船，載貨到南洋去進行貿易。

這種租賃海船出海使三方受益，海述祖由於租船得到租金；海商靠剝削水手、舵工取得剩餘價值和獲得商品貿易的商業利潤；水手和舵工也因可以攜帶少量商品販售海外而獲利。

有雄厚資本的海商一般都自己製造船舶，招募水手，遠涉重洋，從事海外貿易，從中盈利。

資金不足的中小商人通常採用合資造船購船、購貨的方式出海進行貿易。除了他們共同集資採購的「重貨」出海貿易外，大家還可另用資本購貨隨船出外貿易。被邀集來的船員除火長、財副、總桿和重要船員給予補貼工資外，其餘人員一律不發工資，而是可以按規定挾帶私貨附船販賣所得的利潤充作工資。這樣一來，無論是船舶的合資者，還是雇員，都是以主人的姿態在船上經營貿易，大家同舟共濟，從中取利。這種合資經營組織也不是永久固定的。每當一次出海貿易結束後，舊的合資形式可以宣告結束，應根據新的情況及各商人的意願重新組合投資。

專事外貿的牙商

牙商是廣東商幫中人數不多但能量很大的商人，牙商包括明代貢舶、市舶貿易的牙行商人，以及清代的廣東十三行和晚清逐步形成的買辦商人。

明代的廣州，有「官牙」、「私牙」之分。不管「官牙」、「私牙」，他們的職能都是在對外貿易中充當仲介者，從中收取佣金。無論買賣雙方是盈是虧，他們都穩當地從中賺到一筆錢。明中葉以後，隨著廣東對外貿易的發展，專營牙行的商人也發展起來了。特別是隆慶開放海禁之後，廣東的牙行商人開始發生了變化，由純粹的買賣仲介人而成為包銷外國進口商品和本國商品出口貿易的商業團體。這就是嘉、萬年間形成的廣東三十六行行商。

廣東三十六行商的經營方式是：

每當外國商船到達廣州，牙商即以「評價者」的身分登船估價貨物，介紹買方，充當外商與國內批發商買賣的仲介人，從中收取佣金，即「牙錢」。獲得三〇至五〇%的利潤。

這種盈利，既無本錢，又獲重利，真是「無本萬利」啊。

乾隆二十二年以後，廣州粵海關獨口貿易的局面形成，使廣東的牙商從中獲得了更大的利潤。廣東三十六行轉化成廣東十三行，是專營對外貿易的壟斷商行。在壟斷經營「洋貨」和外銷貨的這一得天獨厚的條件下，廣東十三行牙商迅速成為巨富。

鴉片戰爭後，廣東十三行被廢止。外國商人便開始雇用十三行牙商或其他人作為他們推銷商品的代理人，仍沿稱買辦。但此時買辦的性質既是外商的雇員，又是獨立的商人。當時廣東商幫則成為外商雇用買辦的最早和最重要的來源。特別是珠江三角洲的商人廣州幫充當買辦者更多。

買辦為外國資本家推銷商品，充當外國資本家與中國資本家、官僚之間的掮客，從中收取佣金、薪金、貨價差額、附股分紅、高利貸利潤等各種收益，成為暴富的社會階層。

吞吐巨大的長途販運批發商

廣州粵海關的發展和興盛，很自然地產生出一大批長途販運批發商人。他們是廣東商幫的重要組成部分。

長途販運批發商的經營方式是到省外或省內的邊遠地區收購貨物販運回廣州、佛山等中心市場，再通過牙商向外商批發，或是批發給當地零售商。他們將商行設置在廣州、佛山，進行商業經營。同時，他們又把廣東的貨物販運到外省或省內邊遠地區批發給當地的中小商人。他們通過在全國各省的都會、要津設立商號或會館進行經營。

廣東長途販運批發商主要經營項目是米、鹽、糖、絲、茶葉以及洋貨等。他們的販運都是大進大出，吞吐量很大。廣東商人從廣西蒼梧縣運販的大米每天達到二十至三十萬斤。廣東鹽行銷湖南、湖北、江西、福建、廣西等省，每年僅廣東商人運銷廣西的食鹽就達一・八二億斤。湖南的紅茶也是廣東商人去組織貨源，並引導當地人依法仿製，將大批經過加工後的紅茶販運到廣州以供出口。糖、絲、水果、鐵器等也是大規模地進行。

廣東幫商人的這種大進大出長途販運商品，其資本的雄厚和經商的魄力使得外省商人非常羡慕。廣西北海人說：這些廣東商店（設在北海）中沒有一家從事零售交易的，他們的交易完全是躉售，把零售生意讓給當地商人去做。

廣東商幫中的海商、牙商、長途販運批發商雖然經營的項目不同，經營方式也不同，但都是獲得厚利的行業。他們利用各自的條件，盡量利用各種外部環境，創造出切合自己實際的經營方法，從中牟取厚利，發財致富。

四 商業資本增殖的奧秘

商業資本是一個不斷積累與增殖的過程。通常是從流通領域流向其他領域。

廣東商幫與其他商幫一樣，都面臨著如何將商業資本轉化為其他資本的問題。轉化資本，目的是為了使資本增殖。

廣東商幫商業資本增殖的奧秘是：將商業資本轉化成產業資本、土地資本、高利貸資本。

追逐利潤：投資產業

明中葉以後，廣東商幫的商業資本已經開始有一小部分從流通領域進入生產領域，與手工業生產相結合。在城市和一些城鎮中，出現了一些商人直接投資和從事手工業生產的新現象。到清代，商人將商業資本投入到手工業中的現象更加普遍，而且規模也要大得多。

明清時期珠江三角洲冶鐵業、陶瓷業都有較大規模，這類較大生產部門能容納較多的資本，為商業資本轉向產業資本提供了可能。不過，能否實現這個轉化，取決於產業利潤率的高低。清代佛山商人利潤率通常為百分之百。產業利潤則比商業利潤更高，乾隆十五年（一七五〇），佛山冶鐵業利潤高達百分之三百。如此之高的利潤使許多商人怦然心動，廣東商人以精明著稱，他們自然不會視若無聞。廣東商人把資本投資於本地區（鎮）的產業和礦區，是當時歷史條件和地理環境孕育出來的新經濟因素，是一種歷史的必然。

廣東商業資本與手工業結合成為產業資本的途徑有二個。一是直接開辦手工業作坊和礦山山場。二是承擔包買商的額外業務，直接控制某項產品的生產銷售。

在自由資本階段，商人發展到一定規模，必然會向產業資本轉化，以此尋求商業資本的增殖。但在半封建社會中，商人只是部分地將商業資本投入到產業資本之中，他們在觀念上以至實踐中要受到許多人為的限制。

求得穩當：購買土地

購買土地，是中國歷代商人都難以擺脫的慣性行為模式。

明清時代，以地主大土地所有制為基礎的封建經濟結構依然存在，農業與手工業結合的自給自足的自然經濟在生產形式中占統治地位。受傳統的影響，當時，廣東商幫經商所積累起來的商業資本與土地結合，轉化為土地資本也是一種普遍的現象。

廣東商人在經商積聚起商業資本之後，有部分觀念守舊的商人，對用商業資本購買土地抱有濃厚的興趣。在封建社會中，「以末求之，以本守之」是非常普遍的觀念。

商業資本與土地相結合，是中國商人的傳統作法。部分廣東商幫也免不了俗，他們之中信奉「雇工不如坐吃地租」封建思想意識者大有人在，企圖通過將商業資本轉化為土地資本來達到資本增殖的目的。

牟取暴利：發放高利貸

廣東商幫的資本積聚速度異常快，尤其是廣州港發達和興盛的時候，這種資本的積聚有加速發展的趨勢。

廣東商幫高利貸資本崛起於清代，較之徽商、晉商，為時稍晚，但發展更為迅速。嘉慶之後，廣東的典稅收入，已常列榜首。廣東商人資本轉化為高利貸資本，他們與徽商、晉商一起構成明清高利貸資本的主要來源。

廣東商幫中從事高利貸經營的大都是商人兼地主。他們是地主、商人、高利貸者，三位一體。地租、商業利潤、利息經他們手中，互相轉化，循環不息，他們把持了眾多的典當鋪，既作大宗的信用借貸，從中謀取高額利潤，又發放錢債給一般百姓，從中壓價收購農民的糧食、漁民的水產品，然後又賺取價差利潤和利息。

高利貸的收入是驚人的，這種行業所帶來的暴利使廣東商幫中的一些人向高利貸資本者轉化。在這些人身上，商人資本與高利貸資本完全融為一體。

廣東商幫在明清高利貸資本構成中「後來居上」，既表明廣東高利貸者資本的雄厚，又反映出廣東商幫對厚利的不懈追求。

五 僑商：廣東商幫的明星

僑商是廣東商幫的一大特色。

僑商的出現，標誌著廣東商幫已進入一個新的發展時期。一個嶄新的廣東海外商幫使得廣東商幫放出了耀眼的光芒。廣東商幫發展起來後，不少商人經商海外而成為僑商。

華人外出南洋等地經商的時間較早，明代在南洋一帶形成一股從事貿易經商的華人勢力，到清代，僑商的勢力就更大了。廣東潮州人有許多在泰國經商，並且得到泰國國王的封爵，他們對泰國的社會和經濟有很大的影響力。

明清時期，有許多廣東人是大規模移居國外，其規模之大，令人驚訝。

清康熙四十七年（一七〇八），廣東雷州人鄭玖等明朝遺臣率部數千人投安南王，曾為安南王開闢疆土，他們在現今柬埔寨王國的河仙之外，建立了石迪和歌毛兩個市場。一五五五年，西班牙人占領菲律賓後，殖民主義者殘酷搶掠和壓迫華僑。廣東饒平的林鳳在萬曆二年（一五七四）十一月，率戰艦六十二艘，水陸軍各二千人，婦女一千五百人，駛到馬尼拉，驅逐西班牙人。萬曆八年（一五八〇）起，西班牙殖民者鑒於當地華僑勢力強大，對當地經濟發展關係重大，特在馬尼拉對岸巴色古河沿岸地方，為中國商人建設絲綢市場，其間從事貿易的有許多廣東商人。他們與當地居民友好相處，促進了當地經濟的發展。

明萬曆年間，中國絲綢、瓷器由商人販運到墨西哥等拉美地區，還有不少華人在墨西哥阿卡普爾科港從事造船和其他行業。清代，粵人僑居海外已分布極廣，日本、朝鮮、呂宋、越南、馬來、緬甸、印度，爪哇、蘇門答臘、婆羅洲、澳洲、舊金山、紐西蘭、美國、加拿大、古巴、墨西哥、秘魯、智利、巴西、英、法、荷、模里求斯、馬達加斯加、南非好望角等，都有粵人足跡。廣東人散布海外，予人深刻的印象，因而海外流傳這麼一句話：「太陽無時不普照粵人社會」。明清時期散布在世界各地的粵人，在大工業較少的國家，主要從事商業，以中等商人和小商小販居多，他們對溝通當地城鄉關係，促進商品流通，發展工農業、手工業的生產，以及城市的建設和繁榮提供了自己的貢獻。

由於全世界普遍處於資本積累時期，廣東在海外的僑商因人數眾多而顯出勢力，但就個人擁有的資金來看，商業鉅子並不多見。

對於廣東僑商來說，清代後期以後，尤其是清末民國年間，是他們獲得長足發展的有利時期。在這一時期，粵人出洋僑居更是相習成風，出洋的範圍也擴大了。其中營商致富的不乏其人，出現了許多大獲成功的商業鉅子。

僑商在經商過程中積累起商業資本。這些商業資本又多轉化為產業資本，為獲取豐厚穩定的利潤打下了堅實的基礎。商業資本大量向產業資本轉化，而不是向土地資本、宗族資產、官僚資本、高利貸資本大量轉化，表明資本主義生產關係已經出現。在這個歷史性的轉變過程中，僑商走在廣東商幫的最前面。

第八章

不思進取的陝西商幫

當陝西商幫即將形成時，歷史就注定它只能成為山西商幫的一個小兄弟。山西商幫厚重的羽翼，蔽遮住了陝西商幫，雖然安全，但卻損害了陝西商幫的獨立意志。陝西商幫最終走出了山西商幫的陰影，卻未能擺脫歷史賦予它的商業角色。

陝西商諺語

哥哥你走西口，小妹妹實在難留。

一來我年輕，二來初出門，三來我人生認不得個人，如像那孤雁落鳳群。

展不得翅，放不開身，叫聲親朋多擔承，擔承我們年輕人初出門。

一 當鋪世家賀氏

清朝嘉慶年間。陝西關中一帶時常能看到一輛馬拉轎車在凸凹不平的路上顛簸，那馬跑得渾身汗涔涔的，再看坐在轎中的那人年約四、五十歲，滿身風塵，但兩眼卻炯炯有光。

大車馳進藍田縣，滿街的人都彷彿認識這輛車上的主人，紛紛向他打招呼。大車停在一家寫有「賀」字的當鋪面前，當鋪師爺忙著跨出門來，向旁邊的夥計喊道：「主人又來視察了，你還不快點去打些熱水來讓主人擦擦臉，指指汗。」夥計伸了伸舌頭說：「還沒到一個月，又來了。」

這位坐馬車來的中年人就是當鋪的主人賀達庭。賀達庭是渭南縣赫赫有名的大當鋪主，他在關中各縣都開設有當鋪，共有三十多處，分布在渭南、藍田、咸寧、長安等地數百里之間。

賀達庭自幼經商，發財致富成為富商後，仍然保持著他以前的作風，他不喜愛奢侈，聲色娛樂無法使他真心感到愉快。只有他拿著各當鋪的帳簿，算計出盈利許多時才會露出滿意的笑容。他最愛的事，就是傾聽用手敲打著銀兩、銀錠和銀元發出的聲音。

他對自己當鋪的情況非常熟悉，他認為一個商人如果連自己的家底有多少、財產增殖了多少都不清楚的話，那十足是個不長進的傢伙，對於那些花天酒地、天天冶遊閒逛的商人和其子弟，他極其輕蔑，他常會叫住一個喝得醉醺醺的商人子弟，罵上一句「敗家子！」然後揚長而去。

他每月要把自己所有的當鋪都遊歷一遍。這是他自己定下的規定，是不能更改的規定。這倒不是他對各當鋪的師爺和夥計不放心，而是他不去巡視自己的當鋪，心中老不踏實、不自在，彷彿缺少了什麼東西似的。

他的巡視也是別具一格。每到一處，他並不詢問什麼，只是用他那有些寒氣的眼光朝師爺和夥計的臉上掃瞄，從他們的臉色和目光來推知當鋪近來的情況，說也奇怪，他每次對所查視的當鋪情況的推斷與實際情況屢屢相近。所以，每當他到了某當鋪，當鋪中管事者見了他，什麼事也不敢隱瞞，總是據實以告。他會根據情況決定自己在這個當鋪中停留多久。如若當鋪遇到困難和麻煩，他會留下來為管事者籌劃謀略，吩咐照他的方略辦。然後見事情已經妥當，這才起身，又去別的當鋪視察。

他每次來去匆匆，時間也不確定，各當鋪的主管人和夥計，隨時都感覺到主人在自己的身旁。有時他剛離去，店鋪中人還互相勸戒，擔心主人會突然返回。他們更加兢兢業業地做好本職之事，對他們的主人，他們是敬畏有加。

賀達庭的後人，渭南大當鋪商賀士英也是典當商中的一代豪傑，他的資產更多。典鋪雖仍是賀達庭在時所開的那些，但他的資本雄厚卻超過了賀達庭。他可以操縱陝西全省當鋪利息的漲落，大有「一聲秦腔吼，可使八尺男子眼淚流」的氣勢。

賀氏家族，是陝西商人的一個縮影。

二 陝幫的興起——一個歷史賜予的機遇

歷史的機遇，垂青山西商幫，同時也垂青陝西商人，兩者有著相似的境遇。

明朝建立後，為了防禦蒙古殘存勢力的南犯，在北部邊防設置重鎮，屯駐軍隊進行防守，形成了所謂「九邊」。九邊駐軍供應基本上依靠軍屯，不足部分通過推行開中法彌補。所謂開中法就是「召商輸糧而與之鹽」的辦法。陝西三邊（延綏、寧夏、甘肅）地處邊陲，路程遙遠，交通不便，陝西商人在軍糧供應過程中想出了三種辦法：一、商屯。商人在輸糧於邊的過程中，為了節省運費，往往在邊地召民開荒，將收穫的糧食就地繳納軍倉換取倉鈔，這樣在邊地便出現了「商屯」。二、商人就地買糧繳納軍倉。軍屯制度鬆弛之後，土地私營現象出現，邊地軍官廣種莊田，多至數千餘頃。三、商人從內地輸送軍糧。採用這種方式大都是大規模進行，一般都是巨商大賈才能辦得到。嘉靖、隆慶年間，富平縣商人李朝觀從關中運糧至延安「數千萬石」，「供安邊、定邊、安塞軍數萬人」。其規模之大，可見一斑。陝西商人通過商屯、買糧、內運這三種辦法獲得大量糧食，繳納軍倉換取倉鈔（軍倉證明書），然後再赴指定的都轉運鹽使司（鹽運司）換取鹽引，從而賺取巨額利潤，不少商人「貲數鉅萬」，變成了經濟實力雄厚的「邊商」。

在明代的商界中，徽商與晉商平分秋色。然而徽商集全力搶占兩淮、兩浙鹽業，山西商人感到力絀，因此便聯絡風習相近的鄰省陝西商人，共同以抗徽商及其他商人。山陝兩省商人在外地的商業活動中，形成了結合的傳統。他們在許多城市修建山陝會館，人們通常把他們合稱為「西商」或是「山陝商幫」。

西商在明代前期的勢力很大，當時全國產鹽最多的兩淮、兩浙兩個都轉運鹽使司，每年所辦大鹽引（四百斤）共為五七•二四萬百餘引，占全國發行總鹽引數量的二分之一，西商從甘肅、延綏、寧夏、固原、大同、山西神池堡得到的大量倉鈔，都要到揚州的兩淮轉運鹽使司和杭州的兩浙都轉運鹽使司換取鹽引，然後再從事鹽業貿易。西商控制了大量的鹽引。他們從中獲取了大量的厚利，完成了商業資本的積累過程。

歷史青睞西商，使他們獲得吃「獨食」的極好機會。可惜好景不長，一個歷史變故，使他們分崩離析了。

明代弘治五年，明政府以銀供邊代替了以中鹽納粟供邊的做法。這一改革，使徽商等「內商」可以在揚州、杭州等地直接向都轉運鹽使司納銀換取鹽引，再也不需要輸運糧食到邊倉換取倉鈔，結果使「邊商」的大量「積粟無用」，無法獲得鹽引。從此「西商」在江浙地區失去了對鹽業的控制權，代之而起的是徽商對淮鹽、浙鹽的壟斷。

西商逐漸失勢之後，慢慢地開始撤離揚州，留在揚州的陝西鹽商，在南明與清的拉鋸戰中，已被掃蕩乾淨。陝西的邊商見揚州無利可圖，誰也不來了，何況陝西邊商被明末農民起義戰爭也弄得大傷元氣，只能苟延殘喘了。

西商在揚州受挫，勢力受到削弱，他們內部也發生了相當大的變化，山西、陝西商人開始分化。最明顯的是陝西鹽商與山西鹽商分道揚鑣，到另外的地區發展自己的勢力，如山西鹽商在長蘆和河東鹽區取得了控制權，陝西鹽商在四川地區取得了井鹽的控制權。這種格局，一直延續到清朝末年。

陝西鹽商與山西鹽商分道揚鑣，終於走出了山西商人籠罩下的陰影，他們到四川的獨立發展，為陝西商幫的形成奠定了基石。

二、「貲益大起」——陝西商幫生財的行道

陝西商幫生財的行道較多，在這一點上他們與江西商幫相似。陝西商幫是一個綜合性商幫，他們對財富的追求與一般商幫相同：盡可能追逐厚利，如果不行，就退而求其次。

躋身鹽業

陝西商人中最富的是鹽商。明代商業中盈利最多的是經營鹽業。「鹽者利之所宗」。各幫都盯著鹽業，尤其是徽、晉二商更是死死地抓住鹽業經營不放。

競爭激烈是一個難度。另一個難度是必須要有雄厚的資本。

「鹽業之利尤鉅，非巨商賈不能任」。因為鹽是國家專利，由政府壟斷，每年商人必須向都轉運鹽使司購買鹽引，才能去鹽場支鹽；另外，商人還要用大量的金錢行賄官府和「援結豪貴，藉其蔭庇」。儘管如此，陝西商人仍是知難而上，為追逐鹽利，他們拚命活動，以求躋身鹽商之列。

明代弘治年間，納糧開中法被納銀開中法取代之後，陝西邊商「積粟無用」，無利可圖，一些資本雄厚的邊商，便遷居揚州，想從當地的鹽業經營中分得一杯羹。這批邊商遷往揚州後成為「富商」，大約有數百人，專門從事鹽引的轉賣。

正德之後，陝西商人來揚州的，大都是關中的三原、涇陽縣人。他們既非邊商，以前也未

從事過鹽業經營，他們全是從小本經營布業起家而致富，轉而來經營鹽業的。他們到了淮揚，直接投資鹽業，牟利鉅萬，這批鹽商，是陝西商人之中最為能幹的商人。

陝西商人在四川井鹽經營中獲利頗豐。陝西鹽商高某出資白銀三千兩，與富榮場的「李四友堂」合辦聯珠井，對半分紅，利潤增加數倍。陝西鹽商見有厚利可圖，在川省投資更加積極。同治年間，一位四川官員在給皇帝的上奏中說：「查川省各廠灶，秦人十居七、八，蜀人十居二、三」。

陝西鹽商已經壟斷了四川的鹽業。陝西鹽商還包攬了四川鹽的大部分運銷，川鹽主要銷往雲南、貴州、湖北。咸豐三年，四川全省年產銷川鹽多達八億斤，銷售地區是本省一百四十六縣，湖北四十縣，湖南六縣，雲南十縣，貴州七十六縣，陝西三十縣。

陝西鹽商在經營鹽業中獲得了豐厚的鹽利。

布業起家

經營布業，也是陝西商人的熱門行業。

明清時期，關中地區紡織業較為發達，明代的西北邊鎮軍隊的棉衣多取自關中，每年陝西布政使司需要交寧夏銀庫冬衣十三萬五千八百一十六匹、棉花五萬五千五百斤。

陝西省因承擔了邊鎮軍隊的棉衣，每年全省所缺布匹約三十二萬匹。這些布匹主要靠商人從東南地區販運來填補。三原、涇陽兩縣有許多商人到江南販布，以此發財致富。

陝西布商大都到棉紡織業發達的松江府從事採購，松江牙行商人對陝西布商特別歡迎，有的牙行「門下客（陝西布商）常數十人，為之設肆收買」，獲「其利甚厚」。

陝西布商對市場變化很注意。清代太平軍占領江浙地區之後，交通阻塞，商業渠道不暢，商業生產也有減少，陝西布商感覺到依賴江浙會使商業經營出現困難，便尋找新的布匹供應地，他們看到湖北的家庭紡織業相繼發展，每年生產的土布很多，便將湖北作為自己購貨的主產地。每年他們入境購貨不下四百多萬匹。

長途販運布匹，是陝西布商盈利的重要途徑。

邊茶牟利

茶葉經營的利潤，僅次於鹽。

陝西本不太產茶，陝西茶商主要是收購湖南茶和四川茶。西北地區的茶葉主要來自湖北茶葉，川茶暢銷康藏地區。

陝西茶商在四川以資本雄厚、善經營的優勢，擊敗了四川本地茶商。迄至民國時期，陝西茶商每年要銷邊茶六、七十萬斤，銷腹茶（內地州縣）十萬斤。清嘉慶年間，每年銷往松潘的邊茶共二百二十五萬五千二百八十斤，其中有一半為陝西茶商所運銷。銷往康藏去的邊茶數量就更大了。清嘉慶年間每年銷康藏地區的邊茶達到一千四百一十六萬八千一百六十斤。陝西茶商將茶葉銷往康藏，又購買藏民的金、銀、羊毛、皮張、藥材等貨物，運回內地售出。一個來回，獲利是所用資金的數倍。

陝西茶商又將湖南新化、益陽、寶慶、安化、桃源等地所產的茶葉，運銷青海、新疆、寧夏地區。有時茶源不足，也到漢口購買茶葉，不論湖南茶、漢口茶，都是經由漢水用船運至龍駒寨，再卸船後轉陸地運輸，運至涇陽縣，加工製成西北所喜歡食用的磚茶，再販運到西北和俄羅斯。

明清時期，陝西商人一直把持著西北地區茶葉的運銷，基本控制了川康和川西北地區邊茶的運銷，從中獲利巨厚。只是到了清朝中期，晉商見了眼紅，也擠進來，從陝西茶商手中奪去了一小部分市場。咸豐年間，左宗棠主持西北軍務，部下多用老鄉湖南人，因此湖南茶商順勢而進，將陝西與山西茶商皆擠出西北茶葉市場。

壟斷皮貨

陝西的皮貨業，也是一個商人眼紅的行業。但陝西的皮貨業，外省商人插不進來。明清時期，陝西的羊毛、毛皮業很發達，每年可向全國提供大量的毛織品和裘衣，質量優良。生產毛皮和羊毛的利潤，幾乎可以與東南地區的絲織業相媲美。

陝西羊毛和皮裘在明代時主要銷往長江中下游地區。到了清代，陝西的皮毛製品更為暢銷，這是因為滿清統治者來自東北地區，冬天時尚穿毛皮衣服，漢族貴族、官僚和商人相繼仿效，都以身著皮衣為尊貴、為時髦。有錢人家中大量收藏裘皮，並以皮毛裘衣的種類多而顯示家財富有。社會上盛行皮貨，為陝西的毛皮手工業發展創造了極好的機會。

陝西利用鄰近的新疆、青海、甘肅、寧夏以及本省陝北羊毛、皮貨資源豐富的特點，大力開展製皮手工業。陝西涇陽、同州兩地是陝西皮貨加工的中心，每年二三月至八九月止，皮工齊聚涇陽東鄉的就有上萬人。同州羌白鎮的製皮工人也為數不少。

陝西所製的皮革，統稱為「西口貨」，馳名全國。其中同州羔皮還被列為貢品。

陝西商人運銷皮貨很有特點，他們自稱是「連環交易」。這種交易方式是：

陝西商人春天販運藤涼帽到江南蘇州、松江等地店鋪，不要現錢，賒給店鋪。到了秋天，陝西商人又販運皮貨來到江南蘇州、松江等地，他們收取春天運來的藤帽的錢，又將皮貨賒給當地店鋪，再到明年春天販運藤帽南來，又才收取上年秋天運來的皮貨價銀。這種交貨收款的方式，一環扣一環，故稱「連環交易」。

陝西商人看來很有些本錢，才能做這種連環交易。表面上看來，陝西商人這種做法有些迂腐，別的商幫都講「薄利多銷」，加速資金周轉。實際上動腦筋一想，陝西商人腦袋中還真有些玄機，他們這樣做，不過是把季節性強的貨壓在別人店鋪裡面不是自己的倉庫裡，僅此而已，但卻博得當地商家的信任和好感，雙方互惠互利，就可做長期生意了。

沒有吃什麼虧，卻交上了朋友。陝西皮貨商那表面誠樸的臉容下竟透著狡黠呢。

經營水煙

西北蘭州產水煙，這又是陝西商人另一條致富的路子。

蘭州所產煙葉，以五泉煙最馳名，把煙葉加工切成細絲，再加入其他藥料炮製而成水煙。

清乾隆之後，蘭州水煙為陝西商人所經營，陝西商人又多是同州朝邑縣之人。

陝西同州幫鄉土觀念強烈，他們經營的煙行商店，從店主到學徒，都是親戚朋友，外人不得插足，有許多不成文的嚴格規定。這是對外。

對內呢，也有許多約束和規定。例如在分配紅利的規定中，掌櫃得「人股」紅利，財主得「銀股」紅利，但都不能增加投資，誰也不能犯誰的股數，這樣可以防止競爭，保持長期的穩定局面。甚至煙行的財東（資方）與掌櫃（經理）之間也不訂明文契約，而是用約定俗成的制度。

同州幫能在蘭州壟斷煙行，靠的就是這些鄉土性強但又講究信義的商人們。

陝西商人經營煙的利潤到清代達到頂點。

以涇陽這個蘭州煙的發源站為例：明代每年涇陽縣的發貨額是「約三萬金」。到了咸豐、同治年間，涇陽縣發出的蘭州水煙金額一年為三百萬金，較之明末增長了一百倍！

陝西煙局在漢口開的煙店經營衡陽煙，山陝大商共有九堂十三號，「每堂資本出入歲十餘萬金」。經營規模是非常宏大的。

清代中國人普遍吸食煙草的情況，為陝西商人創造了有利的機會，他們從事長途販運和經營煙草，從中獲得了厚利。

製藥販藥

製藥販藥，是陝西商人的拿手好戲。

陝西本省藥材資源豐富，陝南、商洛、陝北、關中都產許多中藥材，其中有許多名貴藥品，鄰近的甘肅、四川、雲貴都是盛產藥材的地區。陝西商人當然不會放棄這一優勢項目，他們專門到本省及近鄰產藥省區從事藥材販運。

清末及民國初年，漢中府聚集著許多陝西藥商，每年從甘肅運來大宗的當歸、秦艽、冬花、鹿茸、麝香、甘草、枸杞、涼黃、地黃、麻黃，又大量收購鳳縣、西鄉、鎮巴、佛坪等縣所產的黨參。把這些貨匯集漢中之後，再裝船運往漢口出售。

還有一些陝西商人販運中藥材前往山東、河北、山西、河南等地進行銷售。

陝西華州的藥商，還具有炮製藥材的技術，他們到蘭州、西寧、秦州、肅州、山東等地開設藥店，製造各種藥片和成藥出售，陝西禮泉縣的藥商炮製出來的「禮泉九地黃」，遠銷全國。

既賣藥材，又賣藥丸，這生意算是做到家了。

典當銀號，高利盤剝

開典當鋪的陝西商人，大都是從商人兼地主轉化而來的。這類商人，最貪厚利，心也最黑。

清代陝西商人除了在陝西開典當鋪追逐厚利之外，也在四川開典當鋪，從中牟取厚利。陝幫商人的當鋪有死當、質當兩種。死當當鋪規模較大，須由朝廷戶部批准，通常取息三分，冬季減為二分，當期以二十七個月為限，期滿再留二月，過期不取，即沒收其物，因此名死當；經營規模小的稱為小押當，又名質當，由藩司批准設立，每月取息四分，以十二月為限，期滿即沒收其物品。典當對象主要是農民，當物主要是生產工具和生活用品，如農具、家具、衣物等。

清代陝西商人在四川發放的「子母錢」高利貸最為苛刻，往往是「子錢出貸，其息什二」，或者是「放以重利，照日滾算」。這種計算利息方法，與「驢打滾」、「利滾利」是一樣的，陝西高利貸商的貪婪嘴臉，因此可見一斑。

陝西商人的銀號是陝西商人賺取高額利潤的重要行業。其賺取利潤之高，難以想像。單以陝西渭南縣焦氏開設的溫江縣泰和昌（道光十七年改為益順和號）為例，這是陝西幫的一家老字號，自嘉慶年間開業，至光緒時，營業長達七、八十年，該號主要從事「放債生理」，「親友寄放銀兩，生息者甚多」。例如，焦氏同宗夥友寄存銀八百兩，十餘年間，除日常支取外，尚有本利五千一百餘兩。又焦氏於嘉慶年間，為其愛女蘭花在號內存放銀十二兩，滾放生息六十餘年，至光緒初年，本利共達九千餘兩。該號因放債有方，贏利頗鉅，在川西各縣頗有影響。

其親友放債獲利竟有如此之高，相信別的一般人放利，絕不可能有如此之高利息。

清代陝西商人控制著四川全省的金融業，他們通過各種手段，盤剝當地百姓，從中大獲其利。

陝西商幫的生財之道，可以概括成如下幾句：

立足西北，深入西南，面向中南。

用西部的藥材、茶葉、煙草、皮毛、鹽，與中東部貿易，伺機在中南部發展。

商業資本從一般商業起家，然後向有厚利的部門擴展，如鹽業、銀號、典當、高利貸等等。

四　利之所在，天下趨之

追逐商利，是商人的本性。

陝西商幫為了求利，他們走遍了半個中國。哪裡有商利，哪裡就有陝西商人。

明清時期，陝西商人奔走於江淮、吳越之間，他們在蘇州、南京修建陝西會館，供陝西商人活動聚會，他們的目的是謀求豐厚的鹽利。

陝西商人在江南市鎮和荊襄、漢口一帶奔波，收購當地所生產的土布。他們也常去山東臨清，購買直隸、山東、河南所產的土布，然後轉銷西北各地。

陝西商人每年都到河北省安國縣販賣藥材，在這個「藥都」中，陝西商人是絕對的販貨主力。

他們到北京、天津採辦各種洋貨、京津特產運回陝西銷售。

「天下四聚：北則京師，南則佛山，東則蘇州，西則漢口。」都是陝商穿梭往來之地。

清代全國著名的四大鎮，漢口鎮、朱仙鎮、景德鎮、佛山鎮。商業繁盛，熱鬧非凡。漢口，佛山名列四聚，朱仙、景德兩鎮也是與省會齊名的大城鎮。這些地方都是陝西商人湊熱鬧的地方：陝西商人在漢口大量採購洋貨，販運山貨毛皮去朱仙鎮，將景德鎮瓷器銷往西北，將藥材皮貨販運到佛山鎮。

陝西人為了牟取商利，不辭辛苦。西北邊僻之地，蘭州、西寧、新疆等市鎮有陝商，這些省區的深山老林、鄉村小鎮，也時常見到陝商身影。他們甚至遍及於北疆的阿克蘇和南疆的葉爾羌。

四川是陝西商人的福地，是他們發大財的地方。

陝西商人在四川開鑿鹽井，運販川鹽，因為「四川貨殖最巨者為鹽」。同時開銀號、當鋪、放高利貸，販運川絲、夏布、藥材（主要是名貴藥材）、山貨到湖廣和西北等地販賣。四川利潤豐厚的行業，鹽業、典當業、高利貸、銀號、名貴藥材等都被陝商控制，這些行業被陝商控制，意味著四川的經濟命脈掌握在陝商手中。

「到四川發財」是陝西商人爭先恐後的選擇。以致商洛地區的老人流傳著「少小不入川」之說，唯恐子弟年少入川，遺忘父母親友。

五 見識短淺的陝西商幫

明人謝肇淛評價晉幫是「晉陋而實」。與晉幫各方面相比，陝西商幫都只能甘拜下風。

陝西商幫在「陋」與「實」上都不如晉幫。要對其評價，使人左右為難。「陋」也有，不過比晉幫稍好一些。「實」也有，卻無法與晉幫的財力相頡頏。

想來想去，只好將就了。評價是：陝西商幫「見識短淺」。說陝西商幫「見識短淺」，也並非空穴來風，胡言亂語。

陝西與山西相鄰，民風習俗相近，兩地商人又組成「西商」，共事於商業。晉商的毛病，陝西商也免不了。只是陝西商人各方面都無法與晉幫相比，故在行事方面都被晉幫商人所遮蓋。

陝西商幫「見識短淺」主要表現在他們生活上的浪費和對商業資本的守舊使用方式上。

競尚侈靡之風

陝西本是民風古樸淳厚之地。但經商致富的陝西商人，尤其是在淮浙從事鹽業生意的大鹽商，卻帶來了浮奢的風氣。一位老儒見狀，無比痛心地寫道：「吾關中民俗漸失古樸，一壽一喪，巨富糜金數萬，次亦數千……耗中人數十家之產，以壯數日之觀瞻。」

陝西鹽商在揚州過的是奢侈生活。

揚州地處江淮之間，氣候溫和，交通方便，商業發達，有魚鹽之利，生活條件十分優越，陝西大鹽商都在揚州置有家業，他們據有良田和蘆場，修建園林別墅，娶揚州美女為妻妾，整日飲酒宴會，賓客滿座，歌舞聲樂，日日沈醉其中。縱情聲樂，醉生夢死，陝西鹽商已不知今夕是何夕。

這種浮奢習俗偏偏傳播很快，涇陽、三原兩縣的鹽商回家「光宗耀祖」、「光耀門庭」幾次，家鄉就像是被瘟疫傳染了似的，也跟著奢靡起來。

當時人指責關中一帶風俗說：「以致傳染南方風氣，競尚浮華」。

關中三原縣沾染奢靡之習最深，「強半似揚州，習俗兼南北」。

這種浮奢之俗連綿不絕。就是在陝西鹽商被徽商逐出揚州之後，依然在家鄉重溫揚州昔日舊夢。被迫返鄉的陝西鹽商家鄉依然「強半似揚州」。

此種奢靡生活，不知要花費多少銀子。何況這些富商還要在家鄉修建高樓，精雕細刻，窮極人工；為祖先造墳墓修陵園，樹牌坊，修祖祠，建家廟，置祭田。還要婚喪壽事，大講排場，廣張伎樂；還要買妻妾、狎遊娼妓。他們時常一擲千金，揮金如土。

富商們的商業資本，許多流入這奢靡的無底洞中！

資本：土財主方式

陝西商人在使用商業資本方面，與山西商人相類，都是土財主方式。

陝西鹽商在揚州獲利之後，大部分人因留戀故鄉和親友，挾資回到老家，這些資金的使用，通常有三種方式。

首先是購買土地，躋身於地主行列，進行地租剝削，獲取實物地租。

其次是通過輸粟助邊來為政府效力從而獲得官爵，或者乾脆出錢買得官爵，發展成縉紳地主，從而成為有社會地位的豪紳大望。

再者就是把大量的資金帶回關中，繼續經營商業，開設典鋪，發放高利貸，謀取厚利。

涇陽、三原的許多鹽商，並不願意投資土地，他們是「萬金之子，身無寸土」，他們不屑於投資收益在他們看來並不大的土地上。還有一些富商將大量金銀埋在地下，以便遺留給子孫。

可惜老天不作美。明末農民大起義時，富商們在關中地區所經營的商店、當鋪，以及埋藏的金銀，幾乎都被農民軍所沒收。

這就是明代陝西商人的商業資本使用方式。

清代，陝西商人在外獲利之後，又一如既往地把大量金銀運回故鄉，關中不少州縣，「家至幾萬金者」比比皆是。甚至還有家產達「百萬金」的。錢是不少，但商業資本的使用方式，依然是一成不變。這些金銀除用於買地之外，多半投資於商業及高利貸行業。

也有一些商人在農村放高利貸。少有商人將資本投在手工業上，基本上就沒有什麼產業資本。

陝西的手工業依然是老模樣：「百工不尚技，巧作無用」。各縣的手工業只能生產一些粗糙的瓦、瓷器，「秦磚漢瓦」，千年如一。

直到清朝末年，紡織技術仍無多大改進。一個身壯力強的婦女，日夜不停的工作，也只能紡紗四至六兩。陝西本省雖產棉很多，卻無力加工成布，大量的棉花運往外省，本省需要的棉布卻又從外省輸入。尤其奇怪的是，關中的大商人很少有經營農業的。而此時江南和嶺南的農業商品化生產正進行得如火如荼。

明朝中期，江南地區已出現了資本主義萌芽，手工業工廠有了一定的發展，農業中的多種經營和經濟作物的普遍種植，促進了整個社會經濟的發展。到清代和民國，江南地區更是朝近代大工業邁進。而關中地區則是另一種情景：農業仍然是廣種薄收，一遇災荒，便衣食無著，農民只好流離失所。農業既無商業化生產，更談不上為手工業提供食糧和原材料，手工業也是秦漢時的技藝，甚至還比不上，經濟作物除棉花之外，也不多見。

陝西商人只顧在外面賺別人的錢，賺外省的錢，而對自己家鄉的建設卻無興趣，甚至無動於衷。更有一些陝西商人，趁人之危，獲取厚利。清朝對西北邊疆屢次用兵，關中地區軍餉差役負擔沈重，旱災又不時發生，再加上大商人高利貸的剝削，農民生活十分痛苦。光緒三年、六年、十八年連續幾次大旱，各縣餓死人無數，不少村莊變成了廢墟。直到民國十五年以後，農村的元氣仍未恢復。關中地區的大商人卻利用農民破產之際，大開當鋪大放高利貸，乘機發財，有的家資達萬貫。這些不義之財除了供他們享樂揮霍外，還大量的被窖藏起來。

陝西經濟的落後，陝西商人無功有罪。

陝西商幫中的富商很少有人投資手工業，這與江南地區商人積極發展手工業的情況恰好形成鮮明的對比。陝西商幫在江南一帶經商的不少，江南的商品生產情況是耳濡目染的。在江南這種資本主義生產關係萌芽、商品生產發達的地區薰陶了較長時間，卻仍然不能使這些陝西商人頭腦開竅，不能不說是陝西商人的悲哀。

陝西商幫見識短淺，因循守舊的結果，致使陝西的商品經濟落後了許多年。

第九章

利市而發的山東商幫

「山東濱海，漁鹽之利甲天下。……即日用所需，如青城之桑，連阡接陌皆桑條，不成樹，葉可飼蠶，蠶老伐條，編筐筥之屬。皮可以為紙，其利甚普，兗州亦如之，……供其事者，不獨婦人。沂水一帶，山多槲葉，養蠶大於常蠶四五倍，……蘭山（今臨沂）則養樗蠶，……其地種樗成林，彌望皆是。樂陵田皆樹棗，行列如陣。棗之名甚多，無核、金絲、脆棗、圓鈴等類，非生其地者不悉。其最多者小棗，以車販鬻四方。泰安之棗，去皮核而培以糖，名糖棗，而莫盛於東昌之熏棗，……每包百斤，堆河岸如嶺。糧船回空，售以實艙。產玫瑰之鄉，連田數里，支架相接，花開如錦，清香撲鼻，花時販者自遠而至。產葡萄處亦如之，其利倍於五穀。濟寧環城四五里，皆種煙草，製賣者販郡邑皆遍，富積巨萬。至肥桃（肥城產）、梗餅（曹縣產），皆異地他產，……曹州牡丹花，五色俱備，可敵洛陽，客商載其根株，售於園亭之主……」

——〔清〕王培荀

山東商格言

西客利債剝遍天下，濟寧商人獨不能容。

玩龍玩虎，不如玩土。

貨販平準。

「八大祥」孟家

清朝咸豐年間。

一天，山東章丘縣舊軍鎮孟家，一騎飛馳而來，騎者馳奔孟家大院，不待馬停下，飛躍而下，忙著喊道：「老太太，賀喜，賀喜！孟家又新開一家綢布店。這家店是開在東北哈爾濱的。」話音未落，來人已搶身而入，閃身跪在孟老太太膝下。

來人是孟家親信夥計，功夫了得，此次是孟家老爺特意派回來給老家的老娘報信的。

提起孟家所開的「八大祥」綢布店，章丘縣誰人不知，誰人不曉。

那「八大祥」綢布店，不僅濟南、周村、青島、煙台有，就連老遠的北京、天津、瀋陽、漢口、保定、鄭州、哈爾濱都有「祥字號」綢布店。

除了「八大祥」綢店普遍開張之外，孟家還開設了銀號、茶莊、當鋪、皮貨、金銀珠寶店、鐵貨、織布場、染坊等商店和作坊。其經營範圍之廣，資金之雄厚，令章丘人佩服得五體投地。

以孟家的商業實力，就是在山東商人之中，也算得上是佼佼者，難怪章丘人要佩服。

舊軍鎮孟家的「八大祥」綢布店所售綢布質量好，又注重服務態度，以誠待人，講究信義，綢布店的生意一日比一日興隆。

孟家資本越來越雄厚，各地新開的分店分號林立。

孟家老輩依然惦念著故鄉，惦念著那一望無涯的青紗帳。

孟家老爺在舊軍鎮附近以及鄰近的鄒平、齊東等縣，購置了不少的土地，出租給附近農民，讓老娘能夠安穩過一輩子，讓她和另外的老輩子圓了家鄉夢。

「八大祥」就像不斷下蛋的母雞，不斷地孵化出許多新的分號、分店來。

孟家人丁的繁衍，也與「八大祥」繁衍的速度一樣。

「八大祥」最終變成了「三恕堂」、「其如堂」、「容恕堂」、「矜恕堂」、「進修堂」、「慎思堂」。

孟家子承父業，眾子析產，一戶變成了一大家族，一家變成了六支。「八大祥」及其各分店、分號，也分別隸屬於各支派單獨經營。

章丘舊軍鎮孟家形成了一個商人集團，這個集團正是山東商幫中的一個細胞。

二 山東商幫興起之秘

明代以前，山東人經商的比較少見，明代中葉以後，經商人數驟然增多。對於這種現象，歷代官吏和文人都覺得不好解釋。因此出現了許多截然相反的解釋：

有的說山東商人增多是由於人少地多。

有的說山東人經商是地少人稠。

有的又說山東土地貧瘠，產量低下，不足以餬口，迫使一些人「棄本逐末」棄農經商。

山東商幫興起，似乎是一個謎。

要解開山東商幫興起之謎，必然先了解山東商幫形成的歷史背景。

矛盾：土地與人口

嘉靖二十一年（一五四二），山東全省耕地面積為五千五百五十八萬八千四百畝，人口為七百七十一萬八千二百零二口，平均每人土地為七・二畝。山東省的百姓生活尚能過得去。

經過了明末清初的戰亂，山東農村淒慘荒涼，土地荒蕪，人口銳減。據順治年間記載：山東「地土荒蕪，有一戶之中，止存一二人，十畝之田，止種一二畝者，……荒多丁少」。兗州府嶧縣，明清之際，「數十年來，民棄本業」，「流離轉徙，亦已過半」。順治四年（一六六七），高唐「豁除逃亡人丁四萬五千五百六十二丁」。清平縣「自明季鼎革兵燹後，清邑屢經殘破，戶口寥寥」。莘縣在明崇禎年間，有三萬五千八十三丁，順治四年統計，「除豁逃亡人丁二萬七千七百七十丁」，只剩了七千三百一十三丁，相當於明崇禎時的四・七％。

真是災難深重的山東。

隨著清初政局的穩定，山東在經濟上也有很大發展。到康熙末年，官員上奏朝廷說：山東「休養生息，民康物阜」。此種說法雖有阿諛奉承朝廷之嫌，但比起明末清初來說，山東的農業經濟實在是有好轉，儘管這種好轉，還與山東百姓的富裕無緣。山東人口驟增，使得土地墾殖現象日盛。但是無論如何墾殖，土地總是有限的，但山東人口的增長卻是無限的。

清代山東的人口增長率遠遠大於土地增長率（從乾隆初年始，到鴉片戰爭前止）。人口與土地增長比例嚴重失調，因而出現了人多地少、糧食不足的矛盾。山東農民的生活面臨著重大的困難。

當時山東的平均畝產量約為一石二斗八升，按每人平均三・四畝計，每人每年平均擁有糧食四・三石，可以滿足溫飽。但這是正常年景的事，如果遇上天災人禍，就會使百姓流離失所，荒野千里。

「十年九災」

山東是一個多災多難的地方。

山東在歷史上是一個老災區，素有「十年九災」的說法。看看歷史記載：

明代的水旱蟲災不下數百次之多，

清代乾隆以後，重災大災，相繼發生。

乾隆十一年，山東半島、登、萊、青三府，連年發生罕見的水旱災害，澇時澤園一片，旱時赤地千里。

乾隆二十二年，淮縣又發生一次特大旱災，莊稼顆粒無收，賣兒賣女，只值一百文銅錢。

此後，淮縣災荒連年不斷，蟲災、旱災、雨災相繼發生，百姓餓死無數。

膠東半島、魯南、魯北都是「十年九災」，百姓到處流亡，以四海為家。在流亡過程中，有不少遊民經營販運業起家，成了商人，後來有些甚至成了富翁。這些流民與江西流民經商一樣，一南一北，殊途同歸。

交通便捷

山東也是一個交通便捷、四通八達、易於經商的地方。

山東為「南中入京孔道」，由東南和中部各省進入北京，山東是必經之路。

山東的河運交通也很發達。河運主要指流經境內的大運河。大運河沿岸的濟寧、嶧縣等地都是有名的小碼頭，尤其是臨清，是個大碼頭。明代小說《穀杭閒評》有一節專說山東臨清的熱鬧場景：「卻說臨清地方，雖是個州治，到是個十三省的總路，名曰大馬頭。商賈輳集，貨物駢填。更兼年豐物阜，三十六行經紀，爭扮社火，裝成故事。更兼諸般買賣都來趕市，真是人山人海，挨擠不開。」

這還是明代，到了清代，臨清就更不得了，成了「南通江漢，北控燕趙」的商家必爭之地。

山東濱海，有數千里海岸線，交通更是方便。沿這條海路，既可上行到天津、東北大連、營口，南下又能到達上海、南京。從山東起航，還可遠航海外，到達日本、朝鮮半島等地。

明清山東水陸交通便利，對山東人從事商業活動，是一個極好的條件。

處在商品流通的漩渦之中，不信不會順著這個漩渦游出困境。山東人不順勢利用商品漩流，便會被葬身在生活急流之中。

商品生產：產生商人的「催化劑」

山東人在「十年九災」的日子裡，雖然嘴裡還在說「七十二行，莊稼為主」，但心裡已經打算離開農作另謀出路了。

有些腦袋靈活的流民已經不再回到土地上，他們經營起小商業來。

交通便捷、四通八達的山東省境內，到處都是大規模的貨運人流，只不過幹活的人是山東人，而吆喝勞工使勁的是徽州人、晉人、陝人。

若是在江南或福建、廣東，甚至江西、陝西，當地人早已自發起來，群起經商了。

但山東人有些不同。

山東人因傳統文化積澱太深，歷史的負荷太重，受孔孟之道影響太多，他們缺乏冒險精神。

明清山東的商品生產，對山東人經商起了「催化」作用。

山東農村產品即經濟作物與花木果品的生產出現商品化趨勢，這種農村商品化生產「催化」了山東人的膽怯心理，使他們大膽邁入商人行列。當地民眾對於商人和商業交換的需求已到達如饑如渴的地步，他們所需要的用具當然只能靠商人從外地運來。淄川以南的萊蕪縣，明代嘉靖年間，商品經濟也很發達。集市是城鄉交易的中心，是城市聯繫農村市場的紐帶，牙行又是商品貿易的仲介人。集市與牙人的多少，象徵著商品經濟發展的程度。牙行商人就是從這些官方牙役中產生的。商品生產，利潤的誘惑是很大的。「青州府益都縣，去郡二百餘里，地名顏神鎮。土多煤礦，利兼窯冶。四方商賈，群聚於此。」明代地理學家顧祖禹談到顧神鎮時也說：「地宜陶，又產鉛及煤，居民稠密，商旅輻至」。山東商品化生產，必然誘使外地商人群聚至此，這種情況對山東人經商有許多言傳身教的啟發作用。

好歹都經商

全面了解山東商幫形成的歷史背景之後，對前面截然相反的解釋不禁恍然大悟，那些解釋都對也都不對，好比盲人摸象，就局部而言是對的，但以整體而言又錯了。

山東人經商，是好的地區的人要經商，不好的地區的人也要經商。一個省份的人，經商的動機和條件相差甚多，彷彿是中國十大商幫的綜合縮影。這在中國地區是僅見的。

在一個人口與土地增長不平衡，交通方便，而且「十年九災」的地區，貧困之人「棄本逐末」，棄農經商是為生存計。

逃荒在外，浪跡天涯的流民中那些順帶從事商品販運的人變成商人，也是順理成章的事。

農業產品的商品化生產和手工業、礦業的商品生產，奠定了商人的物質基礎。那高額的利潤，誘使許多家庭條件好、所處地區好的人們去從事經營商業，發財致富，同樣是順理成章的事。

好也罷，歹也罷，大家都去經商，這就是明中葉之後，山東商人驟增的原因。

二 八仙過海——山東商幫，小幫林立

山東商幫是幫中有幫。

構成山東商幫的核心和中堅，是山東登、萊、青三府商人，這三府商人也稱之為「膠東幫」。

登州府處於山東半島最尖端，在清末共轄管九個州縣，都是經商成風的地方。

萊州府位於登州與青州之間，其北端是萊州灣，共轄管七個州縣。

青州府位於萊州府與濟南府之間，南鄰沂州府。

登州、萊州、青州三府商人構成的膠東幫在山東商人中舉足輕重，占有絕對優勢。

名列膠東幫之後的，要數濟南府商人。

濟南府為山東省省會，政治中樞，工商業自然十分發達。下轄章丘、長山、淄川、周村等。

濟寧直隸州商人在山東商幫中人數雖不多，但也有名氣。主要是濟寧商人精明能幹有心計，善於經商籌算，他們基本控制和壟斷了本地市場，晉商雖勢力強大，一直也垂涎這座工商

業十分發達的運河水碼頭，但在濟寧商人的堅強抵抗下，不得不放棄在此搶占商業陣地的打算，另往他處尋找商業市場。

所以，當時人說：「西客（指山西商人）利債剝遍天下，濟寧商人獨不能容。」

四 山東商幫的致富之道

山東商幫是山東人，自然具有山東人的特點：直樸單純，豪爽誠實。

正因為如此，與別的商幫相比，山東商幫的致富之道顯得單純，直截了當。沒有什麼花噱頭。

山東商幫的致富之道，概括而言，就是長途販賣和坐地經商的商業經營方式，講求信用的經商品德以及規範的商業行為。

運商與坐商

山東的坐商又稱「鋪戶」，即坐地經商的商人。坐商經營場所一般在人口密集的大中小城市和鄉村集鎮。他們都有自己鋪面和貯存貨物的貨房。這些鋪面和貨房有些是自己購買的，有些是租賃的。通常設在城市和集鎮的街上。

坐商的生活相對穩定，經營零售和批發業務，與消費者直接進行交易，通過商品的「貴賣」

而從中獲取商業利潤。

行商是指長途販運批發商人。這種商人主要是利用車、船等運輸工具，往來於產地和銷地，或者是商品集散地往外地販銷。山東商人將本省沿海所產的魚鹽、山貨、水果、柞蠶、絲綢、大豆等運往外地，換回江南布帛絲綢、陝西藥材和東北的糧食等。本省所產煤炭、礦石也都外運銷售。

行商往來奔波，行跡不固定，根據商品需求關係，往返販運，利用產銷地差價，謀取中間差價。他們只與坐商打交道，不與消費者直接打交道。

山東商人的行商與坐商並不是直接進行交易。他們之間打交道，必有中間人，即牙行。因為封建政府有規定：「商賈興販，不能不經行家之手。」牙行又要從行商和坐商交易之中再榨取一部分利潤，牙行與坐商、行商是相互關聯，共享商業利潤的關係。

講求誠信

山東商人大都講究誠信。這既是他們的性格使然，又是商業經營實踐中所總結出的經驗。

康熙年間，一個名叫周繼先的商人，為人質樸誠實不欺人。萊陽商人左文升為人守信用，重承諾。他們兩人相交，留下一段商人佳話：

一次，周繼先見左文升要外出經商，交給左文升二百緡錢，託他拿去轉販貨物，說好按當前市價付二分利息。後來左文升在經商販運過程中正好市價起了變化，二百緡錢賺了一倍。回來見到周繼先，左文升將二百緡所賺的錢全部交給周繼先，周繼先搖手拒絕說：

「我們在此之前已經說好的，只能按二分利息收取，多的錢我不能要。」

左文升堅持要將多賺的錢都給周繼先，他說：

「這是用你的錢獲的利，我怎麼敢私自得這筆錢！」

左文升和周繼先推來推去。最後周繼先拗不過左文升，才將錢收下。

山東商人講誠信，在商界中是有口皆碑的。

規範商業行為

山東商人注重規範商業行為。

他們在根據社會形勢確定自己商業經營形式時比較慎重，絕不草率行事。

山東商人經營方式多種多樣，但占主導地位的是獨資與合資兩種形式。所謂「有獨立者，有合夥者」。

獨資經營者，一般是資本比較雄厚的大商人，也包括不少資本較小的小商小販在內。他們規範商業行為主要表現在與做生意對方雙方間的信義約束，按約定俗成的規矩行事。

合資經營企業當中，「永久營業，合夥生意」，類似當代的股份公司。股東之間，「先立合夥合同」。與此同時，「邀同親友，書立（合同），出夥時，則書出夥合同」，以示守信用。

商品經濟的發展，使許多商人意識到需要擴大經營範圍，需要增加投資，於是出現合資經營的情況。

山東商人在合資經營時訂立合同，就是標準的規範商業行為，以便合作方共同遵守，使大家都按照合同規範自己的行為，以免今後有節外生枝的事發生。其含義有如「親兄弟，明算帳」。

在經商過程中，山東商幫在與其他商幫的接觸中，發現別人的長處，就採取「拿來主義」，為我所用。如他們見晉幫中常採用商業經營「代理制」，經營較為規範，受此啟發，也有一些商人實行代理制。

山東商幫的致富之道，相對其他商幫來說實在是沒有多少高招，但他們的這些經驗和經營方式實在，生意做起來踏實。

因此，外地商幫與山東商幫做生意打交道並無什麼過節，也很少聽到別的商幫有瞧不起山東商幫的情況。他們雖然不一定欣賞山東商幫的致富之道和經營方式，但也不敢也不願去貶低山東商人。

第十章

後來居上的寧波商幫

「寧波人對工商業之經營，經驗豐富，凡吾國各埠，莫不有甬人事業，即歐洲各國，亦多甬商足跡，其能力與影響之大，固可首屈一指者也。」

——孫中山

寧波商格言

上海道一顆印，不及朱葆三一封信。

我並沒有讓我所有的雞蛋都放在一個籃子裡。

一 海禁與審時度勢

寧波商幫是中國商幫的後起之秀。從它形成之時起，便顯露出它的見識不凡和卓爾不群。歷史的重任最終落在寧波商幫的肩上。

海禁的歷史背景

寧波商幫是指寧波府所屬鄞縣、奉化、慈溪、鎮海、定海、象山六縣在外埠經營的商人，以血緣姻親和地緣鄉誼為紐帶連結而成的商業集團。是一個盛行於國內和海外的商幫。

寧波地處東海之濱，居全國大陸海岸線中段。延袤一萬四千餘里，海道通達，南抵福建、廣東，北達山東、遼寧，泛海可到日本、朝鮮，以及南洋、西亞各國。歷史上寧波向來是沿海貿易和海外貿易的重要港口，明代以前寧波商人主要從事海外貿易，與高麗、日本、印度、柬埔寨等國保持著較頻繁的海上貿易往來。

明代政府對沿海各地厲行海禁。海禁的結果是寧波合法的海外貿易渠道壅滯，而走私貿易異常活躍。明代寧波一帶豪門巨室致力於手工業和商業經營，商品經濟迅猛發展，商業資本力圖衝破朝廷「海禁」羈縛，結果導致了海上走私。這種走私貿易，有的是外國商人勾結中國走私商人和豪門巨室進行的，有的是被稱作「海寇」的海上武裝走私集團經營的。也有葡萄牙、荷蘭等國商船來寧波進行的海盜式貿易。這種非法貿易往往是大規模地進行。嘉靖十九年（一五四〇），葡萄牙私商曾利用麻六甲中國僑民許棟等為嚮導，到寧波海口進行大規模的走私貿易，參加貿易的中外商人達數千人。

海上走私規模宏大，氣勢壯觀。每年夏季，大海船數百艘，乘風揚帆，浩浩蕩蕩出海。航行在舟山洋面的商船最多時竟達到一千三百九十艘。

走私貿易非常熱鬧。寧波一帶的商民都匯集在雙嶼港進行走私貿易，人潮擁擠，人聲鼎沸。寧波海商用棉布、湖絲、綢緞換取葡萄牙人的銀錠和胡椒。並為葡萄牙人販運商品，來往於日本、寧波之間。

明代嘉靖年間，寧波海商的這些私人海上貿易活動不僅規模大，活動範圍也很廣。他們分領船隊，經常滿載硝黃絲棉等違禁物品，到日本、暹羅、西洋諸國貿易。

寧波海商這種海上公然進行的走私貿易，理所當然地招致明政府的憎恨和鎮壓。

明政府鎮壓寧波海商是非常殘酷的。嘉靖二十七年（一五四八）四月，浙江巡視都御史朱紈派重兵進剿雙嶼島，擊潰了占據該島的海商集團，貿易港口也被徹底摧毀。接著，嘉靖三十二年（一五五三）烈港被都御史王裹摧毀，嘉靖三十七年（一五五八）岑港被胡宗憲摧毀。

審時度勢

寧波商人很明智。海商既然做不下去，那就改做內陸生意。

寧幫民性通脫。他們相信：天無絕人之路。他們善於在劣境中尋找到通向勝利的道路。善於經商的寧波商人為了尋求商業資本的出路，大批地轉向內地進行商業貿易。明代萬曆年間，寧波紹興一帶「竟賈販錐刀之利，人大半食於外」。連寧波的大海商孫春陽也曾在蘇州開設了南貨鋪。這家南貨鋪「天下聞名」，所製物品有上貢宮廷御用的。這店規模恢宏，店房分為南北貨、海貨、醃臘、醬貨、蜜餞、蠟燭等六房，「店規之嚴，選料之精，合郡無有」。

寧波商人外出經商歷史悠久，但大規模經商，大量的人經商，並且結成商幫則為時較晚。天啟、崇禎年間，寧波藥材商人在北京設立「鄞縣會館」。這標誌著寧波商幫開始形成。鄞縣會館與稍晚的建在北京的浙慈會館，都是在京的鄞縣藥材商人和慈溪縣成衣行商人共同出資修建。這兩個會館的作用是舉辦寧波商人的公益事業，起「敦桑梓之誼」的同鄉聯誼作用。

在會館中，寧波商人的凝聚力開始得到強化。「同幫扶持」的群體意識開始出現。

二「商旅遍於天下」

寧波商幫雖然形成時間較晚，但其發展勢頭卻很快。他們的活動地域不斷拓展，特別是在各通都大邑中營建自己的勢力，最終形成「四出營生，商旅遍於天下」的局面。

寧波商幫善於經商，在選擇生意場所上有獨到的眼光。他們非常注重涵蓋面大、輻射強、交通通達的城市商埠，如北京、上海、漢口、天津、蘇州、杭州、沙市等城市。這些城市繁華，商業興盛，發展有潛力，特別適合大生意、大流通，是商業經營的黃金口岸。這些分布在全國各地要衝要津的繁華都市商埠中進行商業活動，就如控制商業的制高點。因而就具有了全國影響。

寧波商幫並不去僻遠的山村和小鎮進行商業活動，但卻因遍布各大城市而獲得「商旅遍於天下」的稱譽。他們最先在北京發跡。北京的銀號業、成衣業、藥材業，都是寧波商人所控制。名聞京城的同仁堂藥鋪，是寧波商人樂氏於康熙年間創辦的。樂氏十代孫樂平泉重振祖業，擴建同仁堂，他的子孫還新設達仁堂藥鋪。寧波幫巨商嚴信厚、王銘槐所開的源豐潤票號、勝豫銀號都在北京開有分號。

寧波商幫的經商「天堂」是上海。這是他們發展壯大勢力的福地。寧波比鄰上海，對這座全國最大的商業都市，寧波幫情有獨鍾，他們利用鄰近上海這一優勢，旅滬經商，「滬地為寧商輳集之區」，寧商在滬人數約有數十萬人。

寧波商幫長期操縱上海總商會。上海總商會是一個足以控制上海金融貿易和影響全國商業的商人團體，二十世紀前半期的上海總商會基本上是由寧波籍商人組成和主持的。寧波幫商人一直在上海商界居重要地位。

由於寧波商幫控制了上海總商會，一些寧波巨商也就成為上海灘上炙手可熱的人物。清末民初上海工商界曾流行這樣一句話：「上海道一顆印，不及朱葆三一封信。」為了紀念和表彰寧波巨商朱葆三和虞洽卿，上海當局還專門以他們兩人的名字來命名兩條馬路。以華商的名字命名馬路，足見上海當局對他們的重視。

寧波商幫在上海按行業分幫，分別建立了各業各幫的會館。這些會館對寧波商人在上海的商業活動具有推動作用。

寧波商幫對天津這個北方重要經濟中心，也給予足夠的重視。天津未開埠前，寧波商幫就有不少人從海路來天津，從事商業經營。開埠後，寧波商人更蜂擁天津，投靠原來在津經商的親友、同鄉，使寧波商幫的勢力迅速壯大，並把活動範圍擴展到法租界。

寧波商幫在天津的進出口貿易、南北貨運業、銀行保險業、鐘錶眼鏡業、金銀首飾業、綢緞呢絨業、木器家具業中有相當大的勢力。

活躍在天津商界的著名寧波商人不少，他們是大名鼎鼎的嚴信厚、葉澄衷、嚴焦銘、王銘隗、葉星海等人。

嚴信厚曾為清大臣李鴻章鎮壓捻軍轉運餉械，辦事深得李鴻章的賞識，成為李手下的紅人。

李鴻章任直隸總督兼北洋通商大臣後，曾保委嚴筱舫督銷長蘆鹽務和河南官運事，光緒十一年（一八八五）署天津鹽務幫辦。任內，嚴筱舫在天津東門里經司胡同開設同德鹽號，經營鹽業，發了一大筆財。之後，又在巨商胡光墉（即胡雪巖）和葉澄衷的支持下，在上海設立源豐潤票號總店，並在京津兩地和江南各省設立源豐潤分店十多處，建立起一個龐大的匯兌網，經營國內總匯和商業拆放業務，兼營官僚存放款業務，盛極一時。和胡雪巖一樣，嚴信厚也是一個帶有傳奇色彩的商人。

其他數人的名頭在商界也很大。葉澄衷是有名的「五金大王」。嚴焦銘是天津商界頗具威望的買辦。王銘槐是天津有名的買辦和銀號商，曾做軍火生意獲利數百萬元，是寧波商人中的棟梁。葉星海與德國商人同創洋行，是有名的買辦。

號稱「九省通衢」的漢口，也是寧波商人大展拳腳的地方。

在漢口經商的寧波人為數眾多，主要是從事成衣、典當、銀樓、雜糧、藥材等行業的經營。也有從事水電業、貨運業、水產業、火柴業、洋油業、五金業和銀行業的。還有不少寧波商人充任洋行買辦。

漢口總商會議董中，寧波商幫占據了不少職位。

離漢口一水相隔的沙市，人稱「小漢口」，自然也是寧波商幫經商的「根據地」。

寧波商幫在沙市主要經營銀樓業、海味業、家具業、航運業。

他們經營的銀樓都是沙市的名店，經營資本和盈利都名列沙市之冠。寧波商幫還壟斷了沙市的煤油銷售市場，他們為洋行代銷煤油，獲利巨大。

寧波商幫深諳「綱舉目張」和「事半功倍」的道理。他們的商業營銷經常採用「提綱挈領」的辦法，即注重「綱」，至於「目」有能力自己做，無能力就讓外商幫或當地商人來做。

寧波幫商人往往把總店設在大城市，在全國各地廣設分支機構。以寧波幫巨商周宗良開設的謙和靛油號為例，總號設在上海，其分支機構分為三級：第一級是設在各省大城市的分號，先後設立的有蕪湖、濟南、天津、營口、西安、漢口、長沙、貴陽、開封、蘇州、蚌埠、南昌、寧波、南通、福州、重慶等處；第二級是由分號管轄的支號，每一分號下面大致有三至六個支號，如濟南分號下有煙台、青島、濰縣三個支號，漢口分號下有老河口、洛陽、許昌、駐馬店、鄭州、宜昌六個支號；第三級是由支號管轄的經銷店或代銷店，如青島支號下有德州、臨沂、兗州等店，從而形成了廣泛的銷售網點。

在上述這個商業網絡中，總號和設在各大城市的分號就是「綱」，「綱」一舉動，下面的支號和支號下轄的店就都動起來了。支號下有業務關係的店，大都不是寧波商人自己開設的。因為寧波商人不屑於去做這類小買賣。

二 寧波商幫的致富之道

寧波商幫雖然「出道」較晚，但他們致富的速度是非常驚人的。他們的致富之道很有特點，也非常實用。

寧波商幫不僅善於開拓活動地域，還善於因時制宜地開拓經營項目。他們的致富之道就是：以傳統行業經營安身立命，以支柱行業經營為依託，以新興行業經營為方向，而且他們往往一家經營數業，互為補充，使自己的商業經營在全國商界中居於優勢地位。

傳統行業：安身立命

傳統行業是寧波商幫安身立命之地。

寧波商幫所經營的傳統行業，主要是指銀樓業、藥材業、成衣業、海味業。

寧波人所從事的銀樓業，多是前店後廠，首飾質量可靠，工藝精湛，名號響亮的老店。

藥材業是寧波幫最早經營的行業，是標準的傳統行業。

成衣業是寧波商幫最初結幫時經營的行業。

最有名的成衣店是一九一七年開在南京的李順昌服裝店，店主李宗標，祖籍寧波。他有當時上海的國貨、中南、金城等銀行的支持，資金使用方便。他的店鋪規模大、氣派。店內有做女式服裝和男裝的工人各四十人。店裡專請寧波紅幫裁縫，注重技術工藝，服裝軟、牢、挺、美，譽滿南京。當時國民黨政府的達官顯貴，都是這家店的經常主顧。一九四九年，擁有資金七十五億元。如此規模的服裝鋪，可以稱得上是「中國服裝第一店」了。

海味業更是寧波商人的老本行了。他們還未經商時便已經熟習各種海味和海產品了。

海味行經營品種一般分三類：一是乾貨海味，如明府鯗、海蜇皮、魷魚、刺參、魚肚、干貝、淡菜、紫菜、鮑魚、海帶等；二是西洋海味，如龍鬚堆翅、各種海參和開洋蝦米；三是綜合海味，以各色魚翅為主，有荷包、玉結、皮刀、烏鉤、呂宋、青翅、東尾等名目。

經營具有特色的傳統行業，使寧波商幫有了安身立命的立腳點。經營這類傳統行業所積聚的商業資本，又為寧波商幫經營新的行業奠定了物質基礎。

支柱行業：飛黃騰達

寧波商幫清楚地意識到，僅靠經營傳統行業，要想快速致富是不可能的，必須要尋求可以獲取厚利但又未被別人壟斷控制的行業。只有這樣，才能在商界中迅速發展起來。

皇天不負有心人。寧波商幫發現可作為自己從商的支柱行業，即埠際販運貿易和金融業。沙船販運業和後來的輪船航運業，錢莊業和後來的銀行業，是寧波商幫得以發跡和臻於鼎盛的兩大支柱行業。

寧波商人所經營的沙船販運業，就是用船運貨。沙船即普通的運貨船。

沙船販運貨物，是寧波商人所熟悉的運貨方式。最初他們是從南來北往的船隻運貨與寧波人進行產品交換時悟到的。

他們於是創設南號和北號，自行置船裝運貨物，形成沙船販運業。以寧波為中點，南下北上，運貨到沿海港口碼頭售賣。

經營沙船販運業需要巨額資本，船中裝載的貨物統由船主自行籌款營辦，到達地頭自行銷售。經營沙船販運業，獲利很豐厚。

通常由北號經營的北頭船由寧波啟碇，裝載茶葉、毛竹、錫箔、長屏紙、紹興酒、溫州明礬、福建杉木、江西瓷器等貨物北行。到達上海時，再裝上糧食及日用品，然後逕駛天津販賣。回程由天津裝載藥材、北貨（核桃、紅棗、瓜子）、五加皮酒等貨物南返。沿途經過山東、遼寧各口岸，再裝載當地土貨，如在牛莊裝載高粱酒，在龍口裝載粉條，在營口裝載豆油、豆餅，在青島裝載花生油、花生，在煙台裝載鯗魚等海產。到上海時，卸下部分貨物，再裝載日用品，返回寧波。

寧波商幫沙船販運業的發達，幾乎獨占了沿海南北貨物的貿易。尤其是在清代晚期咸豐、同治年間，太平天國戰爭使寧波成為南北諸省的貨物集散地。

歐美製造的輪船進入中國，沙船販運一下就被比下去了。寧波商人見此情況，深知必須要改進運輸方式，才能與外商競爭。他們在沙船販運還有一定市場時，毅然放棄沙船販運，轉向經營輪船航運業。

沙船貨運業和輪船航運業的發展，為寧波商幫的崛起積聚巨額資本，寧波商幫中不少人是以經營沙船業發跡致富後，再經營其他行業的。沙船貨運業和輪船航運業不僅支撐了寧波商幫的崛起，還帶動了一些關聯行業，增強了寧波商幫的實力。

俗話說：「多錢善賈」。寧波商幫通過對傳統行業的經營，以及沙船販運業、輪船業的經營積聚起巨額財富，他們並不滿足已經取得的成就，他們還要用這批巨額商業資本作更大的事。對自己所從事的事業有種不懈地追求，這就是寧波商幫與徽幫、晉幫等傳統商幫的最大區別之一。

寧波商幫的注意力轉向層次更高、利潤最厚的錢莊業和銀行業。

寧波商幫資本家高度重視金融業對融通商業資金的作用，大量投資於錢莊業和銀行業。他們用經商所得開設錢莊、銀行，獲取巨額利潤；又用錢莊、銀行貸款擴充商業業務。

寧波商幫把寧波一帶流行的過帳制度移用於上海，發展為匯劃制度，並利用票號拆放頭寸，擴展業務，仿效山西票號的辦法，聯絡長江及沿海各埠同業，辦理地區收解，經營匯兌。寧波幫辦的錢莊很快就興隆起來，他們在上海的錢莊具有雄厚的資力，更使他們在上海錢莊業中具有壟斷性作用。

同治二年（一八六三）上海錢業總公所議定，不入同行的錢莊不得出具莊票，開發可行用於上海華洋商人之間的莊票便為入園錢莊所獨占，這對於經營入園錢莊的寧紹商幫來說，無疑是大有好處的。這一規定，為寧波商人居雄的上海錢業界提供了競爭優勢，排斥了其他地方錢業和商幫，使他們只能唯上海錢業馬首是瞻。

寧波商幫不僅在各地開設錢莊，還積極組建更具時代特點更有競爭優勢的銀行。寧波商幫在清末（十九世紀末）時，就已經意識到傳統意義的錢莊將會被銀行所淘汰，便積極躋身於銀行業，以求在銀行業中尋求更佳的前途。

寧波商幫相繼在上海、天津等商埠，組建了多家銀行。寧波富商朱葆三、虞洽卿、傅筱庵等還投資於外國銀行，他們都是中華懋業銀行股東。

一九三四年，浙江興業銀行在調查銀行情況的報告書中，曾對上海銀行業的情況作了如下評價：「全國商業資本以上海居首位，上海商業資本以銀行居首位，銀行資本以寧波人居首位。」

新興行業：果敢堅決

寧波商人對新興行業一直抱有濃厚的興趣，一旦他們看準目標，便會堅決介入。

隨著商品經濟的發達，一些順應時代需求的新興行業也隨之出現，這些行業大都是從事勞務性商品的經營活動，主要有：進出口貿易、房地產業、保險業、證券業、西藥業、日用洋貨業、鐘錶眼鏡業、呢絨洋布業、五金顏料業、公用事業和新式服務業等。

寧波商人從事進出口貿易，主要是以買辦的形式來實現。這些買辦往往憑藉洋行關係，因利乘便，自做營生。他們了解中外商業行情和商業渠道，經營進出口貿易格外方便且得心應手。

寧波商人見房地產契約可以向銀行抵押而取得貸款，覺得是一個有利可圖的行業。於是許多寧波巨商都投資和經營房地產業。

寧波商人在保險業剛出現時便「慧眼識真金」，認識到保險業是大有油水的營利手段，他們競相投資保險業。

上海證券物品交易所是寧波商人出面開辦的。寧波商人在滬經營證券業的公司較多，證券業使寧波商人的優勢得到充分發揮，從中可以獲取豐厚的利潤。

寧波商人見西藥在中國受到歡迎，他們趁勢開設西藥藥房，商業經營規模都較大。主要的藥房有五洲大藥房、中法大藥房。他們還介入西藥製造，出品龍虎人丹，製銷藥片、針劑、消毒藥水等，暢銷各地。

寧波幫商人見五金業在中國城鎮農村有廣闊的市場，銷售渠道又暢通，也積極投資和經營五金業。上海許多著名的經營五金業的商號大都是寧波商人經營的。

城市公用事業的自來水、電話、電力、煤氣等行業以及豪華飯店、高級賓館、照相館、出租汽車、遊藝娛樂場等新式服務性行業，都是寧波幫商人感興趣的投資目標，鐘錶眼鏡業、呢絨洋布業之類行業也是寧波商幫投資的重要目標。

具有遠見卓識、富於進取、善於學習的寧波商幫在致富之道上，邁出一步又一步的堅實步子，勝利與希望與他們的前進步伐長相伴隨。

四 寧波商幫的商業秘密

任何商幫都有自己的商業秘密。

寧波商幫也有自己的商業秘密。

寧波商幫的商業秘密並不複雜，簡單得可以用八個字來概括：同鄉扶助，目標單一。

同鄉扶助

寧波商幫自形成後，不僅加強了在北京、天津、營口等地的勢力，並把勢力迅速擴展到常熟、漢口、上海等商業重鎮，在那裡創建會館，以會館為聯絡場所，結幫經商。

乾隆三十六年（一七七一），寧紹商人在常熟創設寧紹會館。寧波、紹興一帶人素以善賈著聞海內，經商足跡遍及通都大邑。常熟號稱江蘇富饒地區，商業繁盛。寧波、紹興兩郡商人在這裡經營、留居。乾隆三十六年以葉林春為首的寧紹商人集資置地，創立寧紹會館。

乾隆四十五年（一七八〇）寧波商人在漢口建立了浙寧公所，這是漢口第一家寧波商會館。

寧波商人在上海邑廟東園創設上海錢業總公所，業中人稱內園，這是一個寧波商的同業公會，性質較會館更為先進。當時加入錢業總公所的錢莊，稱為入園錢莊。上海的入園錢莊有六十四家，多半是寧紹商人的匯劃錢莊。這些錢莊資本雄厚，在上海錢業中頗有影響。寧波商幫借用這個錢業總公所，來達到操縱控制上海錢業市場的目的。

寧波商幫所建的會館、公所，過去是用來敘同鄉之誼，聯同業之情，恤嫠贍老濟貧，解決本幫商人的一些具體困難。隨著社會的發展，寧波商幫的會館和公所的性質和作用有所變化，主要表現為其經濟功能有所加強，即更多是用來作同幫同業商人集議場所，大家磋商商務，研討商情，互通情報，團結同鄉維護共同利益。

「有利則均沾，有害則共禦」，使寧波商幫的「同鄉扶助」原則得到強化。

同鄉扶助的原則在寧波商幫中一直被貫徹始終，成為本幫商人一條必須堅持的原則，這個原則對凝聚寧波商幫的內部力產生了決定性的作用。直到近代，這一原則仍是深入人心，成為大家的共識。寧波幫商業資本家具有強烈的聯合競爭意識和同鄉扶助意識。一九〇八年由寧波幫商人集資興辦的四明商業儲蓄銀行在上海開業後，曾受到外國銀行和洋行的排擠傾軋，金融市場一有風吹草動，便拿四明銀行發行的鈔票來擠兌現洋。四明銀行實力並不雄厚，而在擠兌風潮中能多次化險為夷，其原因就在於寧波幫商人開設的商店、錢莊、銀號，往往在擠兌風潮來襲時，家家代為收兌四明銀行的鈔票，使風潮得以平息。

「同鄉扶助」是寧波商人在商戰中的致勝武器。

目標單一

寧波商幫經營的目標始終是明確的，那就是最大限度地獲取商業利潤，而積聚起來的商業資本也始終是用在商業經營上。並不是把商業資本轉化成土地資本、高利貸資本、官僚資本、宗族資產，甚至連各商幫都踴躍介入的產業資本也不動心，一心只瞄準商業這一單一目標。

在許多時候，商業上的風險和收益往往是成正比的。商業風險大，獲得豐厚利潤的可能性就大，商業風險小，人人爭著去做，獲取厚利的可能性就很小。

寧波商幫賴以迅速致富的兩大支柱行業：沙船販運業及後來的輪船航運業，錢莊業及後來的銀行業，都是當時投資大、風險也大的行業。

沙船販運業需要有大的投資，在海上航行江河航行又有風急浪大船被傾覆的危險。但是沙船販運業雖是冒險的行業，也是發財的捷徑，如果平安無事，來回南北洋幾趟，就可獲取巨利。不少甬籍巨商就是以沙船業起家的。並且，沙船販運業還加強了寧波商幫與沿海港口城市和長江沿岸城市的經濟聯繫，大大增強了在這些地方的勢力。至於輪船航運業的風險還要大一些。

經營錢莊也是同樣冒險的行業，不但需要有巨額資本，更需要有專業的知識。這種利用別人的錢來生錢的行業，需要有「四兩撥千斤」的機敏，還需要有膽略，因為稍有不慎，就會陷入破產的危機之中。

寧波商幫並不因為錢莊、銀行業是一個高風險的行業而縮手縮腳，他們高度重視金融業對融通商業資金的作用。大膽地介入錢莊業經營，並且首先籌組商業銀行，從中獲取大量的利潤。

同鄉扶助，目標單一，這就是寧波商幫在商場中致勝的商業秘密。

第十一章

悲喜人生

現在風氣變了！從前做生意的人，讓做官的看不起，真正叫看不起，哪怕是揚州的大鹽商，捐班到道台，一遇見科舉出身的，服服帖帖，唯命是從。自從五口通商以後，看人家洋人，做生意跟做官的，沒有啥分別，大家的想法才有點不同。這年頭照我看，更加不對了，做官的要靠做生意的！

洋人做生意，官商一體，他們的官是保護商人的，有困難，官出來擋；有麻煩，官出來料理。他們的商人見了官，有什麼話可以實說。我們的情形不同了，官不恤商艱，商人也不敢期望官會替我們出面去論斤爭兩。這樣子的話，我們跟洋人做生意，就沒有把握了。你看這條路子走得通，忽然官場中另出一個花樣，變得前功盡棄。

人家的政府，處處幫商人說話，我們呢？

——胡雪巖

一 徽幫的歷史悲劇

一八八五年正月的一天半夜，山西祁縣「昌晉源」票號東家喬家渠被掌櫃頡子敬叫醒了。頡子敬拿著兩封信，兩眼流露出驚恐的眼光，哆嗦著說：「『阜康』倒了！」

喬家渠像還在夢裡，呆呆地看著頡子敬。

「初二晚上倒的，二十九個當鋪，一個藥鋪，一個『阜康』全倒了！」頡子敬驚慌地說。

「囤了絲，洋人不買，煮在手裡。」頡子敬補充說。

「阜康」是大名鼎鼎的紅頂商人胡雪巖開的票號。

「官場上也下了絆。胡雪巖墊的『協餉』已經到了海關，可是邵友濂、盛宣懷不給，拿出去放利！」頡子敬憤憤不平地說，又壓低了聲音，「聽說還是李鴻章出的主意，擠左爵爺呢！」

「那胡雪巖呢？」

「拿了。按閣敬銘的意思，還要查抄！」

「黃馬褂呢？」他又問。

「收了！紅頂子也收了！布政使銜也革了！胡雪巖完了！」頡掌櫃傷感地說。

「阜康」票號倒了，胡雪巖完了。一代商傑的一生畫上了句號。這位最大最有名的徽商的垮台，使其商戰對手山西「晉源」的東家和掌櫃有了「兔死狐悲，物傷其類」的傷感。他的垮台，也宣告了徽幫的死期已經到來。

徽幫注定要消亡了。這是一個歷史悲劇，是徽幫無法逃避的結局。

敲骨吸髓的官府

中國清末的歷史狀況，決定了徽幫的命運。

徽幫從紅極一時到現在，就猶如《紅樓夢》中的榮寧二府一樣，已是氣數將盡。

徽州商幫的衰落是一種歷史的必然。

徽商一個依附於封建政權的商幫，能靠官府大發橫財，又會因為官府的敲詐而陷於困境。徽商一貫以封建政治勢力為其後盾。他們或以「納捐」、「報效」為自身求得官銜，或令子弟讀書謀求功名，或與封建官僚相交結，藉以取得封建的商業特權。

但這個商業特權並不是能輕易到手的，是要付出代價的，而且代價是越來越大。正課稅收之外，徽商還要為朝廷作貢獻，這些貢獻主要是捐輸、賑災、助餉。兩淮鹽商中，徽商最多，負擔數額也最大。如曾任兩淮總商的大徽商江春，每次捐輸，朝廷都要求他馬上捐出百萬銀兩，以致這位富商在多次捐輸之後，陷入「家屢空」的困境中。康熙乾隆之後，商界中人盛行捐納之風。一些商人為了得到朝廷賞識而被授官職，不惜將血本和利潤捐納朝廷。

徽商講究儒家倫理，是儒賈結合，對於賑濟鄉民歷來都比較積極。封建政府又因勢誘導，藉他們的資產來為國解難分憂。明代徽商汪泰護曾在毗陵經商，正遇災年，他將家裡糧食拿出來大賑災民，後家鄉老百姓受災，他又賑穀六百石。這類事很多，是明代徽商中常見之事。

清代徽商助賑次數、款數，都大大超過明代，雍正之後，這種現象更普遍，徽商賑災之款，不下千萬。比如徽商汪應庚，雍正五年時，海嘯成災，他將家裡糧食熬粥來賑災民，歷時三個月。雍正十年、十一年，他又出錢安定受洪災的災民，並隨運米數千石賑給災民。雍正十二年，再次運穀數萬石，使災民熬到麥秋時，這次賑災，養活了九萬餘人的性命。乾隆三年，揚郡旱災，眾商人只捐銀十二萬多兩，汪應庚一人就捐了近五萬兩。汪泰護、汪應庚在徽商中還數不上很富的，他們在助賑中如此大方慷慨，既是他們經商為商之道，又是人們追求「名高」而光耀門庭的心理所致。但明清政府的大力倡導，不能不說是一個重要原因。

徽商助賑之外還要助餉，即商人捐款以助朝廷軍費開支。這筆費用是非常龐大的，而且每次大的軍事行動都要求商人助餉。

清代吏治腐敗，各級官僚都視徽商為一塊「肥肉」，都要趁機敲詐一番。早在康熙年間，江淮的徽商就有三項大筆「浮費」：一是程儀。現任或候補官員進京路過淮揚時，不論該官與淮商有無交往，都要索取一筆「程贐」。二是規禮。本地的文武大小衙門，無論與鹽務是否有關，都要向商人收取規禮。三是別敬。先是每年於御史任滿時，照例要向商人收「別敬」錢。以後發展到了更甚的程度：不論是否本地任官，不論是否與商人有交情，只要是達官顯貴，在任滿之時都要向江淮的徽商索取「別敬」，真正是「三年清知府，十萬雪花銀」。

徽商如果不能將賺來的錢，通過捐輸、賑災、助餉和「別敬」之類形式「還利」於朝廷、官府、官員，那麼他們不僅無法獲得經商特權，而且連正常的商業活動也往往會遭到種種刁難，甚至被弄得傾家蕩產。因而商人只得忍痛割捨巨資，為封建官府「分憂解難」，孝敬各級官員和各方來打秋風的「神仙」。

封建官府對徽商無休止的敲詐勒索，使徽商的商業資本大量流失。他們只能勉強維持商業經營，根本沒有資本和精力來投資產業。

擋不住的天災人禍

古語說：「屋漏偏逢連夜雨，船破又碰打頭風。」

一連串的天災人禍，讓在經濟上已處困境的徽商受到更沈重的打擊。

一八五一年，太平天國革命爆發，太平軍從廣西、廣東北上，占領南京。歷史上素來「兵戈不能喜」的徽州，便成為清軍與太平軍交鋒的戰場。

這場戰爭中，徽州人口大批死亡，其中有不少的徽商被殺害。這場戰亂又使得許多徽商的財產「蕩然無存」。

徽州向有「家蓄貲財」的風氣。徽商在發財致富後，往往將其一部分金屬貨幣收藏起來以備將來之用。在咸豐年間的這場兵災中，曾國藩藉清剿太平軍之機，在徽州「縱兵大掠」，致使「全郡窖藏」為之「一空」。這對徽商來說，不啻是滅頂之災。他們以錙銖必較積累起來的財富被囊括一空，不少商人因此而陷入破產的絕境。

徽商還得被迫為這場戰亂「助餉捐貲」，更是給已經雪上加霜的徽商以迎頭一棒。混亂時事，屠殺的慘景，劫掠的瘋狂，使得一些徽商有朝不保夕的念頭，認為「太平軍一來，自身都保不住，哪裡還管得了其他！」及時行樂，把所有剩下的資本都用個精光。

咸豐年間的兵災，對徽商是一次致命的打擊：徽商及其子弟多死於戰火，使徽州從商人員頓減；徽商在清軍的洗掠、官府的勒索下消耗了大量的資金，而戰後的徽商為了重整家園，又不得不將其有限資金用於非商業活動。於是徽商的勢力便從此一蹶不振了。

徽幫委靡之時，又遭到洋商洋貨的競爭和排擠。胡雪巖就是因為與洋人做生意而被洋人坑了，對徽幫構成威脅的主要是洋茶。洋茶進入中國，剛開始時就以傾銷的價格來占領中國市場，這樣一來，外銷的徽州茶連連虧本。外商多轉購印度、日本茶葉。光緒十三年，徽幫茶商的虧損將近百萬兩銀。徽幫茶商還受到洋商的強有力競爭，洋商除奪價收購中國茶葉外，還自往產地辦貨，獨獲豐厚之利。洋茶洋商的衝擊，使徽州茶商步履變得更加艱難了。

雄視商界的徽幫，作為封建政權的附庸，只能與封建社會共命運，封建社會的衰亡，同時也使徽商走到歷史的盡頭。

二 晉幫歷史的終結

「『阜康』倒了，胡雪巖完蛋了」的消息傳到晉中，山西票商大都額手加慶，欣喜異常。他們慶幸壓在自己身上的大山被推動了，山西票號今後可以獨占全國了。他們彷彿看到了燦爛的輝煌前景，正在向他們招手。

但他們沒料到，「阜康」票號的倒台，也加速了山西票號垮台的進程。「阜康」虧損了八千萬銀兩，立即在京城掀起了一股搶兌現銀的風潮，山西票號在這股強大的風潮之中飄搖不定。

二十年後，維繫晉幫及榮譽的山西票商們終於退出了歷史舞台。晉幫完了。

物極必反

晉幫票號的衰落，是受歷史的影響。而這次帶有決定性的時刻，歷史不再青睞晉幫了。早在嘉慶、道光、咸豐年間，晉幫已呈衰敗之相，造成晉幫衰敗的主要原因，是封建王朝的剝削和帝國主義的侵略。

乾隆年間，晉幫興盛達到了頂點，晉省也就成為清王朝勒派勸捐助餉最重的省之一。清朝廷將晉商視為政府財源，凡有財政不足的時候，皆是首先想到晉商，尤其是徽商財力下降之時更是如此。咸豐五年（一八五五）十一月，山西紳商共捐銀三百零三萬兩，實際交銀二百八十七萬餘兩。下欠十七萬餘兩，實在無力再交。當時有人說：「晉省前後捐輸，已至五六次捐數逾千萬。」經過多次捐輸，有些富戶家道中落，甚至「赤貧如洗」，再也榨不出錢來了。咸豐年捐輸未交的十七萬餘兩銀子，再過十一年，至同治五年（一八六六）正月，除又收銀四・三九萬餘兩外，剩下的十二萬兩，「數年來，無論如何追比（逼），迄無分釐提到」。追逼的官府大員，滿以為這種追討未交夠的捐輸款，可以輕鬆辦成。孰料，數年竟追不回十二萬兩銀。一些山西紳商之窮，已到了如此地步。

太平軍興起之後，在湖北、安徽、江蘇等省與清軍反覆交戰。這些爭奪戰使晉幫在那些地方的工商業遭到破壞，資本蕩然無存。這對晉商來講，是雪上加霜的事。

外國資本主義的入侵，使本來已處於窘境的晉幫更加捉襟見肘：經濟上既不能與外商相抗衡，經營的商業場所與地方又被侵略戰爭所破壞，經濟財富被掠奪。

第一、二次鴉片戰爭、中日甲午戰爭、庚子八國聯軍侵略戰爭和發生在中國東北的日俄戰爭，每次戰爭都使晉商在那裡的工商業遭到破壞。僅甲午、庚子和日俄戰爭，就使晉商在東北、華北等地區的商號和財產損失，多達數千萬，光緒三十四年（一九〇八）山西巡撫寶棻在奏疏中說：「（晉商損失）多至數千萬，元氣至今未復。來年營口西商虧倒銀二百餘萬，今則贖回礦產又增二百餘萬。」

更慘的是在北京開當鋪的晉商，他們的損失更大。晉商經營的有二百餘座，每家資本七八萬兩，少則也有三四萬兩。但在庚子八國聯軍侵略戰爭中，九〇%以上被搶劫一空，未被搶及被搶未盡的只餘十座。

在封建政權和外國資本主義雙重壓榨下，晉商急劇衰敗，且是整個地區、整個家族地衰敗。

晉商與徽商一樣，都是靠封建政權來獲得商業上的特許權，從中牟取高額利潤，他們的命運是與封建社會休戚與共的。封建社會的衰敗，使得賴以生存的晉商衰敗成為定局，但直到清末以前它的聲譽依然很高，這主要是憑藉山西票號的興盛來維持的。

歷史拋棄了山西票號

山西票號支撐了晉幫，但並不能挽救晉幫衰落的歷史命運。幾十年後，山西票號終於也衰落了，苟延殘喘的晉幫被歷史畫上一個句號。

山西票號衰落的原因有兩個。

一個原因是票號經營遇上危機。這種危機是與經濟危機和政治動亂相聯繫的。

清末前，票號倒帳損失之所以嚴重，就其經營方式說，致命的弱點，是它只做信用放款，而不做抵押放款。大量放款沒有任何物資作保證，在經濟危機和政治動亂中，收不回貸款的風險是極大的。

許多商號商行因為經營不善出現倒閉，往往連帶將放款給它們的票號也一併拖垮。每次經濟危機一來，就有許多票號因擠兌而又無款支付而倒閉。

另一個原因是：清政府成立戶部銀行，票號遇到了強大的競爭對手。

清末前，雖有中國通商銀行、浙江興業、四明等十幾家商業銀行的成立，對山西票號都構成了競爭威脅，但構成票號競爭主要對手的，則是官商合辦的戶部銀行、交通銀行和一些省辦的銀錢行號。因為戶部銀行（後改大清銀行）具有代理國庫、收存官款的職能和雄厚的資本，所以能夠左右市場。過去由票號收存和承匯的官款業務，幾乎全部被戶部銀行包攬而去；由於戶部銀行在金融業中具有壟斷和控制的作用，它對票號的經營有強大的影響。在市場競爭中戶部銀行要提高存款利率或降低放款利率，票號亦不能不跟隨進行，這種做法直接威脅著票號的生存。儘管如此，在清末之前，票號依然擁有相當大的勢力。隨著時間的推移，票號經營方式的落後性越來越突出，票號是經營存款、放款和匯兌的銀行業。作為銀行業，除自有資本外，它發展的規模決定於存款開展狀況。存款多，放款就多；放款多，收入利息多，除支付存款利息外，利潤就多。這是一方面。另一方面，如果存款戶擠兌，因放款收不回來無法支付存款，那麼貸款越多就倒閉得越快。加之金融利潤又大都歸於戶部銀行，票號所賺利潤日益減少。「船漏偏遇頂頭風」。山西票號終於在辛亥革命的戰亂中遭到致命的打擊。

辛亥革命中，許多商業都市，如漢口、成都、西安、太原、北京、天津等都發生過戰爭。工商業和銀錢行號都不可避免地遭受到損失。北京是票號吸收款最多的城市，占其全部存款的三〇%。因而，山西票號擱淺倒閉，就從北京分號開始。戰爭和革命所帶來的經濟危機和政治風波，使許多票號開始倒閉。在倒閉聲中，山西二十二家票號除大德通、大德恆、三晉源、大盛川等四家票號，因資本實力雄厚，拿出大量現款，應付辛亥壬子擠兌風潮，信用未失，繼續營業外，日昇昌等十多家票號，因無力應付擠兌風潮而相繼倒閉。大德通、大德恆、三晉源、大盛川四家票號又延續了二三十年，最終還是逃不掉倒閉的命運。

從「富甲天下」到破家，晉幫在歷史舞台上終於演完了這場人生悲喜劇。

三 攥不住錢的江西商人

唯利是圖是商人的本性。只要經商，誰都希望自己的錢袋鼓了又鼓，沒有人希望自己的錢袋變得乾癟。但有相當多的江西商人是例外。

豐城熊琴經商致富後，他常常睡不好覺，不是因為喜悅，而是恐慌。他常常對子侄輩說：

「你們不缺衣食就行了，千萬不要守財，積而不能散，恐怕會招致怨恨，該散財的時候，絕不能吝嗇。」

江西商人缺少富商巨賈。除了迂腐不願多掙錢以外，是否與他們在經商中不善於使錢增殖有關？答案是否定的。那麼，他們手中的錢又用到哪裡去了呢？

答案在歷史書籍中，明白無誤：

江西商人賺的錢用作生活性投資、社會性投資、生產性投資之上。

生活性投資包括贍養家人、資助親友等。江西商人多為生計所迫而棄農經商、棄儒經商者，他們的經商，是以家庭成員無條件的支持和犧牲為前提的，因此，一旦江西商人稍有餘資，首先不是用於擴大再生產，而是用以解決家庭的最低生活要求，承擔贍養家庭的責任。對於許多江西商人來說，其經商所得能夠維持家庭的生活並小有改善，就相當滿意了。經商所得寄給家中以供養母親，實際上是大多數江西商人的基本支出模式。

江西小商人錢的去向已清楚。那些即將成為富商或可能成為富商的錢除投向生活性投資外，應該還有部分富裕資金。這筆富裕下來的資金往往成為社會性投資。社會性投資包括建祠修譜、增置族田族產、救災賑荒、辦學助讀、建橋修路以及捐糧助餉等。這是宗族社會的一種需要。

明清是江西家族制度的發展時期，家族作為社會基層組織的作用也越來越明顯，建祠修譜、置族產族田成為每戶家族成員尤其是家族中的富戶所必須承擔的義務。而且，這種義務承擔得越多，在家族中的地位也就越高。這是一種「光宗耀祖」的新形式。

江西商人的社會性投資具有承擔在家族中的義務和加強在家族中地位的雙重作用。

江西是一個族祠最多的地方。在江西這個小農階層占大多數的地方，建祠修譜增置族產的資金來源，主要是依靠在外經商的族人。家族的修譜與祠堂建設規模取決於家族經商致富的程度。祠堂越氣派，族產越雄厚，族人也就越光彩，在外經商的商人也就越有面子。同時，經營商業的坎坷與前景難料，又使商人熱心於宗族公益事業，以便得到宗族好感，為自己留條後路。否則，就難以被宗族認同，無法在家鄉立足。他們若未對宗族的公益事業做出貢獻，返回故鄉定居時就會受到族人的輕視。他們只有將多年積聚的錢財分發給眾位族人，才可以換來族人的認同。

在江西近代社會，各種社會公益活動如修路築橋、救災賑荒，都靠社會集資來解決，商人自然成為徵集資金的主要對象。因此地方公益多得到商人的資助。

在江西商人的總投資中，社會性投資占有很大比重，這些投資有些是自願的，有些是被迫的。廣豐商人程俊揚，攜帶積蓄回鄉，想過過小康日子，結果縣城修城牆找他，族人修譜建祠找他，鄉里修路築橋也找他，到了晚年，被弄得「囊無餘貲」。

江西商人對興辦義塾、資助科舉不遺餘力，是因讀書入仕的弟子可以為族爭光，光宗耀祖。

江西商人之中的小富商、準富商、預備富商的錢投向社會性投資。這種投資使他們脹鼓起來的錢包又乾癟了。無論他們是心甘情願還是無可奈何。總之，富商巨賈之夢倏然遠去。

雖有一些江西商人將富裕資金投在生產上，與產業相結合，能夠從中獲得一部分利潤。但這部分利潤遲早又用於生活性、社會性投資。他們最終逃脫不了這樣一種歷史歸宿——回歸故鄉，或者在當地買田築宅，作一個田舍翁，不再進行商業冒險，也不再去尋求商業機會。

所以說，江西商人是攥不住錢的商人。

四 走上歧路的福建商幫

中國歷史上有一個很奇怪的現象。

明代嘉靖年間，「倭寇之患」越演越烈：在東南沿海地區，倭寇大肆劫掠，甚至時常深入中國腹地，燒殺搶掠，成為中國的心腹大患。後來，經過抗倭名將戚繼光、俞大猷等人率軍民浴血奮戰，荼毒東南十餘年的倭寇才被鎮壓下去。

清點戰果，欲向朝廷報捷，卻發現所斃殺的倭寇並不多。斃殺的多是中國人。

原來「擄掠男女、劫奪貨財，費糜刑傷不可勝計」的倭寇，大部分是假倭寇。

假倭寇之中，大都是福建的海商。而這些海商，應該是中國最早的漢奸。

福建海商為什麼由商轉寇？萬曆年間任福建巡撫許孚遠曾有一段很精闢的論述。他說：東南濱海之地的居民，以販海維生，已有悠久的歷史，而福建尤為如此。福建的福興漳泉等地，背山面海，田地不足耕作，不航海貿易就無以助衣食。此地人民不懼波濤而且輕生死，這也是此地的習俗，而漳州府尤其如此。海禁未通之前，商民私販為業，吳越之地的豪民，以此為淵藪，羽翼庇護，歷時已久矣。海上一有風吹草動，當權者動輒厲禁，然而逼之過急則盜賊興，盜賊興則外寇入侵。嘉靖之季，其禍蔓延，攻略數省，荼毒生靈。

這位巡撫官員看來已經意識到福建海商由商轉寇其實是政府的海禁政策所致，是「官逼民反」的實例。

福建沿海一帶，明代時為海盜已成社會風習。他們不願勞作而又能獲取厚利。明代嘉靖年間抗倭名將俞大猷談及詔安縣梅嶺村的情景時說，這個村子裡有林、田、傅三大姓，共一千餘戶人家。男子不耕作，卻食必精肉，女子不蠶織，而衣皆錦綺。其財物何來？無不自通番接濟和為盜行劫，但卻無人可奈其何。千餘戶人家不勞而獲，其海上走私和搶劫的規模也是可想而知的。

明代的海禁政策，猶如釜底抽薪，斷了從事海上貿易的海商生路，逼使他們由商向寇轉化。

海禁，迫使閩人轉為海盜，以武力走私和明清政府軍對抗，猶還可說，但僅是為了通番搶掠財物，甚至會同倭寇聯手作亂，「內外合為一家」就成了民族的罪人了。

每次倭寇侵擾沿海和內地時，真正的日本浪人數並不多，數百人而已，多時也不過數千人。但卻往往聲勢浩大，攻城略地，連敗政府軍隊。明政府為了抗擊倭寇，調遣了數萬軍隊。

最後還是靠戚繼光親自組建的「戚家軍」和民眾，才消滅了倭寇。倭寇猖狂，是與他們得到海商支持有關。許多假倭寇的加盟，使倭寇更是有恃無恐，橫行中國東南。

嘉靖後期負責剿除倭寇的總督胡宗憲曾分析倭寇為何在中國東南一帶大成氣候，他說：倭奴浩蕩而來，動輒以千萬計，若單靠他們自己的力量是無法做到的，主是由於內地有奸人陰為接濟，接濟與來水，倭人方敢拖延不走，濟之以貨物，倭奴才能成其貿易，為之嚮導，賊寇才敢步步深入，海洋上有人接濟，猶如西北邊陲之有奸細，貽害萬分。由於有內地居民作為內線據點，使海商的走私貿易更加得心應手。福州長樂人謝杰在《虔台倭纂》中的記載也許能使人清楚海盜是如何利用倭寇作亂而達到自己殺人越貨的目的。他在書中描述了海盜與內地居民如何勾通合作。他說：下至民間誰貧誰富，上至府庫是虛是實，海盜們無所不知，無所不曉，縱然說他們善於偵探，那麼又是什麼人充當其耳目的呢？數千人的賊寇四下埋伏，竟然無一人發覺，嗚號突起，須與間集傳完畢，攻其左路，早有防備，擊其右路，亦不能得手，欲聲東而擊西，東西兩翼彼此呼應。即使說他們善於藏匿又擅長作戰，那麼又是何人為之窩藏指示的呢？此皆當地的奸民所為也。賊寇進擾時看得見，撤退時卻摸不著，海盜未至時皆為良民，海盜來時又皆為奸民。官兵入其地，詢問賊情或問找道路，言東道西，悉為所誤。若要把他們作為奸民殺戮掉，又恐其中有良民而濫殺無辜，若視作良民而加以寬恕，則又有奸民混雜其中。在這種情況下，官府追捕海盜反而處處受阻，而海商海盜則運動自如，輕車熟路。

「半從倭賊，甘為鷹犬，星散擄掠」，為獲得經濟上的利益，福建的海商（包括浙江的一些海商）墮落成為「倭寇」，他們與真倭寇一起在中國的明代嘉靖時期，演出一幕醜劇。

五 慘敗山東

山東商幫雄踞山東，應該是理所當然的。與徽幫、晉幫、洞庭幫、陝西幫、廣東幫、福建幫、浙幫等商幫一樣，都是當地商業的主人。就連江西幫，雖然羸弱，但也是當地市場上的霸主。

唯獨山東商幫，在角逐商場中，慘敗山東。山東商幫，控制不住山東，豈不是咄咄怪事？凡事都是有原因的。山東商幫也不例外。

群幫逐鹿

山東商人在明清各地方商人當中，可以稱得上是較有影響的一大商幫。但與勢力最大、活動能力最強的山西幫和安徽幫相比，只能算是一個小兄弟了。

從經營地區來看，安徽商人與山西商人幾乎遍布全國各大小城市，乃至包括一部分省份的農村。山東商人雖然活動範圍也廣，但是山東商人根本就沒有在全國建立起一個商業網絡，他們只能零敲碎打不成系統地進行商業經營。

其他地方的商人，特別是徽商在安徽，晉商在山西本省城鄉，他們基本上壟斷了本省的城鄉貿易，很少允許其他外幫商人來染指。而山東商人則無法做到這一點，即使是在山東城鄉，也仍然有不少外幫商人進行商業活動。山東的各個城市商埠，山東商人在其中毫無優勢可言，只能與外幫商人「和平共處」。

山東成了各商幫角逐的市場，一派戰國群雄並立景象。光本省城鎮市場的分割，就使得山東商幫精疲力竭，顧此失彼，根本就顧不上廣大的山東農村。

在山東農村，山東商人由於經濟實力上的因素，無力對農村市場進行全部壟斷，山東商人只不過占據著少量農村市場。

山東廣大農村，一直被外省商人所占據。

晉據齊魯

山東廣大農村，是山西商人的「殖民地」。

山東中西部地區的農村，山西商人占絕對優勢。山西商人利用鄰近山東的便利條件，手中又有資本，大肆向山東農村擴張。

山東鄉村除山西商人占據很大優勢外，也有其他地方商人的存在。早在順治年間，登州府各縣農村，就有江西商人在進行經商活動。兗州府嶧縣城鄉，除山東商人、山西商人外，「煙雜貨則多福建商人，酒醋雜糧則多直隸人」。

山東商幫慘敗山東，經濟實力相對較弱是其失利的重要原因。

山東商幫經濟實力與山西商幫的經濟實力相比，是小巫見大巫。是山東人不善經營？不是。山東商人是明代中葉之後才驟然增多的。而山西商人在明代初年時已開始作邊貿生意。做生意時間比別人短，資本積累自然不如別人。

山東商幫中有相當部分流民商人，這些流民本小資小，做些小買賣，財力很有限。

山東商幫中做謀取厚利的生意少，鹽業生意早已讓徽、晉商幫控制，山東商幫難以插足。高利貸典莊，需要厚實財力，山東商幫也只能是心有餘而力不足。

山東商幫的經濟實力較弱是很自然的了。

山東商幫的勢力和活動能力不夠大，這是其失利的另一個重要原因。

山東地區「十年九災」，人們經常流離失所，到處逃難，其原有的宗法制度關係、宗族觀念已蕩然無存。沒有宗族勢力作堅強後盾，山東商幫難以抵禦像徽商、晉商等商幫的商戰。徽商、晉商以及其他商幫，多有宗族在背後支撐著，至少也有地域關係（鄉親）作支持。

明白這個道理，山東商幫慘敗山東就不足咄咄怪事了。

六 鳳凰涅槃，源遠流長的寧波商幫

正當徽商、晉商日暮途窮，氣息奄奄的時候，

江右商、陝商、山東商、龍游商「無可奈何花落去」的時候，

福建商、廣東商、洞庭商枯樹逢春，老幹上開新枝的時候，一隻鳳凰涅槃了，在烈火中獲得了永生。

這隻鳳凰，就是寧波商幫。

在封建時代結成的封建商幫，大都隨著封建時代的終結而告終結。只有少數幾個商幫例外，而順利脫胎換骨的商幫則只有一個寧波商幫。

這是一個令人驚奇的事實。

在寧波商幫整個發展過程中，沒有出現衰落階段。這在中國各大商幫中是絕無僅有的。

鴉片戰爭前，寧波商幫儘管在京津地區和長江中下游商業重鎮有相當勢力，畢竟未能突破舊商幫的格局。鴉片戰爭後，特別是民國時期，寧波商幫中新一代商業資本家突破了舊商幫的束縛，脫穎而出，他們生長在通商口岸，從小受西方資本主義經營思想薰陶，具有西方經商手腕和現代技術專長，對新生事物極為敏感，他們在很短的時間內更新了自我，完成了從舊商幫向近代商幫的轉化。他們不失時機地開拓活動地域，更新經營項目，充分發揮自身在人才、行業、資金、貨源等方面的優勢，充分認識到錢莊、銀行對融通商業資金的作用，把商業與金融業緊密結合起來，從而使寧波商幫以新興的近代商人群體的姿態躋身於全國著名商幫之列。

本世紀四〇年代末，寧波商幫正處在鼎盛時期，毫無衰落的跡象。只是由於社會經濟環境起了急劇的變化，大批寧波幫商人放棄了大陸市場，遷徙到海外，並形成了海外寧波商幫。他們將寧波商幫的傳統優勢發揮得淋漓盡致，並在商場上適應了新的環境和新的經營項目，最終在世界上站住腳跟，重鑄過去的輝煌。

海外寧波商幫崛起於二十世紀四〇年代末，五〇年代初。海外寧波商幫遍布世界各地，主要活動地域是香港、日本、歐美各國、東南亞和台灣。香港的寧波幫商人，一般是原來在內地有一定實業基礎，後來移居海外的這類寧波商幫大都來自上海和天津、漢口，尤其以上海經商者居多。香港可以說是海外寧波商幫的活動基地。也是海外寧波幫的福地。有不少寧波幫巨商在香港定居；也有一些寧波商人在香港立足後，再去他地經商；或者把總公司設在香港，在世界各地廣設分公司。

早在二十世紀三〇年代，香港已有寧紹同鄉會。抗日戰爭期間，慈溪人阮維揚曾任寧紹同鄉會主席。一九四八至一九五二年，大批寧波商人來到香港，使寧波商人數量急劇增多，一九六七年，成立寧波旅港同鄉會，會員達一千多人。首任會長是鄞縣人李達三，他曾任香港樂聲電器有限公司董事長，是「香港百人億萬富豪」之一。此後，王統元、曹伯中、包從興也都擔任過會長，包玉剛為該會顧問。他們都是有名的大富商。一九八〇年又成立甬港聯誼會，香港方面有二百多位寧波籍知名人士參加。寧波商幫常以聚餐方式交流市場信息，洽談貿易業務，這樣既增進同鄉情誼，又促進商業發展。居住在香港的寧波商人大都事業有成，且規模巨大，許多人是香港的巨富大亨，有很強的經濟實力。

日本是海外寧波商幫早期活動地域之一。清同治、光緒年間，老一輩寧波幫商人張尊三、吳錦堂等即東渡日本經商。光緒三年（一八七七），日本函館的華僑商人曾成立同德堂，作為華僑商人活動場所。日本神戶也設有中華會館，從一九一二年開始，吳錦堂一直擔任神戶中華會館理事長。在東京也設有寧波同鄉會，後來因為日本的對華戰爭，寧波商人在日本的活動逐漸減弱。

東南亞各國也是海外寧波商幫的重要活動地域。在當地經商的寧波商人有不少是富商。像新加坡就設有寧波同鄉會。

在台灣也有一批寧波商人。慈溪人應昌期，一九四六年去台灣，初任台灣銀行業務部主任，後直做到副總裁。以後又出任中興紙業公司董事長。一九六八年創辦益華股份有限公司。他經營不墨守成規，能審時度勢，在台灣被視為卓有成績的企業家。

寧波商幫從舊商幫轉化為近代商幫，然後再轉變為海外寧波商幫，在不長的時間內，連續出現了三次跨越，並且獲得持久的動力。這種中國商幫中的奇特現象顯示出寧波商人的優秀素質和潛力。他們的驚人活力使我們嗅到了開放、膽識、智慧的氣息。

第十二章

啓迪與警示

多少年來我就弄不懂，士農工商，為啥沒有奸士、奸農、奸工，只有奸商？可見得做生意的人的良心，別有講究，不過要怎麼個講究，我想不明白。現在明白了！對朝廷守法，對主顧公平，就是講良心，就不是奸商！

「世事洞明皆學問」，光是死讀書，做八股，由此飛黃騰達，倒不如一字不識卻懂人情世故的人。

——胡雪巖

觀水有術，必觀其瀾。

——孟子

識時務者為俊傑，昧先幾者非明哲。

——〔清〕陳允升

一 宗族：一柄雙刃劍

徽商能在商場中稱霸，關鍵的原因是宗族。舉族經商，同氣相求，同仇敵愾，誰敢攖其鋒？

江西商人在商場中不思進取，其中重要的原因也是宗族。辛辛苦苦賺來的錢要拿來修祠堂、續族譜、贍養族人，如此「貢獻」，誰不心寒？

福建商幫之間相互傾軋，窩裡鬥鬧得挺歡，其中主要的原因還是宗族。舉族經商，舉族為盜，擄掠發財時固然風光，卻難免別的宗族犯「紅眼病」，更難免大吞小，魚吃蝦。

……

商業精神的腐蝕劑

經營商業，猶如逆水行舟，不進則退。

江西商幫處於尷尬境地。

明清時期的中國商場，是各商幫實力的競技場。從總體上看，與晉商、徽商及閩粵等地商人相比，江西商人經過幾個世紀的苦心經營規模卻仍然相形見絀，商業資本的積累也極為有限。儘管江西商人人數眾多、操業甚廣、經營靈活而滲透力甚強，卻往往在競爭中喪失市場。如明前期，在河南活動主要是江西商人，但到清朝，山西商人的勢力已遠超江西。又如雲南，明後期這裡的撫州商人很多，幾乎是雲南人口的一半多，但在清朝，在當地經商的人之中卻是「楚居其七，江右居其三」。再如江西茶葉，明前期主要由江西商人經銷，明末清初，浮梁茶多被徽商壟斷，而武夷茶則操於晉商之手。出現這種情況的原因是多方面的，但作為文章理學之邦的江西，傳統文化的觀念尤其是宗族觀念對人思想和行為的影響，不能不說是巨大的。

江西商幫出門在外經商，得到家人和宗族的全力支持。因此他們一旦積聚起財產，就必須考慮給家人和宗族予回報。將賺得的商業資本用在生活和社會性投資上。

而宗族也正密切注視著這一點。他們是以族人對宗族的貢獻來予以宗族的評價。對於那些稍有餘資的江西商人，他們所面臨的選擇無非是兩種；一是盡可能地擺脫與家庭家族的聯繫，獨立謀求發展；一是變商業利潤為消費資金，最終將資本耗喪殆盡。鄭曉《地理述》說江西商人有棄妻子而經營四方，至老死也不歸故里的。他們不願回歸故鄉，是因為他們不願將自己辛苦賺來的資金又花在宗族的事業上。而且他們對家鄉的社會性投資抱有很大的反感。擺脫家人、家鄉的大有人在，但是，擺脫與家族的關係，他們必須受良心和輿論的雙重譴責。吉安地方雖廣，但人口甚多，本地所產不足以供本地之人，因此男子往往外出謀生，長年不歸；或者乾脆在外落籍，不再與家人聯繫。長沙與吉安接壤，人少田多，出產豐富，吉安人在該處定居的更多。對此現象家族頗為痛恨，「竊恨處異域而忘故鄉，使父母盼盼然，無以待老，誠不知其何心也。」外出經商解決了生計，卻棄家不歸，逃避養老撫幼的家庭責任和社會義務，在家族看來，無疑是宗族的叛逆，罪不可恕。

宗族，支持了江西商幫。

宗族，也消耗了江西商幫的財力。更為嚴重的是，它嚴重腐蝕了江西商人的商業進取精神。

雙刃劍

宗族這柄雙刃劍，增強了福建海商的力量。

宗族，又導致了福建商幫中的混亂，並使商幫身上血流成河。

福建商幫——這個大地域的整體商幫，則是由眾多的小商幫組成的，這些小商幫受到各自所處地域的限定。就是說，福建各地的小商幫，與各自的鄉族勢力有著相當密切的聯繫，它們的活動在心理和行為方式上有著鮮明的地域和血緣關係的色彩。

福建的宗族，是嚴密而又有序的。

福建區域經濟的早期開發，與中原民族的移徙聯繫在一起。先民們入閩之初，常是整族、整鄉地進入的，他們舉族遷徙，加強相互扶助，鞏固地緣和血緣關係是他們賴以生存的必要條件。這種歷史因襲，致使中國封建社會晚期的福建民間社會，鄉族組織相當嚴密，鄉族勢力十分強盛，人們聚族而居，一村一姓的現象相當普遍。福建閩東地區的故家巨族自唐宋以來，各重門戶，外來客姓不允許與之雜居。福建的客家人和土著居民彼此分別得很清楚，他們有各自的方言，各自聚族而居，行動也是舉族進行。甚至連械鬥也是整個宗族都出動。這種強烈的鄉族觀念，不能不對明清福建商幫的形成有所影響，族商、族賈、族工甚至族盜的現象在福建地區處處可見。

福建整鄉、整族為商的習俗，是福建商幫形成的社會重要因素。以海商為主體構成的明清兩代福建商幫，其內部還存在著許多以地域和血緣關係為紐帶的小商幫和商人集團。較有規模的是漳州商人、泉州商人、龍巖商人、汀州商人、興化商人、建寧商人。這些地方性小商幫的形成是地域、血緣、方言三個因素在發揮作用。

福建的語言較為複雜，有福州和閩南兩大主要語系，有許多種方言。語言上的差異，使各地商人在外出經營活動中彼此間的交流存在著客觀上的障礙。因此，福建商人在外地的會館組織以及所謂的「郊行」，就大都為這些局部地區商幫所籌建的，通省合建的福建會館數量較少，並且反而不如以地方方言為界限的小地域會館的興盛。

福建商幫中的小商幫鄉族觀念非常強，他們最重視地域勢力與鄉族勢力。明末福建那些眾多的海商集團，無不是以各自的鄉族勢力為核心而逐步擴展起來的。最著名的是鄭芝龍海商集團。

為了得到地域勢力和鄉族勢力的強有力支持，鄭芝龍對自己的鄉族一直十分重視並給予充分的照顧。他刼掠海上，襲擊沿海及浙江、廣東各地，但他從不對泉州各地進行騷擾，對家鄉安平一帶的商人尤其給予特殊的優惠和保護，對當地的上層仕紳以及官吏、差役，也都盡力拉攏交結。網羅眾人作為爪牙和密探、窩主。他們又用小恩小惠來收買人心，做到投奔者來者不拒，願走者也不強留，這樣一來，官不敢擾盜而擾民，民不畏官而畏賊，賊不報怨而報德，一人作賊，一家人自喜從此無恙，若一姓人皆從賊，那麼該地方便可保證無憂患。

福建商人集團的發展，是商品經濟所致，但這些與商品經濟關係密切的海商集團，其成員絕大部分來自農村，他們身上幾乎保留著農民階級所固有的一些弱點，狹隘思想嚴重，鄉族觀念濃厚，這些弱點，使得明清福建的各個商人集團和局部商幫，都具有極強烈的排他性和割據性。在他們之間，互不信任，互相猜疑，往往進行著永無休止的互相傾軋和殘殺。這種仇殺最終導致了福建海商集團的減少或消失，使他們的勢力大為削弱，為封建政府提供了可乘之機。

乾隆年間，封建政府利用了海商的這一致命弱點，相互離間，造成海商集團彼此之間的傾軋和殘殺，最終達到不費多大軍力便全部消滅海商的目的。

鷸蚌相爭，漁人得利。封建政府是最後的贏家。

二 識時務者為俊傑

明代，福建海商、海盜集團互相傾軋、殘殺的現實，使一些福建商人意識到在國內海上經商的前景凶險。加之國內貿易市場已被眾多強大商幫所分割與占領，他們明白，要尋求商機和較穩定的經商生活，只有離開養育自己的熱土，去海外開闢新的天地。

這個過程是持續不斷的。

福建沿海居民移居海外，早在宋元時期就已出現，但是作為經常性的僑民遷徙，則始於明代。永樂年間，爪哇島上的杜板，其間多有中國廣東及漳州人。居住在舊港的華僑更多，「國人多是廣東、漳、泉州人，逃居此地。」當時爪哇國「人有三等，一等唐人，皆中國廣東及福建漳、泉州下海者，逃居於此」。

鄭和下西洋時，曾在福建召募大批熟練水手及各種工作人員，於是許多沿海居民報名應募，乘機隨船隊出國而久居不回。萬曆年間，汶萊島有許多華人居住，有不少是福建人跟隨鄭和來到此地後留居不返的。從這以後，隨著民間走私貿易的發展，福建居民移居海外的現象不斷增多。福建的商民如果要從事正常的商業貿易，會遇到許多困難，一是政府實行海禁，二是海商集團之間不斷傾軋殘殺，而且海寇劫掠商民，使許多願意從事正常貿易的商人只好離鄉背井，到海外發展。

明代後期，明政府批准福建巡撫涂澤民開放海禁的奏請，福建沿海居民到東南亞各國貿易謀生或者定居更為方便。

福建人開始大規模的海外流動。

一六〇五年，福建移民乘坐十八艘帆船赴菲律賓，共計五千五百人。

一六〇六年，福建移民六千五百三十三人乘坐二十五艘帆船到菲律賓。

十七世紀初，中國沿海福建居民到呂宋經商貿易的達數萬人。

一六二七年，印尼巴達維亞城的華僑達到三千五百人，其中多數為福建漳、泉州兩府的移民。

福建商人往海外遷徙，是為了尋求好的經商場所，只要有生意可做，便冒著風險，遠涉重洋前去經商。南洋諸國和日本是他們的主要徙居地，台灣更是他們大規模移民的目標。

當明末鄭芝龍海商集團控制海上貿易大權之時，就曾一度以台灣為據點，不斷向台灣移居閩南一帶的居民。這些人為台灣島的早期開發作出了貢獻。鄭成功收復台灣後，其部屬包括軍隊和商隊，幾乎全部移居台灣，從而又使台灣的開發，進入了一個高潮。

到了清代道光年間，台灣全島的人口數量已達二百餘萬人，其中大多數為福建漳、泉二府人，致使現在台灣通行的方言，也是漳、泉二府通用的「閩南話」，而漳、泉二府恰恰正是明清兩代福建海商最為集中的地區。台灣的開發和人民的移居是與明清兩代福建商幫的商業活動與移民活動密切相關的。台灣的開發，福建商民居功厥偉。

明清時期大量移居海外的福建商民，大都與故鄉保持著較為親密的聯繫，許多人把大量的財富匯寄回家，對家人的婚喪大事、家鄉社會公益事業給予資金上的支持，他們在國外定居，仍然保持著鄉族固有的傳統和觀念。他們的牢固鄉族觀念使他們念念不忘故鄉的親族戚友和故鄉。隨著近代社會的發展，許多福建華僑也積極地在故鄉從事工業、農業、商業等資本主義企業性質的投資，並且為故鄉的文化教育、醫藥衛生等事業作出一定的貢獻。

福建商幫中的部分商人在南洋和台灣經商成功，說明了在經商中見識占有何等重要的地位。

假如福建海商海盜集團互相殘殺，同歸於盡；

假如福建商幫勉強擠進國內市場，在各大商幫的夾縫中生存；

福建商幫一定會很快衰亡。

福建商幫在困境能獨闢蹊徑，保留了一脈支系，而不致像晉商、徽商一樣徹底從中國舞台上消失，靠的就是「識時務」。

所以說；識時務者為俊傑。

三　知人與善任

晉商的許多商號和票號，都是聘任他人來作經理（俗稱掌櫃），並且放手讓這些掌櫃們去處理商務事宜。

要說「用人不疑」和「知人善任」，晉商可以說是當之無愧。

但晉商並不是只當蹺腳老闆整天玩樂，也不是在家高枕無憂飽食終日。

他們制訂了商號號規、票號號規和經理負責制。

這是晉幫的一個創舉，他們可以靜候別人幫他們發財。

晉幫是一個表面憨厚內心狡獪的商幫。在商業經營上頗有頭腦。這個商幫在長期經商過程中，充分意識到經營管理制度化的重要性。並把經營管理制度化作為發現人才、培養人手的一個重要途徑。

入清後，晉幫商人由於商號、工作人員猛增，為了保證業務的順利進行，逐漸建立和健全了一些經營管理制度。特別是經理負責制和學徒制，很有特色，對於晉幫商人的發展產生了一定作用。

晉幫在各大商幫中最先實行經理負責制。這個制度的實施，並非是晉幫商人的發明，而是晉幫商人文化水準低，不能適應商號、票號這類較有技術性的商業經營管理。在全國各大商幫中，晉商是文化水準最低者之一，這主要是因為晉幫商人是普遍棄學經商的緣故。

晉商實行經理負責制，在一定程度彌補了自己文化較低這一先天不足的缺憾。由內行管理，比他們自己管理還放心。

經理負責制，是由財東出面聘任經理，財東將商號資本全部交付所聘經理，便不再過問號事，靜候年終營業報告。而經理則有權決定商號內平時之營業方針，財東既不預定方針於前，也不施其監督於後。經理在商號內有無上權力，但同人有建議權，大夥友對小事也可便宜行事，但大事必須經理決定。逢來帳期（三五年不等），經理須向財東報告商號商業盈虧情況。一個帳期結束，這位經理是否繼續聘用，則由財東裁定。

實踐證明，經理負責制是晉幫的一個成功創舉。

學徒制意在培養人才，是晉幫商人很重視的一項制度。這是晉商為了確保自己事業接班人和商業競爭力而特意設創的制度。這項制度對人才的培養是全面的，是傳統道德觀念與商業才幹相結合的產物。凡學徒須由親友介紹並取得保人，經面試後方可進號，入號時均稱「請進」，表示是人才之請入，前途不可限量。入號後，總號派年資較深者擔任教師，負責對學徒的培育。培育內容包括兩個方面：一是業務技術，主要有打算盤、習字、學外語、熟悉商品性能和業務知識，抄錄信稿、寫信、記帳等；一是職業道德，主要有重信義，除虛偽，節情欲，敦品行，貴忠誠，鄙利己，奉博愛，薄嫉恨，喜辛苦，戒奢華等。學徒期間只管飯食，歲末給一些衣物和少量錢。學徒期滿進行實際考察，然後根據才德使用。考察的具體辦法是：派遠行辦事，以觀其志向和毅力；留在總號經理跟前辦事，以觀其是否恭敬；派辦煩難之事，以觀其能力如何；派辦財務之事，以觀其是否忠誠；使用期間兩年不得返籍探親，以觀其能否遵守制度；派往繁華商埠，以觀其是否迷戀聲色等等。由於學徒制執行很嚴格，為晉商培養了許多經營人才，有不少學徒經過夥計、頂生意階段，升為副經理、經理，成為晉幫商人的骨幹力量。學徒制的實施為晉商大規模開設票號、商號，分設各地的分號，提供了大量人才，使得晉幫商號、票號一直都是人才濟濟，為商業競爭奠定了基礎。

此外，商號號規的建立，也是晉幫商人在經營管理制度上的一項創舉。商號號規的建立是晉商經營管理趨於正規化、制度化的一項措施，使晉商在經營管理方面走在徽幫和其他商幫的前頭。各商號號規並不完全一致，但無論經理、夥計，以至學徒均須遵守。其內容大體都是關於分號之間關係、業務經營原則、對工作人員的要求等方面。下面是光緒十年（一八八四），大德通票號號規的部分內容：

（一）在各分號之間，規定雖以結帳盈虧定功過，但也要具體分析，如果本處獲利，別的分號未受其害者，可以為功；如果只顧本處獲利，不顧其他分號利益，甚至造成損害者，則另當別論。

（二）在業務經營上，規定買空賣空，大干號禁，倘有犯者，立刻出號。強調生意之中，以通有無，權其貴賤為經營方針。

（三）對於工作人員，規定凡分號經理，務須盡心號事，不得懈怠偷安，恣意奢華；凡一般工作人員，強調和衷為貴，職務高者，對下要寬容愛護，慎勿偏袒；職務低者，也應體量自重，不得放肆。

（四）嚴禁陋習。規定不論何人，吃食鴉片，均干號禁。前已染此弊者，責令悔改，今後再有犯其病者，依號規分別處理。各分號難免有賭錢之風，今後不管平時過節，鋪裡鋪外，老少人等，一概不准，犯者出號。遊娼戲局者，雖是偶蹈覆轍，亦須及早結出，刻不容緩，嚴之禁之。

知人還須善任。這是晉幫商人一項寶貴經驗，也是晉幫能夠在商場叱咤風雲一個重要原因。

四 擋不住的洋錢

銀元寶和銀元，都是銀質。

一是國粹，中國人的傳統貨幣。

一是洋錢，外國輸入中國的錢幣。

在清代，在廣東，洋錢打敗了中國錢。市面上洋錢盛行，大商小販無不以洋錢作交易。銀元寶、銀兩被洋銀元取代的原因是什麼？

這種現象預示著什麼？

一八八三年，兩廣總督盧坤緊急上奏說：「伏查洋銀一項，來自夷船，……是以東南沿海各省市廛通行，而粵東為夷人貿易之所，行用尤廣，大商小販，無不以洋錢交易。」

在大清國度裡，竟然使用洋錢作交易。這豈不是藐視堂堂的大清國嗎？

清政府覺得事態的發展後果堪憂，於是相繼在道光二年（一八二二）、八年（一八二八）、十六年（一八三六）、二十年（一八四〇），多次頒布禁行洋錢、夷錢之諭。

禁令不斷發出，但實際效果又如何呢？

嘉慶十二年（一八〇七）兩廣總督吳熊光等上奏：「省會及佛山鎮五方雜處，貿易皆以洋銀，遂流行全省。……甚至民間行使，必須先將紋銀兌換洋錢，再將洋錢兌換制錢使用。」這說明銀元已取得本位貨幣的地位。銀元流通的規模越來越大，在廣東，已經深入到每一經濟領域。

外國銀元最初進入中國，是迫不得已的。

開海貿易以後，以絲、茶、陶瓷和其他手工業產品為主要出口商品的中國外貿一直處於出超地位，外商不得不大量輸入硬通貨銀元交換中國商品，英國人士馬士認為「在整個十八世紀中，向廣州輸入的主要是銀元，貨幣不過是補助性質而已」。乾隆二十二年（一七五七）後，清政府關閉閩、江、浙三關，廣州成為當時中國唯一的通商口岸，在銀元大量進口的潮流中廣東首當其衝，成為全國銀元流通最普遍的地區。據有關資料統計，一七〇〇至一八三〇年的一百三十年間，廣州一個海關口的銀元輸入量在四億元左右。這麼多外國銀元的流入，對中國的貨幣制度構成了一種威脅，乾隆以後，廣東成為銀元流通最早最廣泛的地區，即所謂「洋銀行用情形，各省本不相同。其始用於粵、閩、浙，次乃及於江、浙」。

外國銀元最先是廣東商幫開始使用的。他們發現使用銀元作流通貨幣有兩大優點。

首先是銀元使用簡單、計算方便，便於人們結帳付款。與銀兩比較，銀元最大的優點是計數而不計量。銀兩是一種計量貨幣，沒有固定的成色、形制，流通很不方便。就成色來說，清代的紋銀只是一種全國性假定的標準銀，實際流通的銀兩是寶銀，其成色很不統一，有足寶、二四寶、二五寶、二六寶、二七寶等等名目。就重量說，當時全國各地都有各自的銀兩計量單位（叫「平」），最常用的是庫平、漕平、司馬平、關平、公平等。而使用銀兩每次得化驗成色，稱測重量，交易十分不便。相比之下，銀元有基本的確定成色、重量，使用以枚計值，交易方便。使用銀元這種貨幣對推動商品經濟發展無疑有巨大作用。

其次是銀元分量不重，便於攜帶。

而制錢雖然以枚計值，但價值太低，不便攜帶，亦無法適應大宗和長途貿易的需要。且清政府歷來用制錢增減重量的辦法來調節銀錢比價，從順治到道光，大規模減制錢重量的行動共十四次，制錢最輕的每個五分，最重的為每個一錢四分，相差幾乎三倍。加上「私錢」、「古錢」盛行，民間通用制錢品種繁雜，十分混亂。與此相比，銀元價值大，便於攜帶，形制也比較一致，其優點是十分明顯的。

洋錢在中國的出現，便已顯露出資本主義生產方式和商品經濟的優越性。洋錢最終的盛行，是符合客觀經濟規律的。

兩廣總督吳熊光認為貿易須先將紋銀兌換洋錢，再將洋錢兌換制錢使用，只是一廂情願的作法。放著比銀面、制錢使用方便得多的洋錢不用，而去用幣值低、數量多、又沈重的制錢，肯定是不現實的。

洋錢在廣東普遍流行，表面上看是廣東制錢供應不足，缺少鑄錢的主要原料銅（官方理由），實際上是中國貨幣商品經濟的發展與封建經濟不相適應的一種必然結果。

洋錢取代了中國傳統使用的銀元寶、銀兩和銅制錢，預示了中國封建社會經濟危機的到來。

光緒中葉，中國的貨幣制度開始了一場空前的變革。這次貨幣制度的改革正是從廣東開始的，中國第一個近代機器造幣廠於光緒十三年（一八八七）後在廣東建立，「吾國機器鑄造制錢及銀元銅元均創製於粵省」。以後中央和各省又紛紛用機器鑄造銀元和銅元，中國歷史上長期使用銀兩作為計量貨幣的時代結束，標誌著中國封建社會貨幣制度總崩潰的到來。

五 相輔相成的典範

寧波商幫中有許多富商，他們是靠本商幫的錢莊、票號提供的借貸而致富的。

寧波商幫中經營錢莊業的商人又因本商幫商人資金的通兌流通和支持而獲得厚利。

他們的利益休戚相關，他們是相輔相成的典範。

青睞錢莊的商幫

寧波商幫特別青睞錢莊業，他們對錢莊業的重要性有足夠的認識。沙船販運業和輪船航運業的發展為寧波商幫的崛起和積聚起巨額資本提供了條件，他們經營錢莊業也就成為順理成章的事了。

寧波商幫中的巨商沒有不經營金融業的，最初他們都經營錢莊，或者投資錢莊業。最初涉及金融業的寧波商人是慈溪人嚴信厚，他曾憑藉李鴻章的權勢以及胡雪巖的資產，設立源豐潤票號，經營國內匯兌業務。當時商業使用的幣制複雜，各地使用銀兩成色互不相同。匯兌行市任憑票號操縱；加上交通阻滯，票號所出匯票，往往隔了幾個月持票人才來兌現。源豐潤票號藉此得獲厚利，嚴信厚也藉此而成巨富。嚴信厚還曾以候補道的身分，被委派任上海道道庫惠通官銀號經理，掌管上海道進出公款。

寧波富商凡是能在商界中嶄露頭角的，絕大多數是經營錢莊、銀行的。他們經營錢莊、銀行自己從中獲取了大量商業利潤，同時又為寧波商幫的發展作出了自己的巨大貢獻。

寧波商幫中有許多人從事的是獲利豐厚而又冒險的行業，這類獲利豐厚的商業行業，特別是需要巨額資本的沙船販運業、進出口貿易、銀樓業、房地產業等行業，往往有賴於錢莊、銀行的貸款才能營運。

寧波商幫投資和經營錢莊、銀行業，為本幫商人的經營活動提供了許多的方便和機會。事實上，寧波商幫的商業經營規模迅速擴大，的確是同它得到錢莊、銀行大力支持，商業資金調度靈活分不開的。寧波幫巨商李也亭當初經營沙船業，從事南北貨貿易，就是得力於錢莊跑街趙樸齋的幫助。趙經常貸給巨額款項，使李有充裕營運資金，沙船貨運規模越來越大，遂致巨富。他深感錢莊的重要性，投巨資親自躋身於錢莊業。近代銀行出現後，由寧波籍人士掌權的銀行，對寧波商人借款都予特殊照顧。這些資金貸款和利息的照顧，貸款時間的寬限，使寧波商人從中受益不小。正因為寧波商幫重視經營錢莊、銀行業，商業與金融業緊密結合相互為用，使寧波商幫在商業角逐中占有強大的資金優勢，經濟實力不斷壯大，終於稱雄商界。多錢善賈和多錢善用是寧波商幫的致勝武器。

和衷共濟、相輔相成，構成了寧波商幫經商中的一條風景線。

六 智慧經商

經商需要動腦筋，經商需要智慧。

不動腦筋，不去了解經商的規律，不去了解市場需求，就會事與願違。

每一個商界成功人士，都是智慧經商的實例。

山東商人劉滋世是一個智慧經商的典型。

他年輕時生病，因為家貧請不起醫生，並因此而負債累累，他便暗下決心，今後一定要掙許多錢，徹底改變這種困窘的生活。

有一年，天大旱，當地群眾饑饉難以度日，劉滋世變賣了祖先留下的僅有財產，償還了債務，身邊只剩下不多的一點錢。他的家鄉翼州是一個鹼鹵之地，可以煮鹽。當地人因天旱無法度日，大家都湧去熬土煮鹽。鹽價一下垮了下來，較往常便宜十倍。劉滋世見有利可圖，將手中的錢全部買成鹽，並用茅草把鹽遮蔽蓋好。第二年，翼州又發生水災，郡內缺鹽，劉滋世拿出自己所貯存的鹽，利用災荒缺鹽，高價賣給市民，所獲利是原價的十倍。劉滋世並未滿足，他又想到：「大旱以後，必有大水，大水之後，歲將穩矣」這樣的一種可能性。根據這種邏輯推理，他又到河南小麥豐產區，賤價收購了大量小麥，雇用工人運回翼州。當年翼州人種小麥時，當地人缺麥種，劉滋世又高價將麥子賣出去，從中獲利千餘金。從此之後，劉家因經商而發家致富。

近代智慧經商比較典型的例子還有寧波商人鄔挺生和黃楚九經營煙草業的成功事例。

英美煙草公司曾壟斷中國卷煙市場達半個世紀之久。寧波商人鄔挺生長期充任這家公司買辦。他積極與各方交際聯絡，為公司打通關節，擴大業務，公司很滿意，曾出錢為他捐了一個候補道的官銜，便於他出入官府，交結顯貴，利用上層人士擴大產品影響。鄔挺生用公司的錢來為自己樹立形象。他每次出門辦事，總在豪華飯店宴請賓客，當時北方上層社會無人不曉「鄔大人」的大名，因而每逢英美煙草公司新牌捲煙上市，總有一批人替他捧場推銷。鄔挺生利用自己在捲煙業的聲望，和作買辦集聚的資金，積極準備籌組自己的煙草公司。

後來，他離開英美煙草公司，立即被南洋兄弟煙草公司聘為營業部經理，並把他在英美煙草公司的一班人馬引進南洋公司。此後，鄔挺生還組建了中華煙草公司，開辦許昌煙葉公司，專做煙草生意，生意非常興隆。寧波商人黃楚九以西藥業起家後，也經營捲煙業，他一九一七年曾辦了一家大昌煙草公司。黃楚九善於推銷，他在廣告宣傳中出奇兵，利用人們好奇的心理來吸引人們對他公司產品的注意。一天，上海各大報第一版上同時刊登有一只套紅的「大紅蛋」，既無標題也無說明，人們甚感好奇。兩天後，才知道這是大昌煙草公司為「小囡牌」香煙問世而大送「紅蛋」。黃楚九還利用他開設的大世界遊藝場，凡購大世界門票的，隨票送「小囡牌」香煙試吸，遊客人手一支，使「小囡牌」香煙不脛而走，風行一時。當時稱霸煙業市場的英美煙草公司洋老闆深感這是競爭勁敵，以二十萬元代價，向黃買下了「小囡牌」香煙的商標和製造權，數年後，黃楚九又另設福昌煙草公司，出品「至尊」牌香煙，同樣大登廣告，銷路也好。

寧波商人智慧經商的事例舉不勝舉。

智慧經商是商人在商界取得成功的最佳運作方式，是較實力經商更高層的手段。現代人智慧經商的典型，要數在香港創業致富的中國商人。在他們身上，集中體現了寧波商幫的膽識魄力和精明。

我們來看一看他們是如何智慧經商的。

香港的兩位「世界船王」都是寧波幫商人。

已故「世界船王」董浩雲是定海人，一九三三年在上海創辦了中國航運信託公司，一九四五年後活動基地移向香港。他看準了當時的形勢，認為遭受第二次世界大戰的破壞，必然導致全球性大船荒，於是他立即於一九四八年創辦復興航業股份有限公司，組成龐大的船隊，橫渡大西洋、印度洋，環航太平洋，來往於美國、加拿大、英國、法國與拉丁美洲各國之間，利用二戰之後各國百廢待興、百業待新的局面，長途販運從中謀得巨額利潤。他的集團到七、八〇年代共有船一百四十九艘，載重總量為一千二百萬噸，是世界七大船王之一。他的航運總公司——金山輪船公司總部設在香港，並在東京、新加坡、倫敦、紐約、巴西等地設分支機構。

另一位「世界船王」包玉剛也是寧波人。一九四六年曾任上海銀行副總經理兼任業務部經理。一九四九年全家移居香港，從事進出口貿易。他通觀世界經濟政治形勢，認為香港雖然是彈丸之地，然海洋無限廣闊，發展航運大有可為，於是一九五五年轉營航運業。最後他的環球航運集團的船隊發展為有輪船二百一十艘，二千一百萬噸，擁有二十家子公司的大集團，成為香港十大財團之一。

應該說，香港的兩位「世界船王」的戰略眼光是非凡的。

香港著名實業家王寬誠和邱德根也是寧波幫商人。鄞縣人王寬誠，一九三七年在上海開設維大華麵粉行，經銷加拿大等國所產高檔麵粉，曾以服務態度和價格優勢壓倒天津洋行的福壽牌麵粉。一九四七年遷居香港。當時香港經濟風雨飄搖，有些企業家離港另覓樂園。但他眼光敏銳，透過國際形勢風雲，看到香港不久將趨向繁榮，人口劇增的前景，果斷地把資金投向當時香港最不景氣的房地產業。他以低廉地價買進北角和糖水道西邊大片地皮，建造高樓大廈和住宅公寓，以備出售。並創立維大洋行有限公司、幸福企業有限公司等數十家公司，經營地產、建築、船務、國際貿易、百貨、食品、木材加工等業務。這些公司業務發達資金雄厚，商務活動擴展到美國、加拿大等地。他的總資產上億萬，成為香港三十位首富之一，理所當然地被選為香港中華總商會永遠榮譽會長。

應該說，王寬誠的經營策略是第一流的。

曾獲「美國成就學會」金牌獎的香港娛樂業鉅子邱德根，也是寧波人。他一九四八年初到香港時在荃灣開設戲劇院和遠東銀行，一九六二年承辦香港最大的遊樂場——荔園。在此之前，各國辦遊樂場，往往脫不出美國迪士尼的框框，而邱德根辦荔園遊樂場卻匠心獨運，不落舊套，建築宋城，以古代名畫《清明上河圖》為藍本，在香港再現一千年前汴京的繁榮景象。宋城建築仿古逼真，各色古裝人物扮相酷似，使人身臨其境，宛若回到千年故都，給遊客帶來一種全新的感受，因而大受遊客歡迎。宋城也因此名聲大振，成為香港的著名觀光場所。近幾年，他又以遠東銀行為主體，投資於遠東發展公司、遠東酒店，形成涉及麵粉、地產、倉庫、電影、電視、旅遊、服裝等行業的多元化企業集團——遠東企業集團，成為香港的億萬富豪。

應該說，邱德根的商業經營思路是一流的。

美籍華人中的寧波商幫後裔，許多人繼承父兄的家業和財產，同時也繼承了寧波商幫的智慧。

寧波人應行久，是美國「大中集團」創辦人，美國華人十大財團之一。他一九四六年在上海開設合眾汽車公司、立人汽車公司，經營美國通用汽車公司出品的汽車。一九四七年移居美國，初在紐約市最繁華的時代廣場租店銷售東方禮品。一九七三年，他聽說世界博覽會即將在紐約舉行，意識到這是一個商業機會，便當機立斷，買下紐約市世界貿易中心（當時全球最高大廈）第一百零七層摩天大樓頂層，精心設計，開辦了一家富麗堂皇的禮品公司。那些前往紐約的遊客，大都要登臨這座舉世聞名的摩天大樓頂層。他們在飽覽紐約的風光之餘，少不得選購禮品，留作紀念，這次世界博覽會，使應行久賺了一大筆錢。一九八二年美國田納西州和一九八六年加拿大溫哥華這兩次世界博覽會，他都獲得厚利。

善於選擇商業時機，這又是應行久超人一籌的商業見識。

商場是一個最需要智慧的場所，俗話說：「沒有金剛鑽，別攬瓷器活。」同樣道理，沒有智慧，就別去經商。否則你在哪一天被別人賣了，都還不知道自己被賣的原因。

七、人心齊，泰山移

在外經商，要遇到許多困難和挫折，中國四川有句俗語：「在家千日好，出門好丁丁（一點點的意思）。」就是這個意思。

商人要結成商幫，就是為了克服困難，大家同舟共濟，共享利益。

中國商幫中的一些經商事例，再次說明了中國這句古話：

「人心齊，泰山移」。

徽商是一個宗族和地域性極強的商幫，他們與別的商幫有矛盾，常常能齊心協力，一致對外。例如：

明末南京典鋪約有五百家，大都是福建、徽州兩幫開設的。福建幫本小利重，一般取息高達三四分。徽幫商人取得共識，一齊行動，憑恃其雄厚財力，降低利息率，取息一二分，至多不過三分，結果使福建幫遭人忌恨，徽州幫卻博得了「有益於貧民」的聲譽，並奪取了大部分典當生意。

寧波商幫是一個內聚力很強的商幫。這個商幫依靠同鄉扶助這一約定俗成的鐵的規則，在商戰中，大家團結一致，同心協力，維護本幫的商業利益，有幾個很典型的事例。

事例之一：

一九〇九年寧紹商人虞洽卿、朱葆三等集資創辦寧紹商輪公司，以與英商太古公司和法華合資的東方公司相抗衡。當時，各輪船航運公司的票價競爭十分激烈。為了招攬和吸引顧客，保持一定的客源，寧紹輪一開航，就在船上掛牌「立永洋五角」，表示永不漲價。這使太古輪乘客銳減，有時甚至放空船。太古輪自恃資本雄厚，把票價從一元降到三角，以圖壓垮寧紹輪，還以贈送毛巾、肥皂招攬乘客，東方輪也如法炮製。這樣一來就使得資金不夠雄厚的寧紹輪處於困境。在寧紹輪虧損日甚，瀕臨困境的情況下，寧波旅滬同鄉會發動全體寧波同鄉集資，組織「寧紹公司航業維持會」，補貼寧紹公司虧損。航業維持會一共給寧紹公司十餘萬元的補貼，使寧紹公司在與外輪競爭中終於獲勝，迫使英商共同協議統一滬甬線航輪票價。沒有全體寧波同鄉的大力支持，沒有寧波商幫作堅強後盾，要反敗為勝是不可能的。

事例之二：

一八七〇年寧波商人張尊三應聘到日本函館，當萬順海產號的司帳，後來自設德新海產號（後稱裕源成），由於經營有方，業務十分發達。當時，日本北海道函館對國外開放，我國商人相繼赴日經商，逐漸控制了北海道的海產貿易市場。日本開拓使為扶植日商，曾設立廣業商會，以控制海產品貨源，排擠華僑商人。張尊三為了維護華僑商人的自身利益，便聯絡華僑商人，抵制日方企圖控制海產品資源的目的。他率僑商親往漁場，直接向漁民收購海產品，開闢新的進貨渠道，降低成本，增強競爭能力。張還向日本漁民傳授魚翅加工技術，將他們原來廢棄的鯊鰭加工成美味的魚翅，並向他們預約收購銷售中國。此後，加工魚翅成為北海道漁民的生財之道，張和僑商也得到漁民的友好合作。正因為張尊三對中日貿易的發展作出了開拓性的貢獻，一八八五年被僑胞擁戴為函館華商董事（即理事長），一九一六年日本天皇還為他頒授藍綬褒章。張的子女大都在日本函館經營海味業，形成了張氏家族集團。一九一四年，北海道向上海輸出的海產品總額約二百二十萬日元，其中張氏家族集團占六〇%。

張尊三們的團結在這場鬥爭中具有決定性的作用，他們妥善的鬥爭策略是取得勝利的一個主要原因。

事例之三：

一九二六年美商美最時洋行經營的長江貨輪自恃是外輪，洋行資金又雄厚，以為可以控制運價，便任意提高運價。由寧波商幫主持的雜糧行志成堂見狀，聯合漢口、九江、安慶、蕪湖、南京、上海等地同業，拒絕用美最時洋行輪船裝運貨物。美最時洋行的貨船空載往返，虧損甚多，不得已向志成堂表示，「以後增加運費時，先與志成堂協商」。

曾幾何時，氣勢洶洶的美商，以為自己資本雄厚，可以為所欲為，但在以寧波商幫為首的中國商界的抵制下，只能乖乖地低下頭來妥協了事。

寧波商幫正是依靠「人心齊，泰山移」，才能以很短的時間在海外崛起，成為中國海外僑商的中堅力量。

第十三章

商幫的流風餘韻

中國歷史舞台上喧囂一時的各大商幫最終歸復於平靜。它們在走完自己的歷史軌跡之後，只為歷史留下一片空白。徽幫、晉幫、陜幫、山東幫、龍游幫、江西幫帶著他們昔日的輝煌，倏然遠去，無影無蹤，只留下空谷回音。

福建幫、廣東幫、洞庭幫在困境中慢慢消失，但他們的精神和傳統卻在海外得到保留。他們是枯木逢春，在海外，枯樹上開出新花，流風餘韻，連綿不絕。

寧波幫戰勝了自我，也就戰勝了困境。他們是碩果僅存的商幫，這個商幫的歷史舞台也從大陸轉移到了海外，他們還在意氣風發的進行商業拚搏，商幫的血液和精神正激勵著他們去進行新的事業。

中國商幫的「空谷回音」與「流風餘韻」，是我們今天較為熟悉之事。無庸置疑，從這些流風餘韻之中我們能夠悟出些什麼啟迪與開悟，永遠都伴隨著我們。

一　寧波商幫的集大成者——包玉剛

一九四九年，上海灘。

一艘即將啟航的輪船拉著汽笛，船上的人和船下送行的人哭喊著，彷彿生離死別。一位年輕的紳士，西裝革履，站在船頭，漠然地注視著前方，眼邊的人群喧鬧聲似乎與他無關，他有些沈重的心情只有在輪船啟錨離港後才稍微變得輕鬆一些。

他和全家將前往香港。離開了熟悉的上海，到香港那個陌生的地方，今後前途如何，他心裡實在難以平靜。

這位年輕紳士就是曾任上海銀行副總經理兼業務部經理的包玉剛。

當時他還沒有多大的名氣。

包玉剛在香港最初從事進出口貿易。很快他就將注意力轉移到海上運輸業上。他認為香港雖是彈丸之地，然而海洋無限廣闊，發展海洋航運大有可為。

一九五五年，包玉剛用七十五萬美元買下了一艘載重八千七百噸的老式燒煤貨船，開始經營海上運輸業。

包玉剛的運輸業和他的主要財源支柱——香港銀行的業務齊頭並進。他不管什麼國家，也不管那些國家是什麼政治制度，他都與之做生意。

包玉剛實施了他的大膽計劃，「負債經營」。他將買來的第一艘船作抵押，借錢買了第二艘船，然後又用第二艘船作抵押，借錢買了第三艘船。此種「負債經營」，要有膽略，且要謹慎，這種連環式的買船，風險太大。但正是敢冒這種風險，顯示了包玉剛的才識膽略過人之處。

包玉剛在「負債經營」的風險中，一步一步均走得非常穩健。他是以低租金、長期限合同，將船租給信譽卓著的大租戶，憑租船的合同和將船抵押向銀行貸款，增購船隻擴充船隊。他的船隊在穩步擴大。

一九六七年，他組織了環球航運集團。

一九七八年包玉剛的船隊總噸位達到一千八百萬噸，超過蘇聯全部海運商船的總和。他登上了「世界船王」的寶座，被譽為「東方的歐納西斯」。

一九八一年，環球航運集團的船隊已發展到二百一十艘，二千一百萬噸位，榮居世界之冠。

環球航運集團除了在香港設總公司外，還在百慕達、東京、倫敦、紐約、里約熱內盧、新加坡等地設立了二十家子公司或代理公司。

包玉剛的事業正處在顛峰。

「船就是他的兒女。」這是他企業裡眾人流傳的一句名言。這句話的確不假。包玉剛為四個女兒起名時也是像為他的船舶命名一樣，按照字母的順序排列下來。當然，他的船數量早已超過了字母表的數量。

包玉剛不是沾沾自喜的人。他再一次顯示出他過人的見識和膽略。

在八〇年代初，他預感到兩伊戰爭必然會造成石油價格下跌，而石油價格下跌又必然會影響到油輪的運輸。他敏銳地意識到海上航運可能會出現低潮、不景氣的現象。

他抽出資金，投資到香港地下鐵路和隧道，並親自擔任香港隧道公司主席。同時他預計房地產也是一個有升值潛力的行業，也抽出部分資金投入到香港的碼頭設施和港口倉庫等建設。以後，他又以大量資本投入國泰和港龍航空公司，親自出任這兩家公司的董事長。實踐證明，包玉剛的做法是正確的。香港地鐵隧道和國泰港龍航空公司，都獲得了極大的成功。他的由海而陸，由陸而空，真是「失之東隅，收之桑榆」。他所投資的港口倉庫和碼頭建設也因為香港房地產迅速升值而獲得厚利。

有著超前眼光，包玉剛集團成為香港十大財團之一。

包玉剛是寧波商幫中的傑出代表。

他的一個女婿，奧地利人赫爾穆特・索默說，「他有一種非凡的集中精力的本領，只需五分鐘，他就可以決定一項人員任免事項。再用五分鐘又可以處理一件複雜的工程問題。再過五分鐘，又可以簽定一項巨額的保險合同。」

包玉剛這些長處，正是寧波商人們所具有的特質表現。

二 晉幫的最後輝煌——孔祥熙

一八八〇年，山西太谷縣城西程家莊。一天，孔繁慈正躺在鴉片館裡吞雲吐霧、快活似神仙時，忽然有人跑進來，叫他，「快快，你老婆生孩子了，是個小子！」孔繁慈正在過癮，聽到來人催促，大發脾氣，「鬧什麼！你沒看見我正忙著嘛！」竟然又倒下頭去，繼續他的「神仙日子」。

孔祥熙就這樣來到了人間。

孔祥熙的父親孔繁慈，棄儒經商，是晉幫商人中的一員。他與晉中許多晉商一樣，染上了「阿吳蓉」，整日吸食煙片，面色黧黑，家業已被毀掉大半。

孔祥熙三歲時，母親去世。六、七歲的他蓬頭垢面地和村裡的孩子到太谷城拾煤渣，因為家業已完全被其父孔繁慈蹬踏完了。

誰也不會料到，這個窮小子日後竟然做到蔣家王朝的「財神」。

孔祥熙的人生轉機是在他被美國人開的教會醫院治好重病之後，他皈依基督教，並在教會學校讀書。

於是，他開始一路順風。

一八九六年，孔祥熙轉到北京的協和書院（燕京大學前身），沒等畢業，就被清政府選送到美國留學，他在俄亥俄州的奧柏林大學畢業後，又進入耶魯大學攻讀經濟學，一九〇七年他獲得經濟學碩士學位。

孔祥熙躊躇滿志地留學歸來，在家鄉太谷縣辦了一所銘賢學校，自任校長，教了一陣書以後，覺得沒有什麼出路，於是又仿效其父棄教經商，成立了一個祥記公司，專門包銷美孚火油。

孔祥熙從小是在商號當鋪的環境中長大的，其父經商又為他對商人提供了感性認識，他出洋留學，又專攻經濟，因此，在經商才幹上，他是「青出於藍而勝於藍」，其父不能望其項背。

孔祥熙利用教會關係和自己熟稔英語的有利條件，常和美國僑民、商人來往，並結識了美國使館和商務參贊，與其打得火熱，他與美國人交往，自然是有他的目的。

孔祥熙一直不滿足火油生意所帶來的不高利益，一心想尋覓高額利潤的行業，在這一點上，他與晉幫作風完全是一脈相承的。

一次，美國商務參贊告訴他，美國急需收購鐵砂製造軍火以供應歐洲戰場。孔祥熙聞訊，星夜趕回山西太原，動員人力大量收購鐵砂，每噸他付銀元一元，裝上火車運到天津交貨，美國給他的收購價是美金一元，轉手之間便獲利一倍多。

孔祥熙利用手中有錢，開始大展身手，進軍有厚利的行業。他在上海、天津大做房地產生意，並在上海成立了中華書局、上海商業儲蓄銀行，開始他迅速致富的商業生涯。

孔祥熙在成為閻錫山的經濟顧問和密友之後，為反對袁世凱稱帝，他離開中國，加入東渡日本的「自由主義者聯盟」。

在日本橫濱，他結識了孫中山的私人秘書、宋嘉樹的大女兒宋靄齡。認識宋靄齡並與她結婚，這是孔祥熙一生中的第二次命運轉機。

孔祥熙與宋氏家族聯姻，也就與蔣介石的結識和聯姻作好了準備。通過聯姻，蔣、宋、孔三大家族形成了牢不可破的「神聖同盟」。

孔祥熙也就成為舊中國最大的「官商」。

一九三三年四月，孔祥熙被任命為中央銀行總裁。

一九三五年十一月，孔祥熙擔任行政院副院長兼財政部長。

孔祥熙上台後，利用手中的職權，採用各種手段，首先控制了中國四大銀行：中國銀行、中央銀行、交通銀行、農業銀行，設立了中央信託局和郵政儲金匯業局，形成了「四行兩局」的格局。並接收和創辦了中國實業銀行、中國國貨銀行、四明銀行、山西裕華銀行、祥記商行、慶記商行、揚子建業公司、嘉陵企業公司、利威汽車公司等。

孔祥熙財政大權、金融大權、經濟大權在握，依仗著蔣、宋、孔三大家族的「聯盟」，為所欲為，亦官亦商，大發橫財。他採用白銀國有、發行法幣、外匯管理、公債投機、購買軍火、出售黃金等手法，大肆聚斂資產。他的私人財產在中國首屈一指。

舊中國流傳著這麼一句諺語：

「蔣家天下陳家黨，宋氏兄妹孔家財」。孔祥熙在任財政部長十年期間，自己的私有資產就達十億美元，他到底有多少錢，誰也無法知道。

依仗政府，亦官亦商，孔祥熙的一生，正是晉幫商人努力追求實踐的一種再現，他追求高額和超高額利潤的做法與其先輩們是如出一轍。

二 福建商幫異地而興——王永慶

一九八八年七月七日，美國《富比士》雜誌將全球富翁情況作了一個公布：在全球擁有十億美元以上資產的富翁中，王永慶以四十億美元資產居第十六名，在台灣入榜的四人中，王永慶居第二名。

王永慶，赫赫有名的台塑集團創始人。一個令福建人驕傲的工業鉅子。

十九世紀四〇年代，福建安溪縣金田鄉的一位四十歲左右的婦女，攜帶兒子和兒媳，離開了家鄉，乘船漂渡到台灣新店，這位婦女就是王永慶的高祖母許雪娘。

王永慶祖輩在福建泉州安溪是以種茶、販茶維生，是福建商幫中的小商販。王永慶高祖父去世後，家境日益窘迫。當時正值福建人遷徙海外的熱潮，高祖母便率全家遷到了台灣謀求新的生機。

到了王永慶這一代，王家的生活更加困難，父親長年臥病在床，一家人的生活全靠他母親維持。王永慶十五歲時，便離開家鄉，到嘉義的米店當小工。

他工作勤懇，聰明好學。一年之後，他以父親的名義籌措到一筆款子，開了一家小小的米店。

他開米店，為了爭取到顧客，他以優質服務取勝，以薄利多銷出售優質大米，當時他一斗米只賺一分錢。

開店一年後，他已有了許多固定的客戶，於是他又購買了一些碾米的設備，由米店擴大為碾米廠，以此來改善賣一斗米才賺一分錢的苦境。

他用延長工時、節儉度日來積聚財富，在當地二十六家碾米廠中，他排在第三位。後來他也辦過磚瓦廠，但與他的碾米廠一樣都因為日本殖民者的強制管理而被迫關閉。

一九四三年，王永慶二十七歲了，他轉向做起木材生意，為了經營好木材業，他的足跡踏遍了台灣著名的林場。

一九四五年十月，抗戰勝利，台灣終於從日本的統治下解救出來，重新回到祖國的懷抱。這一重大歷史事件，給王永慶和他的企業提供了歷史性轉機。

戰後，台灣建築業處於蓬勃發展的境況，王永慶經營的木材業，也同樣處在興盛的狀態，他的事業蒸蒸日上。

一九四六年，王永慶三十歲，他的積蓄已達五千萬元。

王永慶並未滿足，他有更遠大的志向。

一九五〇年，當人們普遍都不了解「塑膠」這一名詞的含義時，同樣也不了解「塑膠」的王永慶，卻瞄住這一新興產業。

一年之後，王永慶對塑膠的性質、製程、生產、加工、用途等已是瞭如指掌。

經過三年的思索與考察，王永慶堅定了從事塑膠業的信心。

一九五四年王永慶登記設立台灣塑膠工業股份有限公司，他出自有資金五十萬美元，吸引美國資金六十七萬美元。

一九五六年台塑建廠完成，正式開工生產，每月產量只有一百噸塑膠，是世界上同類企業中最小規模的。台灣當時的需求每月只有十五噸，產品的質量很差。生產的PVC塑膠粉賣不出去，庫存堆積如山。

「台塑」面臨嚴重危機，已瀕於破產邊緣，王永慶再次陷入困境之中。

王永慶悟到只憑台灣市場是不行的，只有開拓外銷市場，才能找到塑膠生產的出路。

王永慶決定：一方面擴廠，大量生產，降低成本；一方面組建加工廠。月產量達到二百一十噸。

同年，決定第二次擴產，王永慶主張增擴到一千二百噸。

一九五八年，成立了南亞塑膠加工廠股份有限公司，吸收「台塑」的PVC粉，加工製造各類塑膠產品。

「台塑」產量大增，成本下降。加工製造的各類塑膠產品達千餘種。

「台塑」在台灣稱雄，王永慶並未滿足，他不是一個沾沾自喜的人。

一九八〇年，王永慶正式在美國德州休斯頓籌建一家全世界規模最大的PVC塑膠工廠，其中包括生產EPC、VCM和PVC廠各一座，年產量各為二十四萬噸，總計七十二萬噸。

一九八三年，這個世界規模最大的PVC工廠建成：從世界最小規模的PVC工廠，到世界規模最大的PVC工廠，王永慶只用了不到二十年時間。

王永慶相繼在美國買下了十一個PVC下游工廠。

現在，王永慶集團形成龐大規模了。

除在台灣的工廠外，王永慶在美國已擁有三個石化原料廠以及十一個下游工廠。年產PVC粉共九十四萬噸，成為世界最大的PVC粉製造廠商。

「台塑」集團的南亞塑膠工業股份有限公司每年須耗用PVC粉三十餘萬噸，用來製造各種軟硬塑膠製品，也是世界規模最大的塑膠二次加工廠商。

王永慶，這個血管中流淌著福建商人血液，保留著福建商幫那種冒險創業、敢拚敢幹的商業精神的台灣人，終於取得偉大的成功。

王永慶創業經商語錄

貧寒的家境，以及在惡劣條件下的創業經驗，使我年輕時就深刻體會到，先天環境的好壞不是喜亦不是憂，成功的關鍵完全在於自己的努力。這個信念在以後漫長的歲月中，深深影響並支配我的處事態度。在創辦台塑企業的過程中，曾經遭遇過種種困難，我都是以這一信念勉勵自己以及台塑企業的同仁。因此，我們能夠一次又一次地克服難關，持續踏出穩健的腳步，追求成就和不斷的自我超越。

天下的事情，沒有輕輕鬆鬆、舒舒服服就能讓你獲得的，凡事一定要經過苦心的追求、經驗，才能真正明瞭其中的奧妙而有所收穫。

四 廣東商幫的傑出典範——李嘉誠

一九八一年，香港評選「風雲人物」，富商李嘉誠以「最富的華人」、「真正的華籍男子漢」身分入選。

一位名叫齊以正的作者這樣評價李嘉誠：

「他的名字幾乎天天見報，早二、三年地產旺市時，更是打個噴嚏都會成為新聞。」

一九二八年，李嘉誠出生於廣東潮州的一家書香門第。祖父是清末秀才，父親李雲經是個教書先生。自祖父謝世，家道中落，父親只好棄教經商。

李雲經下南洋，開商號，但都沒能夠大發起來，只好又回來重操教書舊業，目睹生活的艱辛和父親的勞累奔波，小小的李嘉誠就立下志願，一定要千方百計發財，改變家中這種窮困狀況。

一九三九年，日軍侵占汕頭，年僅十歲的李嘉誠與父母一道背井離鄉，一九四一年輾轉來到香港。

十四歲時，貧病交加的父親丟下妻兒與世長辭了。李嘉誠剛讀完初中二年級，他只得中途輟學，承擔起供養母親和弟妹的生活重擔，到一個茶樓當跑堂。

十七歲的李嘉誠辭去了茶樓的工作，當上一家塑膠廠的推銷員。他辦事勤勉又機智得體，一年之後，他的推銷額遠遠超過了同事。

李嘉誠的才幹顯露出來，他受到上司的欣賞，不久，他就被提拔成為業務經理。

李嘉誠敏銳地認識到戰爭結束之後，實業是醫治戰爭創傷的良藥，他看準了塑料行業的前景，堅決辭去了業務經理之職，自己開辦了長江塑料廠，走上了一條實業救國之路。

李嘉誠善於尋覓市場所需求的產品，他以生產塑膠花而起步，並即時地銷往海外歐美市場。

一九五七至一九六四年，長江塑膠廠生產的塑膠花一直旺銷不衰，為李嘉誠帶來了數千萬港幣的財富，李嘉誠在企業界開始嶄露頭角，成為香港的「塑膠花大王」。

李嘉誠成功了，但他並沒有躺在已經取得的成績上沾沾自喜，他的心中，有著更大的抱負。

長江塑膠廠變成了長江實業有限公司。

李嘉誠把眼光盯在房地產生意上。自一九五八年他初涉房地產業，在港島北角投資修建一幢十二層的工業大廈開始，他置身於身兼二業的環境之中，一方面他要繼續經營塑膠業，另一方面他要涉足房地產，摸索積累地產行業的經驗。

一九七二年，在香港股市狂熱之時，長江實業公司趁機股票上市，並正式改名為長江實業（集團）有限公司。股票上市，宣告了長江實業（集團）有限公司正式進入地產業經營時期。

一九七五年，「長實」擁有樓房面積五百萬平方英尺。

一九七八年，「長實」擁有樓宇面積增加到一千五百萬平方英尺。一舉超過「香港地產大王」置業公司。

一九八一年，「長實」擁有的地盤面積為二千九百萬平方英尺，除香港政府之外，「長江實業」成為香港最大的土地擁有者。

李嘉誠從「塑膠花大王」變為「地產業大王」。

這一改變，是一個質的飛躍。

李嘉誠在商業上取得非凡的成功。對於他的成功，美國《財富雜誌》的看法是，李嘉誠是一個「靠與友人合作投資地產和貿易生意發跡」、「甚為重視生意夥伴」的人。

李嘉誠的事業如日中天。

他經營的地產、金融、酒店、石油、電力、貨櫃碼頭等業務遍布五大洲，他在香港的五家上市公司：長江實業、和記黃埔、港燈、青州英泥、嘉宏共占恆生指數成分股市值兩成。他在海外的投資有價值七千七百萬美元的多倫多希爾頓酒店、價值超過二千三百萬美元的加拿大帝國商業銀行的九％股權等等。他的總資產超過二百多億港元，名列港澳十大富豪榜首。

李嘉誠對於自己所取得的驕人成績，依然抱著平常心，他在解釋自己為什麼取得成功時，只是說：「我做生意一直抱著一個信念，就是不投機取巧，以誠待人。」

李嘉誠，是廣東商幫優秀商業精神的真正體現。

五 「領帶大王」——曾憲梓

曾憲梓近年來在中國大陸的知名度之高，大概排在香港諸多新興億萬富豪的前列。他的赫赫聲名，首先得自於他對國內高達四億元人民幣的捐款，其次才得自於「金利來」。

北京申辦二〇〇〇年奧運會之前，曾憲梓提出：如果申辦成功，他將出資一億元人民幣協助北京興建體育場館。儘管「申奧」失敗讓曾憲梓極不情願地省回了一億元，但這消息仍然讓大陸人民深深地為曾氏的財力和魄力所震驚。

然而，誰能想到，擁有如此巨額財富和赫赫聲名的曾憲梓，在三十年前剛剛創業之時，全部資產僅是一把剪刀、一把尺子和一台縫紉機！

出國爭遺產

曾憲梓，一九三五年出生於廣東梅縣的一個農民家庭，他的父親和叔父是泰國華僑，早在二〇年代末，就赴泰國經營小生意謀生，常來往於中、泰兩地之間。一九三八年，曾憲梓四歲那年，他年僅三十五歲的父親病逝，遺留下來的兩間百貨店鋪則由叔父經營，但後來由於日本鬼子入侵泰國，他父親與叔父苦心經營的財產難以倖免地被搜掠一空。為此，所有事業只能重新開始。由於他的叔父善於經營，很快重建江山。他叔父的事業蒸蒸日上，卻引出他兄長爭遺產的不愉快事情，主要是因為他的兄長認為他父親的財產一直交由他叔父託管，所以長大後就堅持要把他父親的遺產索回，致使他的兄長與他叔父關係鬧僵，甚至要曾憲梓一起聯手向叔父討個公道呢！

曾憲梓自他父親去世後，他兄弟倆就由他的母親帶養，孤兒寡母，日子過得十分艱難。少年的曾憲梓在艱苦的環境下度過。好在曾憲梓很爭氣，讀書一直名列前茅，在家鄉梅縣讀完中小學之後，順利地考入廣州中山大學生物系就讀，依靠國家的助學金完成了大學的學業。畢業後被派往廣東省農業科學院搞科研工作。

兩年後，由於他在泰國的哥哥多次催促，於一九六三年與他的母親一起經香港前往泰國，與親人團聚。曾憲梓的出國也是飽嘗不少苦楚的。因為當時申請前往泰國比較麻煩，需要滯留香港一年搞簽證。正是這一年所發生的一切，竟使曾憲梓一生與領帶結下了不解之緣。因為在香港辦理簽證的這一年裡，曾憲梓為他的兄長採購領帶，再寄到泰國，由他的兄長在泰國銷售。因此，曾憲梓與領帶生產商們建立了密切的聯繫。正是在這耳濡目染之中，使他充分地掌握了領帶的生產過程，為日後「金利來」的風行、「領帶大王」的崛起，奠定了堅實的基礎。

由山寨廠起家

經過一年的努力，曾憲梓在香港辦好簽證之後，於一九六四年到了泰國與兄長團聚，並寄住在他兄長家裡。兄長原是希望他到泰國後兩人聯手向他的叔父討個公道，但是到了泰國之後，發現並非如此，他的叔父根本不是依靠他父親的餘蔭，而是經戰爭洗劫後白手興家的。曾憲梓赴泰國後，則與他的兄長一起研究改良生產領帶的技術，為後來的領帶生產創造了條件。

轉眼間踏入了一九六六年，曾憲梓的妻子與三個兒子也移居泰國與他團聚。泰國酷熱的天氣，生活了幾年的曾憲梓仍然感到很不習慣，尤其是客家籍的曾憲梓不懂得泰國語與潮州話，辦事很不便，有獨到眼光的曾憲梓，認為泰國並不適合他的發展，因而計劃闖蕩香江。

曾憲梓返港前，他的叔父與兄長都想幫助他到香港發展，但具有獨特性格的曾憲梓，認為無功不受祿而婉拒援手。

一九六八年，曾憲梓偕同母親、妻子與三個兒子移居香港。剛到香港時，暫寄住在上水的他的一位姑媽家裡。到香港不久，就收到叔父從泰國電匯給他作養家之用的一萬元。曾憲梓十分感激他的叔父，為此，決心發憤努力，絕不能辜負叔父的一片心意。

既然打算在港落地生根，曾憲梓決定開創自己的事業。在眾多行業之中，他對領帶的認識最深，當時香港製造領帶的全是山寨廠，家庭手工業造出的領帶全都擺在街邊賣，也有些運往東南亞一些落後地區銷售。在過去買貨時，由於經常到山寨廠去，所以他了解整個領帶的生產過程。一九六八年，他在油麻地平安大廈十五樓租了一個六百平方英尺的單位，時租四百元，他以剩下的六千元做本錢，就這樣開始了他的領帶事業。

其實，該大廈是住宅單位，曾憲梓將之改為工場使用而已！他把其中的二房一廳作為工場，而留下一房居住，這房間共住了他和太太、媽媽以及三個兒子共六個人，當時的艱苦情形可想而知。

經營之初，他並沒有請工人，自己和太太全部一手包辦，早上他拿著一批一批的領帶在尖沙嘴的旅遊區向洋服鋪逐家兜售，晚上回家就開工縫製領帶。訂料、剪裁全部由他負責，而太太則做反領帶、熨帶的工作。母親就幫手縫「嘜頭」，就是這樣把一條又一條的領帶做出來了。

初時，領帶的銷售情形極不理想，拿了幾十打出去，只銷得幾打回來。然而為了生計，他唯有抱著「做了過河卒子，只有永遠向前」的態度，繼續下去。

那時候，曾憲梓每一打領帶批售價為五十元，扣除所有成本開支後，純利約為十元。他計算過每個月自己的家庭開支共一千五百元，即每個月必須賣出一百五十打才可以維持生計，平均來說，每天要賣五打左右。於是曾憲梓就以此作為自己的目標，自我規定若賣不出五打就不回家。「破釜沈舟」的決心，加上運氣，終於使他在這方面打開新局面。

打入大百貨公司

為了增加銷量，曾憲梓不斷揣摩學習，改良產品，當時市面上十分流行泰國手織絲綢，於是他託在泰國的阿叔替他辦些泰國絲綢來港，製造泰絲領帶。

雖然做領帶可覓得兩餐，但曾憲梓並不滿足於此。對自己的貨品只能在低價市場上銷售，覺得發展始終有限，於是他希望把自己的貨品打入大百貨公司裡。

在那時候來說，這是異想天開的。香港人那時崇洋觀念濃厚，尤其是上流社會人士，更是喜愛舶來貨品，港貨只能在廉價市場中生存。除了這原因之外，港貨用料差，偷工減料，也是致命傷。

曾憲梓認為外國人能夠做到的，中國人也一定可以做到，而且還可以做得更好。於是他決定與外國貨爭一日之長短，向德國訂製名貴布料，精工製造和外國一式一樣的領帶向大百貨公司推銷。

初時由於本錢有限，曾氏只能向德國進口四款花式布料，所以製造出來的領帶花款很少。每一打這類領帶的成本約三十五元，而他的批發價則是六十元，換言之，每打領帶較過去銷往洋服店的多賺十元，但較大百貨公司從外國進口的領帶價則便宜很多。可惜貨品未能為百貨公司接納，曾憲梓鞋子踏破了，汗流乾了，費盡唇舌也沒法打開這高檔市場。

可是，他毫不氣餒，繼續想辦法解決問題。他與當時瑞興百貨的何經理十分熟稔，於是請教他問題的癥結所在。何經理向他解釋，雖然外國貨貴很多（九十元一打），你所作的領帶無論質料款式都毫不遜於外國領帶，但卻缺少品牌，恐怕是很難賣出去的。

所謂品牌即是「名牌貨」，這時候曾憲梓才明白到品牌的重要性。

為了打進大百貨公司，為了證明「外國人能夠做到的，中國人一定可以做到」，曾憲梓立即為他的領帶改名，當時他已成立了Goldlion公司，但中文名字並不是現在的「金利來」，而是「金獅」公司，Goldlion名字的由來乃沿用其兄在泰國的領帶公司店名。然而初時他卻把領帶的品牌定名為「金必多」，原來這是他製造領帶所用的德國布料的牌子，曾憲梓相信這樣便可以令顧客知道這是外國布料的貨品吧！

由於當時大百貨商店沒有售賣港製領帶，為避免為難老友，曾憲梓索性把貨品「寄賣」，但有一項附帶要求，就是要把自己的領帶和其他的舶來貨一起擺放。

曾憲梓精於計謀，當時他賣給瑞興公司的領帶五元一條，而零售價則是九元九角，一般外國領帶的售價則是十五元。他估計只要款式質料以及手工相當，兩者放在一起差別不大，當顧客發覺到該條領帶價錢「平」了近半，肯定會毫不猶豫地買下來。

這一招果然奏效。幾天之後他的領帶便全部售光，瑞興公司立即向他補貨，令他信心大增，知道自己的判斷正確。港貨的確可與外國貨相比，於是他開始請工人生產，其他的百貨公司亦相繼向他訂貨，就是這樣曾憲梓成功地打開了本港高檔貨的市場。

乒乓球賽特約廣告

「金利來」的發展一日千里，而且一帆風順，沒有遇上任何困難，也沒遇上任何波折。曾憲梓分析成功的原因，第一點是貨品的質量好，不偷工減料，不苟且了事。第二點是有完善的銷售網，不曾令顧客想買而買不到貨。至於第三點就是價錢實際，曾憲梓說外國的貨是「最好的貨，最貴價錢」，而他的貨則是「最好的貨，中等價錢」，在這情形下，當然大受消費者的歡迎。

金利來的成功，還有一個關鍵性的因素，就是有賴於廣告的宣傳，使生意額以倍數增長。

曾憲梓表示他是全港第一間打廣告的領帶公司。一九七〇年，他只是在報章刊登廣告，適逢當時是父親節，於是他便在報章刊登廣告，推銷「金利來」是父親節的禮品。

這廣告果然有效，在父親節期間，他的生意較平時好上幾倍，各大百貨公司紛紛致電補貨，使他應接不暇，這亦使他明白到廣告對推銷一種產品是極為重要的。

曾憲梓第一次接觸電視廣告，就是在中國乒乓球隊訪港，在港舉行表演賽期間。當時中國推行「乒乓外交」，中國的乒乓球風靡全世界，所以「無線」實地轉播訪港賽事。那時候陳慶祥是「無線」的營業部經理，親自上門找他做特約廣告商，特約球賽，廣告費三萬元。曾憲梓說三萬元在當時來說可買一個住宅單位，那時候他仍然是家庭式工業，相信許多人都不捨得花這筆廣告費。

不過，曾憲梓知道廣告的威力很大，在這方面花的錢將來一定可以在生意上數以倍計賺回來，可是卻苦於自己沒有錢。他坦率地把自己的意思告訴陳慶祥，並提議如果可以分期償還這筆廣告費，他願意贊助這場球賽的播映。

想不到陳慶祥竟然答應他，當時他的工場雖已擴展至整個單位，但這樣子的規模對方也願意信貸，他是有些出乎意料之外的。

這場乒乓球的表演賽果然轟動全城，「金利來」這名字也因而傳到香港每一個角落，成為家喻戶曉的名牌。廣告播出後，訂單如雪片飛來，曾憲梓自然眉開眼笑，立即擴展多一層單位做工場，員工亦增加至四十人，當年他便做了逾一百萬元生意。

後來美國總統尼克森訪華，這更是一項舉世矚目的大新聞，「無線」同樣作了實地轉播。曾憲梓當然不會放過這次機會，雖然特約電視節目的費用增加到七萬元，但他依然答應。由於他不斷地利用廣告宣傳自己的品牌，令「金利來」的名字越來越響，品牌越響生意也就越好，這是相輔相成的。

直至一九九一年，「金利來」的生意額已上升到三億五千多萬港元，曾憲梓創造了一個屬於香港人，甚至可以說是中國人的名牌，使香港人不再認為香港貨是廉價貨，比不上外國的貨品，這該是每一個香港人感到驕傲的事。

進軍「女人世界」

既然在領帶市場打穩基礎，曾憲梓要實現他在廣告中的口號——「『金利來』，男人的世界」，因此一九八八年開始產品多元化，售賣T恤衫。直至現在產品更包括皮包、皮帶、皮夾等等。

不少名牌都曾把專利權售與他人，情形就像「麥當勞」一樣，以聯營合約制度經營。然而曾憲梓則反對這種經營手法，他說如果中斷對方的合約時，對方會把廠尾貨大量廉價出售，結果破壞了品牌。所以，曾氏是不會把品牌讓他人做代理的。

目前曾憲梓滿腹發展大計，其中包括發展自己品牌的西裝、運動服和鞋類等等。他甚至從「男人世界」跨越到「女人世界」，生產自己品牌的女性用品如手袋、化妝品等等，現在已經開始陸續上市。

說到「男人的世界」這個廣告口號，相信大家對「斜紋代表勇敢……」印象極深刻吧！原來這些廣告詞全都是曾憲梓創作的。他說金利來的商標也是自己親手所畫，商標就是英文字母G字圖案化，也許大家想不到他竟也是一位廣告創作天才！

曾憲梓不但是領帶大王，同樣是地產投資的箇中高手，他投資地產的策略是只買不賣，有餘錢便買物業，而且是走到哪裡買到哪裡。例如一九八一年他往新加坡設分銷中心，便馬上購買當地的貨倉、廠房和住宅等，而且他無論去哪裡，都不會住酒店，他認為與其住在酒店，倒不如買間屋裝修得好些，還更加實際舒適。曾氏在領帶方面掘到第一桶金，而在地產方面則令自己晉身於億萬富豪行列！

愛國之心

曾憲梓常說：「只要我還活著，只要我的公司不倒閉，我就要為祖國及家鄉多作貢獻。」

在中國推行改革開放政策的第一個春天，曾憲梓就回到他的家鄉梅縣，投資興辦合資企業「銀利來」領帶公司。當時，辦「銀利來」的條件是，前三年免稅，後三年半稅，條件很優惠。起初，曾憲梓提議先做廣告推廣，但國內不習慣沒有收入而先要花錢的推銷方法，不肯投資。結果兩年虧了三百萬元人民幣。曾憲梓於是對合作方提出，不是用他的方法來營運，就是把整個廠送給他們。最後，國內決定由曾承包業務。公司一年內就扭虧為盈。一九八八年接手到一九九二年，營業額超過二億元人民幣，單是廣告費用預算達二千萬元人民幣。曾憲梓把「銀利來」的盈利全部撥給梅縣從事建設。

近幾年來，曾憲梓捐贈四百五十萬元人民幣給家鄉興建嘉應大學憲梓教學大樓及麗群圖書館；捐資一千萬元人民幣興建一所新型高級中學。

曾憲梓為家鄉建設作出貢獻的同時，也為他讀大學的母校獻出他的愛心。為中山大學捐贈三百五十萬元人民幣興建生命科學院大樓——曾憲梓堂；捐贈五十萬港元購置中山大學香港校友會會址；捐贈二百萬元人民幣給廣州醫學院興建圖書館；捐贈一百五十萬港元給中山大學研究基金；一九九二年十一月十五日上午捐資七百多萬元人民幣給中山大學興建曾憲梓堂南樓（包括生物大樓和教授樓），還捐資百萬港元作為獎學金。

據不完全統計，多年來曾憲梓在中國的主要捐贈項目近二百項，金額達人民幣八千萬元、港幣二・三億元、美元一千八百多萬元。

熱心體育

這位眾所周知的「領帶大王」，既是體育熱心人，更是足球迷。他的家鄉梅縣是著名的足球之鄉，他十分關心家鄉足球運動和國家足球運動的發展。他的「銀利來」所得的全部利潤，很大部分用於發展足球事業。是他的「銀利來」公司出巨資贊助中國足球隊，為低潮中的中國足球帶來了生機；是他的「銀利來」公司捐資贊助「南奧」足球健兒拚搏甲級賽等。近幾年來，大學生足球賽離不開曾憲梓的大力支持。他還捐贈一百四十萬元人民幣在梅縣建設人民體育場、在五華及興寧建體育場。

中國健兒從巴塞隆納奧運會凱旋歸來，曾憲梓拿出巨資獎勵奧運的功臣們；中國的全運會、北京亞運會等都有他的支持。他說：「從某一種角度來說，足球運動象徵著一個國家的強大與否。我要以發展『金利來』的事業來支持發展祖國的足球事業。我希望在有生之年看到中國足球隊衝出亞洲。」他還表示在條件成熟之際組織「金利來」足球隊，專門起用客家籍退役球員。

事業興旺

曾憲梓，現是香港「金利來」（遠東）有限公司董事長，香港中華總商會副會長，旅港嘉應商會永遠榮譽會長。主要經營領帶等系列「金利來」產品的生產，擁有「金利來」（遠東）有限公司，分別在香港、馬來西亞、新加坡、加拿大等地與內地擁有工廠大廈及物業，財產值約十億港元。

近年來，「金利來」的銷量逐年上升，中國大陸銷量占有五成，香港占二成半，其餘的則是銷往南美、北歐、東南亞等多個國家。現在的曾憲梓為全球二十多個國家有關機構團體生產領帶，一九九一年單是領帶的營業額已逾四億元。

「金利來」已向多元化發展，不僅新產品多元化，從領帶到襯衫（每年二百多萬件）、再到皮帶（每年百多萬條），還生產皮具、西裝、運動服以及襪子等，創立一個「男人的世界」，而且把生產女士皮具用品同樣作為今後多元化發展方向。

曾憲梓從法國、德國、奧地利、東南亞等地購進不同花式的領帶布，每年生產出五千個花款領帶，已成為當今世界上出產花款最多的領帶製造商。至一九九二年，「金利來」年產領帶六百萬條，為世界第四大領帶生產商。

六 江蘇商幫的優秀傳人——榮氏家族

一九三八年。

秋風蕭瑟的一天。江蘇無錫市西鄉榮巷鎮的榮家大院裡，回字形樓房的天井裡，數株桔樹依然蔥翠蓊鬱，火紅的桔子掛在樹枝上，花圃裡許多菊花仍在怒放，似乎秋意才剛剛開始。

大客廳裡的氣氛與院內景物並不相吻合，一股肅穆、哀愁的氣氛壓得在場的人們幾乎喘不過氣來，彷彿冬天已經來到。

大廳正面的供桌上放著一張大幅照片，周圍包著黑紗。供桌上擺著各種祭品，一炷香的青煙裊裊圍繞著房間。

主持祭儀的主人一臉哀傷，顯得心事重重，從相貌上看，他與大幅照片上的人很相似，明眼人一看就知道二人是兄弟。

男主人就是大名鼎鼎的榮氏公司副總經理榮德生，死者是他的兄長，榮氏公司的總經理榮宗敬。

榮德生的哀傷，一方面是對逝世在香港的兄長發自內心的悲傷，另一方面是為自己不能親赴香港為胞兄奔喪感到歉然。他的心情很沈重，因為剛接到消息，說榮氏公司設在上海、無錫等地的麵粉廠、紡織廠遭到日本侵略軍的轟炸，有的廠房被炸毀，有的機器遭洗劫，有的被日軍「軍管」，有的被迫停產。押存銀行裡的棉紗、麵粉也被侵略軍掠走，充作軍用。

這一連串的噩耗傳來，榮德生的精神已快處於崩潰狀態。

這真是「船漏偏遇頂頭風」。

人們都擔心：榮氏公司可能要垮了。

事實不是這麼一回事。

榮德生，一位堅強的商人，江蘇商幫的那種堅韌不拔的精神，那種「鑽天洞地」的精神，使他在經受挫折之後，反而更加激起他戰勝自我、戰勝困難的決心。

榮德生一想起父兄，陡然增長了奮起抗爭的志氣和毅力。

二十世紀初，榮德生的父親榮熙泰從無錫鄉下來到當時已開始繁華起來的上海，從事一些小買賣。榮德生與其兄榮宗敬從父親手中接過家庭重擔時，家中只有一些微薄資產。

兩兄弟創業時，創辦一個只有四部機磨的小型麵粉廠，他們二人不辭辛苦，同心協力，配合默契，使家業有了擴展。

經過十幾年的艱苦奮鬥，他們兄弟終於取得了輝煌成就：他們辦起了茂新、福新、申新三大公司，工廠遍設上海、無錫，生產出的麵粉遠銷南洋、歐美，擁有的紗錠居上海同業之冠。一代工業鉅子，就這樣誕生了。

榮德生兄弟創業之路是坎坷不平的。他們是從商海風浪中闖出來的，在外國侵略者的夾擊和軍閥的壓迫之下奮力掙扎，而昂首走出來的。

一九二三年，榮氏總公司外欠別人二百餘萬元，年關將到，債主上門索逼，公司陷入困境，他們兩兄弟不得已，鋌而走險，向日本東京興業株式會社貸了三百五十萬日元，還了欠債，渡過年關。他們資金調動得當，措施得當，結果他們化險為夷，用盈利的錢還了日本東京興業株式會社，粉碎了日商想藉此鯨吞中國民族企業的美夢。

一九二七年，蔣介石發動「四•一二」事件。為搜括錢財，強制在上海推行「二五庫券」。庫券分攤到上海華商的紗廠上共六十萬元，榮宗敬當時任上海紗聯會會長，對此種攤派不滿，只付了十萬元敷衍了事，蔣介石知道後，竟以榮氏兄弟勾結孫傳芳的罪名，下令查封榮氏公司，緝捕榮氏兄弟二人，榮氏兄弟見勢不妙，只好調無錫同鄉、國民黨元老吳稚暉出來說情。吳稚暉抵不過情面，又邀約國民黨元老張靜江、蔡元培、李石曾等人，一齊至蔣介石處為榮氏兄弟說情，方才使蔣介石息怒。但事情的結局，還是被迫照攤派數捐夠了「庫券」，兩兄弟才得以過關。

一九三八年冬天，日本東洋紡織會社又向榮氏公司提出「合作經營」設在無錫的申新三廠和茂新二廠。這兩個廠原已被日軍「軍管」，因日本侵略軍想進一步榨取中國的人力、物力資源，便以返還「軍管」企業為名，誘使中國資本家合作，達到控制中國民族企業的目的。這個「建議」，當然遭到榮德生的堅決拒絕，最後日方只好在勒索榮氏公司一大筆錢之後，將工廠還給榮氏公司。

榮德生在艱難的環境中生存下來，保護了自己和父兄用心血創辦的企業，也為保護中國的民族工業提供了自己的貢獻。

他的堅苦卓絕的鬥爭再次顯示了江蘇商人的特性：有膽有識，堅韌不拔，經營有方。在刀鋒劍叢之中覓得生機。

一九四九年，面對渡江的百萬解放軍，年邁的榮德生表示死不離故土，並叮囑子女不得把工廠遷往海外。於是，榮德生之子榮毅仁把已在香港的妻子兒女接回上海。這樣一來，榮氏家族的產業就都留在共產黨人解放了的上海。

此時，三十二歲的榮毅仁已是茂新麵粉廠、上海福新麵粉廠、中新紡織印染廠等企業的經理了。

一九五五年，榮毅仁向上海市人代會保證：「我要把所得到的利潤，投資企業，購買公債，支援國家建設。」他還表示：「我要把自己改造成為自食其力的勞動公民，做一個真正的同志。」

一九五七年一月，榮毅仁當選為上海市副市長。毛澤東說：「榮家是我國民族資本家的首戶，榮家現在把全部企業都拿出來和國家合營了。在國內外引起很大的影響。他既愛國，又有本領，堪當重任。」

一九五九年，榮毅仁奉調北京，擔任中央人民政府紡織工業部副部長。

文革期間，遭受到不公正待遇的榮毅仁，依然堅信：「黨是不會拋棄我們的。」

一九七九年一月，鄧小平找來榮毅仁等幾位原工商業者，對榮毅仁說：「你來牽頭辦實體，搞成對外開放的窗口。人由你選，業務由你管，事情由你負責。」「要排除干擾，不要搞成官僚主義企業。」鄧小平要求榮毅仁探索發展經濟的新路子。榮毅仁經過一番周密的思考和論證，拿出了按國際慣例辦中國國際信託投資公司（簡稱中信）的方案，中南海迅速拍板，榮毅仁當選中信董事長。此時他人已近古稀之年，為了國家和民族，再一次毅然鼓起征帆。

榮毅仁辦中信的明確目的是為國家辦實體。他常說的兩句話是：我們要有利可圖，但不唯利是圖。

榮毅仁繼承父輩守信家風，他將榮家叱咤實業界的真經帶到了中信。

在他的帶領下，中信在中國現代商業領域創造諸多第一：

「借蛋孵雞」的這一與中國傳統商業思想相悖的負債經營模式現已被各企業接受並採納。

投資三千多萬美元修建的中國第一家公寓寫字樓「國際大廈」，僅三年時間就收回全部投資；成立了中國第一家國際經濟諮詢公司；與英國大東電報局、香港和記黃埔通訊公司合資，共同經營「亞洲一號衛星」……

如今的中信已發展為三萬人的直屬國務院的大企業，一九九二年底，總資產達五百零七億，擁有三十家子公司，投資企業達六百家，其中著名企業有：廣州標誌、國安集團、小鴨—聖奇奧洗衣機、江蘇利港集團、山西安太堡露天煤礦、渤海鋁業有限公司、利嘉皮鞋有限公司等。還在美國、澳洲、加拿大等國設有公司。

一九九三年，榮毅仁當選為中華人民共和國副主席。

榮毅仁用為人民效力的堅實步伐，走過了從民族資本家首戶到人民共和國副主席的漫長歷程。

一九四二年出生於上海的榮智健是榮毅仁五個子女中唯一的兒子。

一九七八年，三十六歲的榮智健留下妻兒，持單程通行證，隻身南下香港，努力學講粵語。一九八五年成為香港永久居民。同年，中國國際投資（香港）有限公司在港成立。

榮智健一九八六年正式加入直屬中國國務院的中信集團（香港）有限公司，出任副董事長兼董事總經理，投資基建、船舶，收購國泰航空公司一二・五%股權、收購香港電訊二成股權，使香港中信成為香港市值最大的上市公司的第二大股東，集團資產總值接近二百億港元。

一九九一年，榮智健聯合李嘉誠、鄭裕彤收購恆昌九七・一二%的股權，其中李嘉誠占最大份額，中信占三六%，榮智健個人亦占六%。

一九九二年，中信與長江實業聯合宣布：全面收購美麗華酒店企業。

從一九八五年至一九九五年，短短十年，榮智健使香港中信泰富的資產從二・五億港元暴增至五百億港元，其神奇的理財本領飲譽國際。

他的個人資產，估計約三十五億元。

做為國家副主席的兒子，他的身分多少有些特殊。做為一名資本家，他則同樣有過創業的過程和奮鬥的足跡。他曾明確表示自己不是「無產階級」，而從來就是資產階級。但他同時又坦承，如果不是榮家的後人，如果沒有中國的背景，在香港，他就不會取得今天的成就。

榮氏家族，是江蘇商幫的優秀傳人。

第十四章

中國人的商業氣質

中國人有經商的傳統和風習。

神農氏時，就已「日中為市，致天下之民，聚天下之貨，交易而退，各得其所」了。

中國人早就有追求富裕的願望。

《禮記・禮運》說：「飲食男女，人之大欲存焉；死亡貧苦，人之大惡存焉。」

因而很早以來，中國人就「爭名者於朝，爭利者於市」。

在「爭利者於市」的過程中，逐漸薰陶培育出中國人的商業氣質。

一 誠信為本

「誠信在經商中是第一位」，這是中國商人的肺腑之言。

清代末年中國最大的官商，紅頂商人胡雪巖的阜康票號能名震全國，靠的就是誠信，他曾對下屬說過這樣一句話：「江湖上做事，說一句算一句，答應了人家的事，不能反悔，不然叫人看不起，以後就吃不開了。」

這句話的含義，就是叫人要守信用。在中國商界，守信用是一條大家共同遵循的「賈道」。

不守信用的後果，是嚴重的。

紅頂商人胡雪巖曾對一位不守信用的下屬商界人物說：

「我勸你在生意上巴結，不光是為我，而是為你自己。你最多拆我兩次爛污，第一次我原諒你，第二次對不起，要請你捲鋪蓋了，如果爛污拆得太過，連我都收不了場，那時候該殺該剮，也是你去。不過你要曉得，也有人連一次爛污都不准人拆的，只要有這麼一次，你就吃不開了。」

切莫把胡雪巖的話當成隨便之言，他是以他的經驗之談在警告這位屬下商人。他是久闖江湖之人，怎會不懂得不守信用的利害後果。

明清時期的商幫都是要求幫中商人講誠信、守信用的。山西商人還在會館和商號中供奉關羽，除了有尊崇之意，還有寓示自己是關羽的老鄉，在商業上和處事上都應重然諾、守信用。徽商是一個宗族派性極強的商幫，一般幫中商人都是互相扶助和互相支持的。一旦有人不守信用，不擇手段，唯利是圖，就會遭到許多同幫商人的鄙視，他們把這種商人稱為「徽狗」。

中國商人講求信用，注重承諾，在國內是一個普遍奉行的經商原則。

一位東南亞華僑領袖曾經在報紙上發表這樣的言論：「日本人非常精打細算，重利害關係，對於口頭約束的事情，常爽約而不在意。」也就是說，中國人重視約束，重視信用，而日本人則不能。可以想像，這位華僑的直言，必定是他在與日本人交往中不愉快的經驗之談。因為中國人大都守信用，而日本人中爽約者多。

近來一位日本學者對中國人的商業行為守信用有了新的看法，他說：

「從日常的貿易狀況來看，中國人在商業道德上，並沒有特別優異的表現，在漲價、降價幅度大時，更有不斷要求降價、漲價的情形。以中國所具有的龐大企業來說，一旦簽訂合同之後便絕對遵守的情形，已成為過去。尤其是自從能源危機以來，商業道德完全變樣，這才是現實的情況。當然，日本商人的狡詐，也是有過之而無不及的。

「但是信用畢竟還是很重要的，這點並沒有改變。目前的問題是，對於不斷急速變化的事情，應該如何加以應付，如何將合同配合現實來實行。現在說中國人能守信用，日本人不能守信用，實在都是基於一種誤會。」

這位學者就中國商人的信用問題，為日本商人開出一張「處方」：

中國人能否守信用，應視對方而定，也就是對方是怎樣的人物，是具有多少實力的企業，都要有充分的認識，才能從事安全的貿易。所以，我們對中國各省的人的研究就很有用處。

例如，上海人喜歡講排場，即使家中沒有一分錢，也會借錢將客人帶到豪華的餐館，表面上遵守信用，實際上是藉此起死回生，當然獲得成功者也是有的。這是中國人之間比較確實的說法。

至於祖籍福建的華僑，雖然有相當的財富，但是總習慣在自己的財力範圍內從事新事業，對於超過實力的事，絕對不願插手，對商品的價格，他們習慣於一直殺價。與福建人合作，除非信賴的關係很深，能夠說服對方，否則要想發展龐大的事業是很困難的。

因此，同樣是中國人，在與上海人做生意時，必須首先調查對方的財經實力，考慮萬一不測的後果。上海人雖然有優異的先見性，在創意上也出類拔萃，但有時往往無法依照他們的計劃進展，經常事出意外，到那時即使遵守信用也是無可奈何，所以常常會發生半夜潛逃的情形。

但是福建人就不同。他們雖然喜歡討價還價，但是做事保守，這方面可以保守信用，比你期望的更能發揮實力。

最後，他認為中國人注重「口頭上的約束」，日本人較注重書面證據。他的結論是：注重口頭承諾的中國人和常識上認為口頭的約束容易被訂正的日本人，在想法有了差異，但是在「精打細算」上的表現，中國人和日本人並沒有什麼差異。

雖然現實生活中，一些唯利是圖的中國商人已經將「誠信為本」這條經商古訓遺忘了，各種假冒偽劣的商品以及欺詐蒙騙的伎倆不斷湧現，但仍然只能說是中國經商大潮中的逆流。因為市場規律鐵的原則擺在那裡，任何人都只能在它的威嚴管制下行事。任何從事商業交易的人，不可能不認識「信用」的重要。誰喪失了信用，誰也很快就會喪失顧客，以致最終完全被商業圈所排斥，這是顯而易見的事實。而重視信用並將它積累起來，這才是交往中最重要的原則。這點無論在中國人的社會還是歐美人的社會、日本人的社會，都是相同的。

二 擅長商業技巧

世界上有兩個民族被公認為是聰明的民族。有趣的是，這兩個民族也被公認為是最善於經商的民族。一個是猶太民族，一個是中華民族。

曾經聽到外國人對中國商人這樣的好評價——有理財的觀念、對金錢十分執著、善於經商等等。

或許華僑大多數是白手起家，在海外赤手空拳打天下，儲蓄財富的例子不少，人們才會產生這種評價。

其實在日本，界和滋賀的商人也是很善於經商的，在其他各地區長於蓄財的也是人才輩出，可見這些特點也非中國商人獨有。

但是在商業技巧上，許多民族都比中國人遜色。

中國商人有許多賺錢的技巧。

明清時期，江蘇浙江一帶有許多商人囤積居奇大獲厚利，他們還不滿足，又與典鋪商勾結，串通一氣，大搞囤當活動。每當糧、棉、絲上市時，囤商趁價賤收購，典入當鋪，取出質錢，再買再當。在典鋪資金的通融下，囤商一兩本銀便可囤積值銀數兩的貨物，待到市價上漲時，囤商便陸續贖出貨物高價出售。這種活動使典商、囤商都獲得厚利。

但是在近代商業貿易的世界中，玩弄手腳的技巧已經行不通了。商人們注重的是利用組織的力量活躍於世界的商場，進而在世界的經濟中產生力量。從結果來看，輕易評價某國的商人最會做生意，恐怕難以馬上下結論。不過在商業交易的技巧上，研究中國各地商人所具有的心理特點和性格特點，倒是相當重要和有趣的。

比如山東籍的實業家，他們厭惡玩弄技巧，而重視整個形勢的發展，重視信用，也最重視人際關係，既不冒險過危橋，也不做氣派的宣傳以及與身分不相稱的活動，誠心誠意地做有內容的商業交易，這才是他們真正的目的。

這與上海籍的實業家正好相反。

曾經有人說過這樣一件事。有個上海的企業和山東的企業合作經營，上海方面的人採用主動的姿態與山東人達成共識。雙方合作事業發展得很順利，但是稍後一段時間，山東方面宣布從合作中退出，理由是他們無法容忍上海人在董事會上說話的腔調，上海腔的普通話使山東人十分反感。當然這是一個表面的理由，實際上山東人是在發現他們與上海人交易的手法、經營構想完全不同後才退出的。山東人不習慣也不願意與自己行事處事標準差異太大的人共事。

山東人腳踏實地，講究沒有華麗裝飾的經營；而上海人既喜歡冒險，又熱中於領先時代的事物。同時上海人做生意時喜歡利用技巧，玩弄策略；山東人卻喜歡表露真實、開懷、坦誠，以誠意作為做生意的原則。

湖南人的做法和山東人相似，而湖北和天津的人卻和上海人同屬技巧派。所以，簡單地以「中國人怎麼怎麼樣」來確定中國人的屬性是不正確的。中國各地的商人具備各自的商業精神和經商特點。

國外某個貿易商是位公認的中國通，他以自己多年的經驗，談及他對「中國人是商業天才」的感想。他認為這是因為外界只看到中國人小小的一部分而引起的誤會。他的意思也就是說，中國開放的港口及海外的華僑，只是中國人之中的一小部分而已，不要忘記其他大部分地區的人都是平凡和純樸的農民，他們並非都是經商天才。

實事求是而言，中國浙江、安徽、福建、廣東、上海、江蘇等地的商人是比較擅長經商技巧的。但中國內地和西部地區之人並不能算得上是經商有天賦的。說部分中國人有經商天才是符合客觀實際的。

三 注重面子

在中國商界經常發生這樣的事情：一個供銷員不經過科長，只與名義上具有權力的經理商量，以促成生意，但最終卻以不顧科長面子的緣故，而使本來可以談成的生意歸於失敗。而在有些場合，甲為了顧及對方的面子，先行讓步，而乙在以後的機會中，也對甲讓步以示對甲面子的回報。對於這種現象，歐美的商人恐怕無法了解。中國人講究心領神會，也就是以心傳心，彼此氣脈相通。

中國的商人，如果被對方商人壞了面子，明明這件生意是對雙方都有利的事，但面子受到損害的一方寧可生意受損，也不會與對方完成這筆生意。

中國商人注重面子有時近於荒唐。比如中國商人與商人打交道，很注重接待規格，接待規格越高，比如住的賓館是星級的，吃的宴席是上檔次的，玩的地方是風景名勝，陪同的人善於逢迎，如有美女陪伴，那就算是對對方商人給足了面子。這筆生意就算是篤定了。如果吃住條件不好，沒有專人陪伴遊山玩水，這種情況往往就談不成生意。

所以中國有許多商人自己要講面子，也要給別人面子。在生意場上不給對方面子，會被對方認為是一種侮辱。

如果一個商人在與同行競爭時，扯破了對方的面子，那就將受到嚴厲的報復。

如果一個經理當眾譴責自己的下屬，那就等於使其無顏面，結果就再也無法任用他了。有效的辦法是，將下屬帶到安靜的地方，耐心婉轉地開導，只有這樣才能駕馭屬下。也就是說，與其當眾責難，還不如施以恩惠，給予機會使其改過。這是高明的領導者所採用的辦法。

中國商人受儒家思想的影響，對於「保留面子」、「名譽比生命更重要」之類的話是深刻在腦海中，因而一般來說，在做生意時，比較注意雙方的面子。

因為交易的雙方能互相顧及面子，所以才能做到默契。換句話說，價錢和交易的條件，並不是談成生意的最重要條件，而顧及對方面子，才是決定成敗的關鍵。所以條件的差異、價格的高低有時候並不是造成洽談結果的因素。像這樣的貿易關係，是歐美、印度、猶太商人最無法了解的。

歐美等地的商人從來不考慮彼此間交情多麼深厚，也不計較昨天曾經發生過什麼爭論，只要條件符合就可以做買賣，而這也是中國、日本和朝鮮的商人所無法做到的。他們必然會因此產生許多顧慮。

從理論上講，商業行為應以合理的、冷酷的方式來進行，大多數的商業手段，也與此方式相同，然而事實上，中國商人往往被個人好惡所左右，以情感濃淡來決定生意的取捨。

如「老朋友」在貿易中就占有重要的位置。因為對方是老朋友，正遭遇困難，所以生意就成功了。

受恩得義，將來要報恩這就構成了一種約束，互相牽連，長時間彼此互相幫助，尊重對方的面子，協調雙方的貿易，這就是朋友的作用。像這樣投桃報李的情感式貿易，在歐美或不懂內行的人來看是無法體會的。

當然，在中國的商人之中，因為經歷過亂世而採用冷酷的貿易方法者也有。從地方色彩來看，較早從事國際化的歐美貿易的上海系商人，他們並不熱中重感情的貿易。另外，天津和香港是港埠都市，所以兩都市中帶有歐美化色彩的中國商人也不少。

對於中國商人來說，一般都恪守一個原則：

在貿易往來上，即使談判破裂，也不能傷於對方的面子。儘管彼此間條件不合，也應盡量避免非難對方或中傷競爭對象，這些是不破壞洽談對象面子的方法。總之，在與中國人的貿易中，不留下不愉快的事情，才是非常重要的。

四 耐心堅韌

中國商人經商講究耐心和毅力，為了達到某個目的，不斷地變換方式，追求新的可能性。常有一種不屈不撓的精神。

忍耐和固執，代表者是福建人、江蘇人、浙江人，而比他們更進一層的，應該說是客家人了，不僅表現在經商上，也表現在他們的人生態度上。

客家人大多數的祖先是中原的貴族和大家族，但是幾百年間，到處遷徙，一直受著壓迫，成為苟且偷生的一群。無論遇到什麼挫折都要克服，這已成為他們的人生信條。不輕易退卻，最終達到自己的目的，這種精神實在令人敬佩。

但是並非所有的中國人都具有這樣的性格。「沒有法子」、「算了」、「沒有辦法」等等，也是常常可以聽到的口頭語。中國人也有灰心放棄的一面，這是很正常的。

這種「沒辦法」的妥協精神，常常在巨大的權力之下和領導者有獨斷性的企業中表現出來。在非常乾脆地放棄的同時，卑屈地低聲下氣地遵照對方的意思去做——具有這種特徵的，大都是河北人、陝西人、甘肅人，因為他們長期一直受著北方其他民族的蹂躪，很少有揚眉吐氣的時候。

中國北部地區，經常遭受游牧民族的侵掠，加上災荒年多，黃河等水利設施網絡系統的破壞，長年處在災荒年和戰亂中，河北人、陝西人、山西人、甘肅人、河南人，他們在亂世的適應過程中，具備了機敏的應變能力，也就是見風使舵的能力，這一帶地區是中國農民起義最頻繁也是最有規模的地區。但是大規模的農民義軍可以在幾日內迅速形成，也可以幾日內作鳥獸散，迅速崩潰。原因正在於此，義軍興盛時，大家都參加，指望打下江山可分個一官半職；見勢不對，覺得義軍難以取勝，又一個個腳下抹油溜之大吉。他們處世哲學是積極尋求自保，必要時可以不擇手段。

昔日在中國，由於長期的貧困和不穩定的生活，所以大多數人都依靠著技巧而生活，一旦考慮他人，遵守約定，自己也就無法謀生。這是大多數人的想法，也是他們祖祖輩輩遺留下來的處世經。相當部分人的圓滑和無主見，這是一種社會適應的結果。

至於客家人，他們不僅有耐心，而且不屈不撓。從個人人品來講，對道德標準要求較高，個性通常是狷直，不會輕易退卻，堅持達到自己的目的。

在與中國商人做生意時，應對中國商人的耐心和固執有充分的心理準備。儘管生意談判對手的個性是因人而異的。

第十五章

中國北方人的商業精神

「一方面，我們看到的是北方的中國人，習慣於簡單質樸的思維和艱苦的生活，身材高大健壯，性格熱情幽默，吃大蔥，愛開玩笑。他們是自然之子……。他們是河南拳匪、山東大盜以及篡位的竊國大盜。」

——林語堂

一 不屑於經商的北京人

北京人歷來不屑於經商。

在北京人的眼裡，「士農工商」，只有「士」是值得羨慕的行業。

因此人們說：北京人是有政治情結的人。

北京人缺乏商業精神是再正常不過的現象。

天子腳下的臣民

當明成祖急匆匆將都城從南京搬遷到北京時，他根本未曾考慮過，這個城市將長久與商業經濟中心無緣了。

一座座高大的朱紅色城樓和閃耀著金色琉璃光澤的宮殿，構成了中國幾個世紀以來的權力中心。那莊嚴肅穆使人望而生畏的皇宮紫禁城裡，一直不間斷地演繹出歷朝更替的悲喜劇。

處在天子腳下的臣民的眼光，一直都在注視著紫禁城，滿腔心思都隨著紫禁城中主人的哀悲喜悅而變動著。

大大小小的京官、各個權要衙門的差吏、守衛京城的眾多御林軍、各要員幕下的幕僚賓客、全國各地湧來打通官場關節的地方官吏及隨員、封疆大臣的家眷和家丁、各地趕來實現官場夢的趕考舉人以及當地的土著百姓，構成這個都城臣民的主體。

他們大都是「士」一級，是拿朝廷俸祿之人。他們關心的是自己的官位和升遷。他們無論是否久經宦海，但都很明白官場的內幕，他們的人生全部壓在官場上。

官本位的現實使人們都明白一個道理，財富與權位是成正比的。這是一個簡單得不能再簡單的道理。

做官有財又有權，當然是所有行業之首。何況寒窗十載，不就是為了金榜題名嗎？前面那些高中榜首得到榮華富貴的例子，激勵著後輩們前仆後繼，勇往直前。

京城普通的百姓，整日價聽到中舉、中進士、中狀元的捷報，親眼目睹許多窮困書生一夜之間改變了整個人生。他們羨慕得嘖嘖有聲，恨不能自己也去弄個一官半職。即使不濟，也就將希望寄託在子女身上，企求家人子弟能在官場一混。

李鴻章中堂大人有句名言：「在中國最好做的事就是當官。」

當官既不難，有錢又有權，怎能不使許多中國人怦然心動？而北京城的臣民更是耳濡目染飛黃騰達之事，要他們按捺下做官升官的願望，豈不是癡人說夢嗎？

為蠅頭小利角逐商場的商人理所當然地一致遭到北京人的蔑視：千辛萬苦，走南闖北，風餐宿露，圖什麼？不就是幾個錢嗎！見人笑臉逢迎，曲意討好，為做成生意而不惜卑躬屈膝，為幾個錢值得嗎？這哪能與做官相比，財錢來得輕鬆，人也活得光鮮，無論走到哪都有面子。

心高氣傲的北京人牢記著「萬般皆下品，唯有讀書高」的古訓，夢寐追求「金榜題名時」，在北京尋找著時機，力求能躋身官僚社會。這個夢即使與現實相距很遠，也不輕易放棄——誰叫咱是天子腳下的臣民呢！

厭商情結

北京是明、清、民國的都城。城中士民的心思都附在紫禁城和官場上，但是生活要繼續過下去，總得要有人經商才行。

北京人不願經營商業，是打心眼裡瞧不起商人。在京城這麼一個全國的權力中心、全國的政治中心，不充分在政治上加以利用，豈不是把自己給浪費了。於是，北京人去忙政治上的事，去忙官場上的事，剩下的商場的事，當然就讓外省商人來做了。

近代北京的工商業，多半是掌握在地方行幫商人手裡。經營銀號業、成衣業、藥材業的是浙東商人；經營票號的是山西商人、江浙商人、雲南商人；經營當鋪的是山西商人、順天府商人、山東商人；布店、茶店、茶行、銀樓的主人多是安徽商人；出賣百工技藝的多是江西人。至於陝西商人、洞庭商人、福建商人、廣東商人也有不少在北京經營各種商業。

眾商雲集北京，並沒有使北京本地人對商業產生什麼興趣。即使北京人有經商的，也是政治情結的副產物。

北京琉璃廠一帶的古玩鋪，其店主倒是有相當多的北京人。北京人開古玩鋪，固然有雅好文玩之意，就像八旗子弟架鳥、喝茶、逛狗市、鬥雞走狗、鬥蟋蟀一樣，是當時社會的一種時髦，是一種風雅之事。但開古玩鋪的主要原因卻是京城政治情勢的一種需要：封疆大臣遠在邊防省份，因軍務纏身，不能隨便來京，但京城官場特別是朝廷中的事又是他們最關心的。派人到京，又不能隨意到各位在京大員家串門，弄不好被競爭對手或者官場上的敵人參劾一本，說是「結黨營私，圖謀不軌」，那就是災禍從天而降了，頸上的腦袋馬上就會分家。因此物色一個不被朝廷和政治敵手注意的場所來打聽朝廷和官場的情況，傳遞敬奉京城權要的物品和金銀，打通官府衙門關節，拉攏收買宮中太監、侍衛等就顯得非常必要。那些地方官吏，嫌貧愛富，想在京城活動打通各種關節，調任肥缺，也需要有個場所能給自己提供各種信息。於是古玩鋪就這樣應運而生。

古玩鋪買賣的對象基本上是官場中人，鋪主當然得找個熟悉京城、熟悉官場的人，懂得政治的北京人的古玩鋪當然成為首選，生意自然也就紅火起來。鋪主的生意由官員們來關照，鋪主與各級的官員都能打成一團，甚至親密無間。能在官員中左右逢源，當然令有政治情結的古玩鋪主人心中歡然，其經商也就成了「醉翁之意不在酒」了。

古玩鋪是一個特例，此外的商業行道，北京人連正眼都不瞧一下。

無法激起激情的商業行為

在古代，北京無法與「富甲天下」的杭州、揚州相比，連與偏在西南的成都相比也只能自慚形穢。「揚一益二」畢竟是一段光輝的歷史。近現代，北京的商業經濟雖有長足發展，但仍不能挾都城之威而促經濟之力，至今也不能執中國經濟的牛耳。

北京人缺乏商業激情可能是北京商業經濟無法飛速發展的原因之一。

中國歷史的厚重積澱，使北京充滿了過去。

有人說：北京有著太多的過去，只有讓它的血肉重新吸收生機，才會有朝氣。

遺憾的是，北京人的歷史重負使他們難以迅速擺脫歷史的桎梏，去迎接新的時期。

北京人的朝氣始終被政治所左右。

在中國歷史上，長期以來，作為全國的中心，關聯著人生的最高、最輝煌的境界，北京一直是各色人群、各種名流聚集薈萃的地方。官員們渴望入相出將，文人們期待金榜題名，甚至連京城的三教九流，也結成盤根錯節的關係，渴望雞犬升天。政治化的城市使得北京人具有相對較高的政治敏感性和參與意識。許多運動與變革都肇端於此，絕不是一種歷史的偶然。百日維新的政治風雲、五四運動的浪潮、七七事變的抗日烽火，勇敢的北京市民激勵了很多同胞，推動了中國政治革命的進程。解放後，各種政治傾向都由此產生向全國輻射，而最終形成了「政治南下」和經濟北伐的格局。

北京人政治熱情的空前高漲還在於一九四九年之後，而在文革中達到令人震驚的起步。

北京人一直被政治使命感糾纏著，一直有一種無法解脫的政治情結，他們身不由己的關心國家大事，關注國家政治形勢，關心國家前途，即使是一個普通的北京人家，嘴裡說的話都帶著政治味，滿口都是最新的政治術語。

北京人經商是一種無奈，是一種迫於生計而不情願做的行業。因此，在北京的本地商人中常有一種奇怪的現象：商店與外地商人（特別是南方商人）開的店同時開張，經濟效益卻相差懸殊。北京街頭練攤的，北京人最高月收入為五千元，而浙江的攤販則最高月收入可達一萬多元。兩者相比，令人驚訝。

正因為北京人做生意是走不了政治之途才轉而從事的行道，心中猶有不甘，他不情願做的事，怎麼會有激情呢？

北京城裡有許多商業行業，北京人是不做的。

北京城裡有許多北京商人的店鋪是頂給別人做的，他只是從別人手中獲得少部分利潤，也就心滿意足了。

北京人做生意，對待顧主不是冷漠對待、態度惡劣；就是花言巧語油嘴滑舌，讓人起疑；再不就是清高矜持，彷彿那生意做得成做不成與自己完全無關似的。

北京人對做生意持冷漠態度，根源於北京人對經商行業的輕視。一個典型的現象是，一個個體商人，無論你手中攥有多少錢，如何「大款」，要與人論婚嫁時，總被人看不起，人們對個體商人的職業總是充滿了輕蔑的語氣。而在廣州、在南方諸省，誰是「大款」，誰就贏得社會尊敬。

一個四川朋友在京工作十載，他的結論是：

根植在北京人心裡的政治情結解不開的話，北京人就絕不會有商業激情。

二 吃苦耐勞的山東人

山東人有著吃苦耐勞，利市而發的商業精神。

前面已經講過，山東人經商是條件差的地區的人在經商，條件較好的地區的人也在經商。所以，明清時期形成了一個較有影響的地方商幫——山東商幫。

山東地區自然環境相差較大，許多地方「十年九災」，正常年景還能生活，一遇災年就只能外流了，而外流人員中有不少人就走上經商的道路。條件好的地區，農業形成了商品化生產，糧食卻需外地調入，也促使許多人靠經商致富求發達。

現在，山東人在經商方面已經很有氣派：說著滿口山東話的商人滿世界亂竄；山東商品廣告雄霸中央電視台的黃金時段，幾千萬的廣告費眉頭都不皺一下就擲了出來，全然沒有當年「闖關東」的小爐匠那種畏縮的神態。

「吃苦一族」

有人說在中國經濟舞台上，山東是實力派，實力來源於山東人吃苦耐勞的實幹。山東人是中國人之中最能吃苦耐勞的群體，什麼苦都能吃，可謂「吃苦一族」。

的確，在北方的碼頭上、北方的礦井裡，從事繁重體力工作的有相當一批山東人。在現在的北京城裡，也有這麼一批吃苦耐勞的山東人。他們三五成群頂風冒雪，歷經辛苦。

山東人這種吃苦的能力有自然環境磨練的結果，也有天性遺傳的因素，更有文化的薰陶。在家鄉那種「十年九災」的環境，為了生存，必然逼迫人們去適應環境，去忍受各種挫折與困難。而走南闖北的流民商販，更得適應各種自然環境與生活條件。在苦難中熬出頭的山東人，其生命的韌性與耐力都是卓越的，這種父輩的基因，一代一代遺傳，而優勝劣汰的自然法則，將山東人的後代錘煉得更加健壯。

山東的歷史文化中也充滿了苦難：孔子率門徒周遊列國，經常是饑寒交迫，勞累不堪。魯國被夾在齊國和晉、趙、楚等大國之間，只能苟延殘喘。儒家亞聖孟子親身領受並感受到苦難教育的意義，才有那番令後人壯心不已的名言：「天將降大任於斯人也，必先苦其心志，勞其筋骨，餓其體膚，空乏其身。」這一番話，不知激勵了多少齊魯兒男去拚搏、去征戰。

堅苦卓絕的自然環境與社會環境培養了山東人強壯的身體和堅強的神經，從而使山東人有足夠的毅力、體力承擔起艱辛、困苦的重擔。

山東人這種吃苦精神不僅為國人所公認，而且在國際上也甚有名氣。德國人利希霍芬曾經說，就吃苦而言，沒有比山東人更優秀的鐵路工、礦工了，作為個人來說，歐洲人也不會超出其上。山東人的吃苦精神連歐洲人也為之佩服。據報載，一九九二年底，山東濰坊柴油機廠一批工人赴奧地利拆遷斯太爾工廠，將所有設備完整搬回國內，按要求拆遷應在九個月內完成，當時正值奧地利天寒地凍，拆遷工作之艱難前所未有。這些山東工人不怕吃苦，晝夜工作，在沒有人員傷亡的情況下，只花了六個月完成拆遷工作。奧地利人非常驚訝，豎起大拇指，直誇中國人了不起，山東人真了不起。

吃苦耐勞是山東人共有的一個特徵，就像德國民族普遍具有理性主義一樣，山東人天生普遍具有一種「苦行主義」，以苦為本，以苦為榮，以苦為樂，成為民眾內心的真實體驗。他們堅定地相信，唯有堅韌不拔、雷打不動的頑強勞動精神才是人生在世獲得衣食的根本，也是人生的幸福所在。

務實肯幹

山東人有著共同的特徵：眼睛不大、鼻梁挺、雙唇緊閉、長方形的臉型，大多數的人都有光潔的皮膚、體格健壯魁梧、步伐悠然。

山東人以頑健的體格見長，是軍人的類型。中國人民解放軍中兵員最多的是四川、山東省。人高馬大的山東人目前成為中國軍隊的中堅力量。

但是山東人並不僅僅只是適宜從事武職，在商界、在實業界，他們的表現也很出色。

山東人做生意有板有眼、信守諾言、講義氣、團結力強，在商場上獲得很高的評價。他們做生意的特點，幾乎都是正面進攻，這是他們擅長的進攻手段。他們通常是按部就班地達到商業目的。

吃苦耐勞的精神造就了山東人務實肯幹的民風。山東人從不圖虛名，而是注重實效。山東人做的每一件事都有一個實際目的，絕不虛榮。這一點，只要數一下北京街道上跑的外地車就會明白。在北京繁華市區街道上跑的外地車數山東的最多。來京的山東車輛多來自經濟比較發達的膠東地區。在一些中央國家機關、新聞單位的內部招待所的停車場裡，常常一排好幾輛都是山東的車。這些來京車輛的使命，大致不外聯繫買賣、融通資金、獲取信息、人情往來等。這反映了這些地方發展經濟的務實策略。他們利用最務實的方法，走最務實的路線，千方百計地爭取資金支持、技術轉讓、人才投入。因為方法得當，成績斐然。山東人最先提出了「以旅遊帶動經濟，以經濟促進旅遊」的思路。山東濰坊市第一個設立「風箏節」，以「風箏」文化帶動經濟發展。泰安市政府提出了「泰山國際登山節」，「以山為題，借題發揮，文體搭台，經貿唱戲」成為「登山節」的宗旨。諸如此類頗有成效的文化節在山東比比皆是，它反映了山東人的實幹風格。

山東人在商品宣傳上也很務實。我的酒不如四川、貴州的好，那麼我就只宣傳我的酒「出口量第一」，而絕不說自己的酒是什麼國優、省優。

山東人銷售商品，價格定了是多少就賣多少，不會把商品價格定得很高，然後再打折以示優惠銷售，進行一些「換湯不換藥」的假象。

中國大地，假冒偽劣商品盛行，但其中卻很少有山東的產品。山東實業家和商人只想正經地做生意，絕不多去考慮如何投機取巧，假冒偽劣來獲利。

山東人很少追求一夜暴富，他們總覺得不是自己用血汗賺來的，那錢拿在手上就像是煮熟的山藥蛋般燙手。

山東人是可以信賴的商業朋友，他們有大人物的風範——這是一個日本人對山東人的評價。

三 「懶惰」的河北人

河北離北京城最近。

只要河北人願意，北京城中的商業機會唾手可得。

但河北商人並未在北京城裡忙碌，河北自己的城市也多是外省商人在操勞。

「懶惰」的河北人，商業精神也自然是微乎其微。

河北人的「懶惰」是情有可原的。

河北夾在山西、山東兩省之間，西有晉商，東有山東商人，米、鹽、布帛、水果都被兩省商人承包了，南來北往，有的是商人和商隊商船。河北人夾在中間，用不著辛勞，商品就自然流通過來。河北自然條件並不差，又處在中原腹地，生活雖不富有，但人卻很閒適。知足常樂是河北人的生活信念。對河北人來說，一杯「二鍋頭」、一碟花生米就足以使他忘記了憂愁。有一把葉子煙或幾支香煙就可以讓他靜靜地待在一邊，領略生活的愉悅。無論是大人還是小孩，把手中的貝殼、大紅棗之類土產送到遊客手中換回一塊八毛的，臉上就有了笑意。

家中生活雖不富有但卻閒適，這樣的生活正是河北人心中理想的生活。

曾在京城遇見一位賣蛋女，自稱是河北人，但她做生意的神態和口音使筆者懷疑，經多方「盤問」，她才低言相告，她是四川重慶市某郊縣的人，遠嫁河北。現在京專做雞蛋生意，筆者好奇，問她為何丈夫不出來做生意卻讓她出來做。她略有羞澀地講，當地河北人做不來生意，丈夫不願出來，所以只好她自己出來做生意。然後她用自豪的口吻對我講，遠嫁到河北這個村裡的幾個四川妹子，現都在京城做生意，她們的丈夫都在農村做農事和照看孩子。

河北丈夫表面上是懶，實際上是一種對經商的怯懦。

河北人「懶」，懶得有歷史。唐人小說《枕中記》寫了一個名叫盧生的書生，在邯鄲客店裡遇到一個道士。他向道士述說自己的貧困，道士就給他一個枕頭，盧生枕在枕頭上睡著了。這時店主正在煮小米飯。盧生在夢中享盡榮華富貴，一覺醒來，小米飯還未煮熟。幻想通過神仙上天的賜與而享受快樂，實際上就是一種懶漢思想。還有那個著名的中國笑話，嘲笑懶婆娘們，說是窗口炕上坐著婆娘，丈夫在廚房忙碌，外面天下著雪，丈夫問女人，雪下得如何，回答說下得跟烙餅一樣厚。又問，回答說是下得跟燒餅一樣厚。丈夫再問，回答說是下得跟饃饃一樣厚。丈夫忍氣不過，摑了女人一耳光，女人哭著說，你為什麼給我一個大餅。這個笑話也是來自河北。

河北人在歷史上也曾有過做生意的輝煌。明清時期，河北安國是有名的藥都，是南北藥材的集散地，當時各大商幫都雲集安國，生意買賣格外興隆。

只可惜，只此一例。為何生意興隆，至今不解。「懶得去想……」是很多河北人的心態。河北人可以在小事上勤勤懇懇，對於大事卻表現為懶。有一個很典型的事例：河北的興隆盛產紅果，滿城盛產草莓，每到收穫季節便堆積如山，本地消費力有限，而又不便外運，於是年復一年，河北人推車擔擔地去賣，賣不掉的便爛掉，從沒有人在果品的加工上下功夫，結果讓外地人捷足先登，在這兩地興建了果品加工企業，盈利相當可觀。河北人說到底怕冒風險。河北人做生意總是以保本為前提。河北人炒股總是見好就收，如果不是東北人南下，河北的股市總是風平浪靜。

河北人受不了激烈的競爭、緊張的工作，也受不了精細的商業經營管理，惰性使河北人以懶惰的外在形象作為自身的盾牌，以避免自己陷入商海不能自拔。這種「懶」是河北人的一種自我警示：我不是這塊料。

有人說：河北人「懶」得不似北京人那樣瀟灑，東北人那麼爽快，河北人懶得太實在太窩囊，太沒有味道了。

結論：河北人的懶不是那種「四體不勤」的懶，河北人工作起來也不懶。河北人的懶是深藏在心裡的懶，懶得去用心，懶得去動腦筋——一句話，懶得去競爭。

四 富有經商傳統的山西人

十九世紀末，德國人利希霍芬這樣評價山西人：

「山西人具有卓越的商才和大企業精神，當時居於領導地位的金融機關——山西票號，掌握著全中國，支配著金融市場，可以說計算的智能勞動是該省唯一輸出的商品，這也是財富不斷流入該省的原因。這種財源也受到鴉片的極大損害。在所有中國人中，對中國特有的尺度、數、度量觀念以及基於這種觀念的金融業傾向最發達的要數山西、陝西兩地的人，作為最古老文化的保持者，他們獲得了對鄰人或周圍國家居民的精神上的優越感，保持了這種優越感的種族，即使在其後代喪失了政治勢力以後，也能透過發達的數量意識和金融才華顯示精神優越的成果。這種在西南亞洲明顯出現的現象，在此地又出現了。山西人作為最古老文化的保存者，他們的優越感能以其他形式繼續下去。」

「善經營」

山西人是富有經商傳統的人。

明清時期，山西商人（晉商）是與徽商並駕齊驅的國內最大兩個商幫，兩大商幫是劃江而治。山西商人控制了黃河流域，徽商控制了長江流域，二雄並峙的局面，一直延續了數個世紀。

「善經營」，被作為山西人的主要性格特質是同近代史上山西人（特別是晉中人）所從事的商業活動密切相關的。山西人有著悠久的經商歷史並取得輝煌成就。

明代，晉商就出現了許多富豪。明人沈思孝《晉錄》說：「平陽、澤、潞豪商大賈甲天下，非數十萬不稱富。」就是說要算得上富家，非得有數十萬銀兩才行。清代，晉商中的富豪更多，其資產之多令人咋舌。

在山西那些並不富庶甚至顯得貧瘠的地方，竟然出了如此之多的大富豪，常會讓人覺得不可思議。難怪德國人利希霍芬說了這樣一句話：「中國人好比猶太人，而山西人更像猶太人。」如果山西人沒有猶太人那種吃苦耐勞、頑強不屈、聰明機敏的經商品格，是絕不可能成就如此宏大的商業世家和造就一個國內勢力強大的商幫。

山西人善經營，有一個很重要的特點，那就是經商要追逐厚利。沒有厚利的商業行業不碰。

在看準了商業行道，山西商人往往有驚人之舉，頗有大手筆氣派。

晉商西裕成最先開設「票號」，其餘晉商見有利可圖，紛紛踵起效尤。到二十世紀，山西票號就發展到了三十三家，分號多達四百餘處。全國各大城市商埠中均設有分號。時人佩服，說：「中國二十二行省，支分派別，尤有萬里同風一氣貫注之勢，晉人遂以善賈聞於宇內。」不僅如此，票莊分號一直開設到日本的東京、大阪、神戶，俄國的莫斯科，南亞的新加坡，以及香港等地，也許這可以算得上是中國的首次「國際接軌」。

山西人善經營是有歷史傳統的。

太谷縣是山西商人最多的一個縣，與平遙、祁縣齊名，為晉商最為有名的產地。民國《太谷縣志》記載說：「民多而田少，竭豐年之穀，不足供兩月，故耕種之外，咸善謀生，跂涉數千里以為常。土俗殷富，實由於此。」

「咸善謀生」就是晉商「善於經營」的老說法。

正因為窮，山西人經商歷來追逐厚利。最初見經營鹽業能獲巨額利潤，山西商人紛紛追逐鹽利。中國明代的大鹽商大都是山西商人。清代時山西鹽商被徽商排擠出兩淮、兩浙鹽業，立即又另闢蹊徑，去經營長蘆、河東等地鹽場。經營鹽業，使晉商嘗到牟取厚利的甜頭。

山西商人見到票號能賺大錢，又一哄而上，很快上了「規模」，壟斷了當時清政府的金融行業。

山西商人也大量開設當鋪，用典當和高利貸形式來賺取「超級利潤」。

山西商人對金錢有克制不住的欲望。「多錢善賈」成為清末民初山西商人的特點。

山西人的經商才能是與他們善於把握時機、隨機應變、苦心經營分不開的。當經營票號增多，市場競爭開始激烈的時候，祁縣喬家「復盛公」票號的經營之道便是：「做事謹慎、審時度勢、穩步前進；人棄我取，薄利多做；維護信譽，不弄虛偽；小忍小讓，不為已甚」。總之，從諸多近代史實來看，「善於經營」是山西人典型的性格特質。

經商熱

相傳，八國聯軍侵占北京，慈禧太后逃往西安，回京時因缺乏盤纏，只好向山西富商太谷曹家借得十萬兩白銀，屈尊把價值連城的純金火車頭鐘留下，以充抵押，金火車頭鐘是法蘭西作為貢品晉獻給清朝，做工精細，是用黃金、烏金、白金鑄造而成重達四十二・一公斤的純金火車頭。

又傳說辛亥革命後，閻錫山一次就向山西富商祁縣渠氏借銀三十萬兩。

像曹家渠家一樣，獲得高額利潤的晉商有很多。在高額利潤的刺激下，山西風俗和人們的價值觀念、價值取向產生根本性變化，各地從商之人越來越多。史書中有關於此的記載屢見不鮮。據紀昀《閱微草堂筆記》說：「山西人多商於外，十餘歲輒從人學貿易」。祁縣有一半以上的人家子弟在外經商。

近代，山西人更是家家逐利，人人言商。山西票號的興起，山西人經商風氣更是越搧越熾烈。一家人如果有子弟在票號當差，那就是值得全家歡呼的喜事。

在普遍民眾的心理認同上掀起的漫天經商狂潮，將大批山西子弟捲進商海。一位山西老儒劉大鵬憂傷不已，沈痛地寫道：

近年吾鄉風氣大壞，視讀書甚輕，視為商甚重，才華秀美之子弟，率皆出門為商，而讀書者寥寥無幾，甚至有既遊庠序，竟棄儒道而就商者，亦謂讀書之士多受饑寒，曷若為商之多得銀錢，俾家道之豐裕也。當此之時，為商者十八九，讀書者十一二，余見讀書之士，往往羨慕商人，以為吾等讀書，皆窮困無聊，不能得志以行其道，每至歸咎讀書

（《退想齋日記》光緒十八年十一月十五日）

由於山西子弟都經商，當時科舉和鄉試，應考的生童居然不敷數額的縣份，在山西比比皆是。

山西票號興盛的時代，可以說是山西「縣縣經商，人人皆賈」的時代。

流風餘韻

山西票號最終還是從極盛走向反面，山西票號的垮台宣告了山西商幫的終結。此後，山西商人就一蹶不振了，只有少數山西人還在商界嶄露頭角，為已停止的塵囂經商之聲帶來幾許空谷回音。

民國以後，山西出了孔祥熙、南漢宸等著名理財能手。孔夫人宋靄齡曾這樣讚賞孔，「他似乎天生有一種理財的本領」。他們是晉商經營精神的天然繼承人，他們的血液和身體內浸透著晉商性格中的特質，只可惜的是，他們人少力微，當年晉商那種雄視商界的風光已不再來。

到現代，晉人經商的傳統被中斷了。黃土高原和晉中平原在改革開放的浪潮中卻顯得分外平靜。

山西祁縣城內的喬家大院，是山西富商祁縣喬氏的老宅。這房宅的主人是赫赫有名的「復盛公」財東，民諺說：「先有復盛公，後有包頭城」。復盛公的後人，晉商喬家渠就曾在這院子裡制訂了「打倒胡雪巖」的商戰目標。八〇年代後期，電影導演張藝謀又選中這個喬家大院拍攝下了著名電影《大紅燈籠高高掛》。電影的影響風靡了海內外，一年來到那裡參觀的中外遊客絡繹不絕。但那裡的農民不知道能賣什麼給這些遊客，大院內只有一家門市，店內是專銷不鏽鋼製品的，毫無當地「特色」可言。

在名商人輩出的地方，他們的後人卻不具有商業頭腦。這是否可以說是一個歷史的悲哀。

昔日山西貧瘠之地而出大富商，使人不可思議。如今具有經商傳統的後人卻沒有經商頭腦這種現象，也使人迷惑不解。

山西商人，一個歷史之謎。

也許山西人是不鳴則已，一鳴驚人。

五 初露鋒芒的河南人

河南人是中國文化積澱最厚重的中國人，也是中國經歷坎坷最多的那部分人。他們背負著夏商文化和九朝文化的重荷，在黃河古道上蹣跚前行。

他們有悠久的經商歷史，但卻在歲月蹉跎中放棄了經商。

他們曾置身於繁華的都城和熱鬧的商埠，但卻在兵荒馬亂和水旱災荒中遺忘了當年的謀生方式。

歷史重荷下的河南人

可以毫不誇張地說：中國歷史上的第一個商人就出生在河南。歷史記載，商王朝「服牛車賈」，意即趕著牛車去做買賣。商朝之王率族人做買賣，那氣派足以使許多帝王自愧弗如。後來商王盤庚遷都城到殷（今河南安陽），也一定有許多商人隨行。直至漢唐宋代，中國境內都還能看到河南商人的蹤影。不過，河南人經商的這段歷史猶如曇花一現，就再也沒有了。

河南人的商業精神被歲月湮沒了。

河南人為整個中國最早貢獻了他們的智慧，但經歷世代滄桑後，河南人再也無法重鑄殷商時代的輝煌，西漢初期劉邦定都洛陽，但不久遷至長安。東漢曾為河南人帶來帝王的繁榮氣象。此後，除了北宋在開封建都，以後歷代帝王似乎故意忽略了河南，只是在朝代更替或爭奪王位之時，河南才引起君王的注目，成為一個各方爭奪的重要戰場，河南人為此背負太沈重的歷史包袱。河南滿地都是文化遺跡，河南人為之驕傲，但河南人卻止步不前，對過去的緬懷及對現在的傷感，使河南人形成一種具有自我中心、封閉的地方性格特徵。

河南實際上是一個手工藝發達的地區。它本應該是商人輩出的地方，但遺憾的是卻沒有什麼出名的商人，經商人數也不多。

河南人邁入漢代，就以精湛的生產技術和先進的手工農具而領先於世，商人階層在春秋戰國之際就已開始形成，手工業工場制度在漢唐已開始流行，到了宋代已發展到相當高的水準。據《宋史・食貨志》記載，在京師的紡織手工工場中，工人已達四百人之多。那麼，為什麼河南人的商業精神卻湮沒了呢？一個原因是，河南人的小農思想太濃厚、太深沈了，以至於壓抑了商業、工業的發展。小農經濟是以地主占有土地為核心的土地私有制條件下形成的。因此，小農必然依附於土地私有制。造成人身依附關係與中央集權專制國家機能的結合，使高額租稅制能夠長期存在和發展。在這種高額租稅下，農民沒有積累資金、擴大農業生產規模的可能；地主的租金又必然轉變為兼併土地的手段，而很少轉變為工商資本。河南洛陽為九朝古都，開封也是北宋古都，河南在歷史上長期是作為京畿附近而存在的。這些地方又是官僚大地主的田地、莊園。這些官僚兼地主是不會從事商業經營的，而廣大佃戶又被小農經濟所束縛。小農制經濟是小農業和家庭手工業相結合的自然經濟。這種原始結合的自然經濟，一方面以狹小的市場需求，強有力地抗拒著城市手工業和農業向商品化方面的發展，另一方面通過農業與家庭手工業的互相補充，而使基礎薄弱的農戶不斷地生存下去，反覆地過著自給自足的生活，不斷地複製著祖先的一切。「民以食為天，業以農為本」成為河南人死守的古訓。依附於農業的家庭手工業，它的所有原料和生產工具均來自農業，農業衰敗了，手工業便衰敗了。河南農業生產的不穩定狀況決定了河南手工業永遠在農業的磨道上打轉，而走不上產業化的陽光大道。

河南人的商業精神被湮沒，還有另一個原因，這個原因是河南人所獨有的，也是河南人商業精神被湮沒的內在原因。

歷史上河南是一個多災多難的地區。

河南位於中原，歷來是群雄爭戰的場所，逐鹿中原的情景時時在河南歷史上「定格」。河南也是一個水災旱災頻繁的地區。隋唐以後，黃河水道被上游所攜帶的泥沙淤堵，已成河道高於地面的「懸河」。不斷出現衝決河堤泛濫成災的局面。

人們只能流離失所，到處逃荒。

男人多被殺死，剩下的也被軍隊抓去當差伕，婦孺老幼只能逃荒乞食過日。這一點，河南人就沒有山東人那樣幸運。家中男主人都沒有了，誰能經商謀生呢？以致河南人連流民經商的情況都未出現過。演變到後來，一遇災荒，婦孺老幼都去逃荒要飯，青壯男子都留在河南，擺弄著那幾畝地，希望能夠「堤外損失堤內補」。

災荒頻繁的本地，有誰會想在這個地方經商呢？即使有人想經商，也會趕快逃離河南加入外地籍。

重返商界

河南人在相當長的歷史時期之中遺忘了商業行為。直至明清時期，占據在河南商場的是山西商人、陝西商人、山東商人，還有安徽商人。河南人與河北人一樣，性格上具有雙重性，老實與老滑渾然一體，樸實與奸狡渾然一體。河南人做生意，常常很實在。商品的賣價絕不亂喊，街道上的店鋪亂宰人的現象也不多，價格八九不離十，差別不離譜。

河南人作買賣，做大生意的少，通常都是些小買賣。八〇年代初的鄭州城，城裡穿來穿去的都是些手提籃子的小買賣人。籃子裡面不外乎是花生、燒雞、雞蛋、瓜子、棗之類東西，他們都穿著黑色的棉襖棉褲，襖褲上的油漬在陽光下直反光。臉上都是粗糙的皺紋，年齡都在四十歲以上。

河南人作長途販運批發銷售生意的人少，大都是坐賈，即開個小鋪面，經營些副食日雜土產品之類，或者是開個小飯館什麼的。

也許是長期遺忘了商業行為，在經商過程中河南人常有不規範的行為。河南人性格中在老實忠厚的外殼下隱藏了投機取巧的小聰明。這種小聰明是河南人歷經歷史歲月而形成的，是一種適應多災多變社會的圓滑人生態度。他們彷佛是一塊捲進河流的石頭，被浪濤沖磨得失去了稜角。河灘上的石頭都是這類鵝卵石，河南人的性格也是這類「鵝卵石」。

河南人的這種小聰明，使得原本老實的本性顯得有些難以捉摸。

河南人這種投機取巧的小聰明，為鄰省的陝西人所看不起。儘管陝西人明清時曾在商業上「統治」過四川，但陝西人對四川人懷有一種尊敬的心理，但對於河南人，卻常有輕視之意。

河南人的投機取巧心理一旦控制了頭腦，就會做出許多違背商業規範的行為。

河南生產的假冒偽劣產品最多，是中國三個造假最多的省份之一，這三個省就是河南、浙江、福建。河南某市生產的假電纜、假電器行銷全國，假藥假酒也不少，甚至還有人專門生產仿冒軍用手槍。

河南人製作這些偽劣產品時，頭腦中根本沒有市場經濟這個概念，畢竟長期不經商，根本就沒有市場經濟是法制經濟的觀念，也不知道這其中的利害關係。

初露鋒芒

河南地處中原，是一個商業機會眾多的地方。

市場經濟的發展和市場的規範，使處於半昏睡的河南人猛醒過來。

河南人雖長期缺乏商業經營，但商業精神的根並未枯萎，一旦機會合適，它會迅速發芽抽枝。

河南人的眼光放開了，小聰明放在一邊，商業經營就有了大家風範。

鄭州二七廣場周圍的諸多百貨大店，率先在全國掀起了商戰，「亞細亞」商廈的商業競爭意識不要說在河南，在全國來說都是第一流的。它所發動的那場「戰爭」，使許多過去自甘現狀的百貨企業都從昏睡中猛醒過來。河南商界終於在全國初露鋒芒。

更為可貴的，亞細亞商廈並未以在河南稱雄而沾沾自喜，他們把眼光注視著全國各地，尋找新的商業機會，亞細亞走出鄭州，走出河南，落戶到廣州、成都等大城市，他們代表了河南人、河南商界，邁出了決定性的一步。河南人要角逐全國商場了！

六 「小富即安」的陝西人

十九世紀末，德國地質學家利希霍芬在他所著的《中國——親身旅行和據此所作的研究成果》一書中，對陝西人作了如下評價：

「在陝西人中，和甘肅人一樣，注入了中亞的，尤其是東方土耳其的要素。前面說過，陝西人和山西人一樣，在中國人特有的尺度、數、度量觀念和基於這種觀念的金融業精神傾向方面，表現出了最高度的發達。但是陝西人的性格不可與山西人同日而語。山西大盆地中居民的金融才華，陝西渭水盆地的居民相可比肩，但是在數量觀念的發達程度上，陝西人就稍顯遜色了，陝西人的金融才幹也比山西人遜色幾分，全國大的金融業都讓給山西人，而他們卻非常熱心於貿易和小本買賣。」

貪圖安逸的癥結

陝西人有經商的傳統。

有人說：陝西人經商是為了貪圖安逸。

這句話有幾分道理。

陝西商人中多是關中一帶的人，最集中的地方是三原、涇陽兩縣。關中盆地，古稱為「八百里秦川」。這裡土地肥沃、水源充足、物產豐富、生活殷實。陝南的「漢中盆地」亦是一塊風水寶地，素有「小江南」之美譽，生活在這兩處的人們比較滿足已有的安逸生活，很少有人願意離開自己生活的土地出去闖蕩（涇陽、三原的人除外）。

陝北高原的百姓，日子雖比不上富庶的漢中人和關中人，但也願意過那種「二畝地一頭牛，老婆孩子熱炕頭」的生活。

涇陽、三原兩縣位處關中盆地腹地，自然條件都不錯，為什麼當地人還要不辭勞累出去經商呢？

他們出去經商的目的，正是貪圖安逸。

一般陝西人的要求不高，他們並不奢求如何奢侈豪華的生活，他們只是滿足於已有的能溫飽的安逸生活。

但涇陽、三原兩縣的居民不同，他們出去經商，是為了追求更高層次的「安逸」。

這是一個歷史造就的不同「安逸」觀。三原、涇陽緊靠咸陽，離西安也很近。這一帶是過去封建帝王的陵寢區。唐詩中常稱的「五陵」就在這一帶。「五陵衣馬盡輕肥」、「五陵花柳滿秦川」。五陵是昔日長安貴族聚居之地，所以杜甫說是「同學少年多不賤，五陵衣馬盡輕肥」。這一帶居民祖先多是唐朝權貴子弟，後來雖然破落了，但貴族的心氣和情結卻一代代傳了下來。他們追求的「安逸」，當然不能與關中一般百姓等同而語。所以，一旦有了能富貴安逸的機會，他們是絕不會輕易放過的，他們隨時都在做夢，夢想恢復舊日的祖業、昔日的風光。

明代時期，為三原、涇陽的商人崛起，提供了歷史機遇。

明政府為防止元蒙貴族殘餘勢力的入侵，在北部邊防地帶設置九鎮防守，又稱為「九邊」。其中三邊就在陝西省境內或境線，這三邊是延綏、甘肅、寧夏。為了為三邊的軍隊供應糧草，明政府實行了「開中法」，即讓商人輸送糧食到邊鎮，換取倉鈔（軍倉證明書），然後再到指定的都轉運鹽使司（鹽運司）換取鹽引（銷售食鹽的准許證）。三原、涇陽等地的商人積極介入，通過輸糧換取鹽引，從而賺取巨額利潤，不少商人「貲數鉅萬」。

這些資本雄厚的鹽商，當然有了光宗耀祖，重振祖業的資本，於是他們一夥蜂擁趕到揚州去，一則便於做更大的生意，二則是為了貪圖安逸。揚州的紙醉金迷生活，陝西怎能有？

三原、涇陽的鹽商遷居到揚州，形成了以這兩地人為中心的陝西鹽商。這幫鹽商在生活上十分奢侈。同時他們又在揚州精心督促子弟的學習，力爭科考中舉，以圖實現他們祖輩當年夢寐以求的願望：即做一個名副其實的貴族。他們的子弟在揚州參加科舉考試時，入考的人數大大超過土著人。

陝西鹽商在揚州培養自己的子弟，終於圓了自己的貴族之夢。期望值越高，進取心越強。這就是為什麼明代陝西涇陽、三原出了不少大鹽商的原因。

小富即安的心態

三原、涇陽出了不少大鹽商，這是一個較特殊的現象。從陝西商人整體來看，基本都是「小富即安」一類人物。

其實陝西人一直是吃苦耐勞的，即便說他們貪圖安逸，那是在享用自己辛辛苦苦的勞動果實。他們身上的這種優秀品質是大自然賦予的。

陝西這個地方，雖然談不上很富庶，但在北方諸省中農業條件要算最好的，每年所遇的災害比起山東、河南也要少許多。這種環境下滋生出的「知足常樂」思想是非常自然的。比上不足，比下有餘，陝西人也常感到心安。

明清陝西商人經商比較務實，不太去貪厚利，正是在這一點上，山西商人與陝西商人拉開了距離，山西商人是生意越做越大，人們常用「多錢善賈」來讚譽晉商；而陝西商人的生意做了許多年都無太大變化，他們的資本積累速度是緩慢地在增長。只有在四川經營鹽業的鹽商深受山西商人的影響（山西商人曾聯絡陝西商人一塊經營鹽業，以抵制徽商，當時人們統稱他們為西商，或稱山陝商），追逐厚利，開設典當鋪，放高利貸，手辣心黑。

陝西商人一般從事布業、茶葉、皮貨、煙和藥材等日常生活用品，這些商業項目，收益穩定，雖不賺大錢但也足夠家庭開支。陝西商人的家人知道貪圖安逸是陝西人的特性，常擔心他花心或者離家不回，也時常要訓導和敲打著外出經商的子女，以免他們誤入「歧途」。

有這種心態的家人，當然希望經商的親人有些錢就夠了。他們並不希望他因生意上的事而長久離開故鄉，更擔心他戀上外地而不再返家。

陝西商人本身有貪圖安逸的思想，家人又不鼓勵他多賺錢，因而「小富即安」就成為陝西商人的一個普遍心態。

「小富即安」的心態造就了一幫相似的陝西商人。這個在中國商幫中的地方商幫既不顯山也不露水，自甘其樂地躲在山西商人這個老大哥背後，過著相對安穩的生活。

現代的陝西商人，依然未能擺脫「小富即安」思想的束縛。他們走南闖北，從事的卻只是小買賣。

南方商人如此評價陝西商人：比較老實，但也耍花招，可惜技藝拙劣。

外國遊客如此評價陝西人：變著花樣騙我掏腰包。

顯然，具有經商傳統的陝西人與山西人一樣，商業傳統曾被中斷，目前許多缺乏商業技巧的做法也與過去的陝西商人們做法相差太遠。

陝西人在歷史上曾經輝煌過，如今是他們再鑄輝煌的時候了。

陝西人有理由有條件再振商業雄風，唯一的前提是：召喚商業精神。

第十六章

中國南方人的商業精神

長江以南，人們會看到另一種人。他們習慣於安逸，勤於修養，老於世故，頭腦發達，身體退化，喜愛詩歌，喜歡安逸。他們是圓滑但發育不全的男人，苗條但神經衰弱的女人。他們喝燕窩湯，吃蓮子，他們是精明的商人，出色的文學家，戰場上的膽小鬼，隨時準備伸出的拳頭落在自己頭上之前就翻滾在地，哭爹喊娘。……北方人基本上是征服者，而南方人基本上是商人。

——林語堂

一 穩中取勝的江蘇人

十九世紀末，德國人利希霍芬是這樣評價江蘇人的：

江蘇人和安徽人可以看作是中國的平均型，農耕、小工業和漁業是下等階層人的主要生計，在上等階層中發育著精緻的文化，如蘇州那樣的柔弱文化。江蘇省和安徽省一起享有學問之鄉的美名。

江蘇人是中國人的平均型，這是利希霍芬得出的結論。這是一個有趣的結論。

實際上，江蘇人緊鄰山東與浙江，在性格上具有較為中性的特質：江蘇人做事沈穩不輕浮，實在，這些方面類似山東人；頭腦機敏，有膽有識，崇尚學問和智慧，這些方面又類似浙江人。

在商業上，江蘇人以穩中取勝見長。

商業情結

江蘇人經商是有歷史傳統的。

早在春秋戰國時期，越國大夫范蠡，在輔佐越王勾踐「臥薪嘗膽」重建越國，最後東山再起，消滅吳國之後，他對另一位越國大夫文種說「飛鳥盡，良弓藏；狡兔死，走狗烹」，然後攜帶絕色美女西施泛舟太湖，過起隱居生活。因他經商有方，資產累積鉅萬。人稱「陶朱公」，此後「陶朱公」一名成為富商的代稱。范蠡經商成功的事例，讓太湖流域人們留下了深刻的印象。

江蘇人經商，最有名和最成功的是蘇州附近的洞庭商人。他們可以作為歷史上江蘇商人的代表。

洞庭東西兩側物產雖豐富，但糧食卻不足以自給，周圍太湖流域物產又很豐富，增產潛力大，在明清時期形成大規模商品生產基地。洞庭人自出生便耳濡目染父母輩的商品交換，懂得物產價值，他們天生就是商人後備軍，太湖流域四通八達的水道，為江蘇洞庭人經商提供了各種方便。

在這種經商福地中，如果都還不去經商，那才是咄咄怪事。

揚長避短

洞庭商人經商的範圍主要集中在糧食業、布帛業及其染料、糧食加工等附屬行業中。為什麼洞庭商人不主要從事鹽業、典當業這類經營呢？在當時經營鹽業是獲利最豐厚的，是商人爭著經營的行業，按一般常理來推論，蘇州地區靠近淮、揚，從事鹽業經營也很有條件：民風民俗相近，情況熟悉，交通又便捷。從事典當業獲利也頗厚，是許多外省商人熱中的行業。

洞庭商人不去主要經營鹽業、典當業，這是與他們的性格有關。江蘇人沈穩踏實的性格決定了他們不願與已占先機的晉商、徽商、陝商爭奪鹽利，典當業也是如此。他們喜愛做實實在在的事，對於那些能獲暴利但風險又大的行當既不適應又不想做。「十鳥在林，不如一鳥在手」，這正是他們的聰明之處。

蘇州洞庭商人非常務實，絕不好高騖遠。事實也證明了洞庭商人見識的正確。洞庭商人在他們看準的商業行業中，拳腳並施，大顯身手，成績傲人。

洞庭商人除了與徽州商人在川楚米糧與江南布帛的販運中平分秋色外，還幾乎壟斷了清前期湖南本地所產棉布的銷售業務。洞庭商人趁徽商還未注意到湖南時捷足先登，搶先控制了湖南的布帛業，這是他們廣開商業之路的一種思想反映。當時在湖南從事布匹活動的商人大都是洞庭商人。他們同時進行布帛和糧食的長途販運，從中獲取較為穩定的商業利潤。

揚長避短，體現了江蘇商人的見識。而開拓創新，又體現出江蘇人的膽氣。

鴉片戰爭以後，帝國主義勢力大舉入侵，上海成為重要的開埠城市。江蘇商人（主要是洞庭商幫）審時度勢，知道往常販賣糧食及布帛業的傳統生意很難繼續做下去了，他們紛紛改變經商項目，大舉進入上海城，轉向經營錢莊和銀行。通常在未獲得專業知識之前，先到外國銀行中作買辦。

蘇州商人由於資本雄厚，他們之中有不少人很快轉入經營中國式的金融業錢莊。當時能開設錢莊，就被人認為是殷實富戶，可以抬高身價，增加帝國主義銀行對他的信任。由於買辦是一種擁有商業特權的特別商人，可以從其經營的商業中學到許多有用的知識，而且又可從中牟取暴利，所以蘇州商人都願意去當買辦。帝國主義銀行只有對繳得起數萬到十數萬兩白銀作保證金的人才放心雇為買辦。

江蘇商人大量地進入金融業，也正是他們揚長避短的商業考慮。

善於經營

江蘇商人在商戰中避免了失敗。

在徽商、晉商、陝商、山東商人的商幫紛紛衰亡時，江蘇商幫卻渡過難關，依然活躍在中國商界，雖然比不上寧波商幫那樣，商運一直通暢，但也比國內其他商幫要強，只是到了一九四九年以後，才因為歷史的原因暫告中斷。

江蘇商人充滿活力的原因除了在商業經營上有膽有識之外，他們的經營觀念也是他們在商業上立於不敗之地的一個保證。

江蘇句容縣商人王秉元根據自己與別的江蘇商人經商的親身體驗和感受，編撰了一本指導人們如何經商的入門之書《世事》，專門介紹坐商所應了解的知識。

從這本書中，我們可以從中窺見江蘇人經商的觀念和風格：

禮貌待客：顧客進店時，店員必須挺身站立，神態要「禮貌端莊」，要和顏悅色地詢問顧客要買什麼商品，要給顧客留下良好的第一印象，使顧客心中歡喜。洽談生意時，「要謙恭遜讓，和顏悅色，出口要沈重有斤兩」，要如「春天氣象，惠風和暢，花鳥怡人」，做到「人無笑臉休開店」。做生意時，「需要花苗，言如膠漆，口甜似蜜，還要帶三分奉承，彼反覺親熱，買賣相信。如最相熟者，還可說兩句趣話，多大生意，無不妥矣。」對那些還價太低的顧客，也「必須笑容相待，推之以理，詳之以情」，切不可「浮草大意，回他去了」。做生意要禮貌待客，這是江蘇商人普遍遵循的準則。

顧客至上：接待顧客時，「不論貧富奴隸，要一樣應酬，不可藐視於人。只要有錢問我買貨，就是乞丐、化子，都可交接不以貌取人，貴賤長幼一律平等。交談生意要恰到好處」，「雖要言談，卻不要太多，令人犯厭，須說得當，你若多言，不在理路上，人反疑你是個騙子」。相反，若是性急，「三言兩語，將幾句呆話說完，及至結局，沒得對答」。人家以為你不耐煩，生意肯定做不成。如果顧客嫌貨物價貴，店員就要做些必要的解釋工作，「必須將貨物從地頭因何而貴，或是不出，或遭乾，或遇水荒，以致缺漲，如此分剖明白，買者自然信服，添價買去」，對那些批評貨差的顧客，也不可粗魯行事，「他善批你，你亦善解」。對那些還價不到本的顧客，也要虛與周旋，切不可「拋去不理他，恐買者動氣而去」。足見江蘇商人真正是本著顧客至上，客為衣食父母的原則，耐心應酬顧客，務必要將生意做成。

靈活應變：招攬顧客，必須機靈，注意傾聽顧客的答話，善於「聽他出口，探其來意」。從顧客的言談中「度情察理，鑒貌辨色」。交談時要掌握好分寸，「如彼公道正直，出言有理，必須公道待他。……如那人本來粗躁，話語強硬，亦不可弱與他，要放些威嚴應付他」。以免他以為店家膽小而惹事生非。向顧客要價時，基本原則是先出口「瞞天說價」，再讓顧客「就地還價」。這是因為「時下生意，老實不得，要放三分虛頭，到後奉讓，彼是信服的。你若突然說實在價，買者未必全信，絕不肯增，只有減的」。當然還要視是缺貨還是冷門貨而定，價格「需要水馬不離橋，不可過於離經」。總之，在向顧客要價時，必須做到「見景生情，隨機應變」才是。做生意時，要根據不同情形作出靈活的變化。對那些只還價而根本無意買貨的顧客，照本也要賣，由此可能會經他宣傳拉些顧客來，這叫作「拉主顧」。對於虧本生意，偶爾也要做，「今日不成錢，還有下次扳本」，對於大筆生意，應該「慷慨些、灑脫些，比不得做小生意，錙銖必較」。甚至在付貨款時，也要有變通的餘地，不能過於刻板，一味固執。

從這本論經營的書中可以看到，迎合顧客的消費心理，靈活應變，不拘一格，已是當時江蘇商人普遍堅持的經營宗旨。

江蘇商人善於經營、穩中求勝這一特點在今天的江蘇人中仍得以保存。

江蘇的工農業總產值在全國是數一數二，洞庭商人的家鄉蘇州市雖然貌不驚人，但在全國排名榜上躍居前列，將許多著名大城市遠遠拋在後面。江蘇每年工農業產值都是穩步上升，從未有大起大落的情景。

中國南方的「首富村」華西村，就是以實業取勝，在經營過程中，腳踏實地，沒有花招。他們與中國北方的「首富村」天津大丘莊不同，大丘莊的領導有太多的政治情結，喜歡玩些轟動效應的花頭。

江蘇人的鄉鎮企業多，但假冒偽劣產品卻並不多。鄉鎮企業經營都比較規範，有遠見卓識，都在力爭企業上等級、上規模。

江蘇人不追求暴利，不在股票上下功夫，炒股票的人要比許多省市人少。也不喜好收藏和轉手倒賣郵票、錢幣和古玩。

江蘇人樸實，著裝一般，從不領導時代潮流。手中有錢，但不擺闊。八〇年代的南京城，很少有出租車，大都是機動三輪。機動三輪滿街走，構成了南京城中的一道風景線。

江蘇人好學習，喜歡鑽研自然科學和經濟學，是出科學家、企業家的搖籃。

江蘇人的商業精神值得稱讚。

江蘇人，實幹致富的典範。

二 精明的上海人

上海是一個極富商業精神的城市。

上海是個著名的移民城市，它和內陸城市很不相同，這裡很少有住居百年以上的世家大族，土生土長的上海本地人也極為有限。全國各地的人來到這裡謀生存求發展，蘇南上海人、廣東上海人、寧波上海人、蘇北上海人舉目皆是。一八四三年開埠以後，各地人民抱著各自的理想和目的相繼踏上這片土地；後來，外國人也「移」了進來。五方居民雜處，華洋之人雜居。對於工商的興盛，社會的繁榮，顯然產生了不可忽視的作用。

上海是一個冒險家的樂園，是一個人們做黃金夢的嚮往之地。

上海與北京一樣，也是社會精英薈萃之地。兩者不同的是：帶有政治情結的精英名流薈萃北京；帶有商業情結的精英名流雲集上海。

大多數人到上海的目的，就是兩個字：發財。

在極濃厚的商業氣氛中薰陶出來的上海人，自然具備了商人般的精明。

成功的商人

上海這個移民城市裡，匯集了無數中外商界精英，他們在商場角逐中，都使出自己的看家本領，力求在激烈的商戰中站穩腳跟。

上海又是個自由的港口，任何人無需簽證即可上岸，它不僅吸引著許多雄心勃勃的人，也容納了許多走投無路的人。不同種族、不同出身的人，都從世界各地匯聚到上海這個東方城市，用艱辛和努力開拓自己的生活，實現自己的賺錢野心。

第一次世界大戰後的世界經濟危機，提供上海經濟脫穎而出的機遇。外國商人為逃避經濟危機和世界大戰所造成的經營風險，紛紛把投資轉向上海這片「安全」的區域。加上租界奉行投資者一律平等的原則，上海成為中外資本的交匯處。廣大的江浙地區實際上已成為上海的衛星工業區域，上海則搖身一變而成為中國的金融中心，成為一塊人們發財的福地。

愛狄・密勒在《上海・冒險家的樂園》一書中說：「上海，華洋雜處的大都會，這政出多頭的大城市，這紙醉金迷的遊樂場，這遍地黃金的好地方，正是冒險家的樂園。」

一百年來，「到上海去闖一番事業」的念頭，不但盛行於中國江浙、皖粵，也流傳於英倫三島及歐美人之中。上海的特殊地位，使它成為國與國間唯一可不需簽證旅行的城市；租界當局更是鼓勵任何人來上海創業。於是這城市便留下許多「一只破箱進上海，滿船財寶返故鄉」的神奇故事。

一個最吸引外國冒險家的故事是：一八七四年，一位英國窮猶太人從印度來上海，在洋行看門，自己做些煙土生意。後來把幾年來所積聚的錢財冒險投資在荒蕪的南京路西段。至九○年代，上海快速發展，而南北又分別被法租界和閘北華界堵住，只能向西拓展，當年以每畝二十兩銀子屯來的地暴漲了兩萬倍。一夜之間，這位流浪漢變成遠東第一富翁。

這位大富翁就是在上海灘赫赫有名的歐司愛・哈同。

哈同從鴉片貿易中積聚了最初的資本後，就著手經營上海的房地產，經過幾十年的苦心經營，他成為上海的地皮大王。一九三一年六月哈同病逝後，留下土地達四百六十餘畝及各種房屋一千三百多幢。上海南京路上著名的四大公司，其中兩大公司（永安和新新）的地皮都屬哈同所有。

鴉片貿易和房地產投機使哈同一類的外國商人獲得了數十倍、甚至幾百倍的利潤，上海是「冒險家樂園」的名聲逐漸散播全球，越來越多的外商湧向上海。據一九三一年統計，當時僅英、美、日三國商人在滬的投資就達十・五億美元。

外商來滬，在上海投下巨資興建金融與實業，推動了上海的工業化：最先伴隨著貿易而起的是金融和航運；由航運又帶動了保險、碼頭、倉儲、船舶修理及與此相關的製造業。一八五六年，美國人貝立斯在吳淞開設了一家修船廠，這便是上海最早的近代企業。在外商的刺激帶動下，由一八七○年起，上海的民族工商業也逐漸興起並在與外商的激烈競爭中日益壯大。二十世紀，民族式商業利用第一次世界大戰外商自顧不暇這一良機，終於取代外商的統治地位，而成為上海經濟的主導力量。

在上海中國最早的企業家、實業家大都是寧波和蘇南籍商人，他們大都是從洋行買辦轉變而成。

二十世紀初，當上海逐漸顯露投資環境的優勢時，許多實力雄厚的僑商紛紛來滬，甫到上海即顯示了他們巨大的影響力。當時聞名於世的上海四大百貨公司和南洋煙草公司都是由僑商創辦的。

這一段時期內，上海企業家善於運用第一次世界大戰的有利時機，壯大自己的企業。榮宗敬、榮德生兄弟將企業開辦在離上海不遠的家鄉無錫，既利用「造福鄉梓」的人和優勢，又直接靠近原料產地，以上海作為他們融資、建立銷售網絡的大本營，揚長避短，充分利用兩地的優勢，使其企業效益倍增，壯大了榮家企業集團。

到本世紀三〇年代，隨著當時高新技術的發展，一批受過高等教育的工程師和技術人員在創業中異軍突起，他們本身有精湛的技術和科學知識，利用新產業崛起之機，通過廣攬人才得當而快速發展起來。其中著名的便是方液仙的中國化學工業社和吳蘊初的大廚味精廠。到三〇年代，方液仙的企業已從開業時的一萬元資金增加到二百萬元資本，中國化學工業社也成為中國近代規模最大的日用化學工業企業，他創立的「箭刀」牌肥皂、「三星」牌蚊香暢銷至今。

這些高新技術產業構成了上海產業資本的中堅。

上海的華人資本家都具有不屈不撓的精神，他們憑個人的精明強幹，兢兢業業，努力奮鬥，一步一步在競爭中確立了地位，逐漸將外國產品擠出中國市場。在二〇～三〇年代，上海的華資工商業不僅在國內市場確立優勢，而且還大力開拓海外市場，特別是在南洋一帶成功地取代了日本產品的統治地位，在上海華資工商業史冊上寫下了燦爛的一頁。

上海人的商業氣質

曾經有人把上海人稱作是中國的猶太人，誇獎上海人精明、會做生意、生存能力強。也有人不這樣認為。

海外華人陳若曦在《晶晶的生日》一書中，對上海人作了辛辣的描述。所謂上海人的地方特徵，在陳若曦犀利的筆尖下，暴露得淋漓盡致，那就是上海人喜歡講排場，好充面子，慣以領先時代、崇尚時髦而自傲。

她並且表示，上海人的性格可以這樣形容：口氣誇張，有極度的優越感，如果我們遇到這樣的人，那你就可以推斷出他就是上海人。

一個與上海有過接觸的日本人出來打抱不平，他說：

陳若曦的文章只列舉了上海人的缺點，那是因為她是以一個上海系以外的人的立場來看待上海人，所以她忽略了上海人的許多長處。比如，領先時代，有先見之明，這在中國人中是極為難能可貴的；上海人還具備實踐力，並且能巧妙地利用他人的財力來實現自己的目的。

事實上，在中國其他地方的人的眼中，上海人是個毀譽參半的形象。

不少外地人認為上海人「小氣」，其實這種印象與上海人的實用主義有關，大多數上海人不願花他們認為不該花的錢。

不少的商人認為與上海人做生意，談判是件頭疼的事。所謂上海人難以談判是指談判過程中，上海人很注重保護自己的利益，也就是不肯吃虧。生意場上保護自己的利益是天經地義、無可厚非的。談判是不能意氣用事和感情用事的，只能按照商業規則行事。上海人注意保護自己的利益，這是符合商業規則的。

談判的技巧在於盡可能地使自己得到最大利益而又使合作成功，從上海外資企業成功率最高這一結果任何人都會得出這樣的結論，上海人的精明在生意場上發揮了最大的能量，取得了最好的效果，上海人其實是這方面的高手。

許多國內客戶和外商反映，儘管和上海人打交道挺困難，談判費時費力，但一旦談判成功，上海人在遵守協議方面做得十分出色，接下來的事情變得非常省力，而且結果大都能取得既定的預期效果。因此他們認為雖然談判很艱難但還是值得。

從商業行為上而言，這種交道反而讓人感到安全可靠。許多客戶之所以經過一番曲折後，反而回過頭來願意和上海人做生意、合作，還是覺得和上海人做生意成功率要大一些。據有關部門的抽樣調查，國外客商和國內私營老闆，均公認上海是近年投資環境最好的地方。事實上，上海是吸引外資最多、外資到位率最高的地方，而且平均項目規模比較大，上千萬美元的較多，外商追加投資現象也較多。這也是推動上海經濟這幾年飛速發展的一個重要因素。

但上海人的弱點也同時暴露出來。

上海人在交易中確實喜歡講排場，而且並沒有實際的內涵，這是很危險的。儘管上海人交易成功的例子不少，但孤注一擲，到後來一敗塗地的人也很多，而且在有些情況下，他們也容易被人拆穿騙局而失去信用，這是其他地域的中國人所不屑的。

上海人在貿易上持的觀點是：盡力做成生意。因而在貿易上，有勝者為王，敗者為寇的思想，成功者經常被人談論，「勝者就是勝者」，這是他們的哲學。

務實的商業精神

上海人務實，反映在上海商品的質量上。無論是上海家具還是上海服裝，都具有幾個很明顯的特點：簡潔性、實用性、精巧性、適價性。

現在全國各地都有「上海裁縫」字樣的裁縫店，不論是否真是上海的裁縫，這個字樣所代表的就是一流的品質。

上海服裝品味講究素淡、講究新潮。絕非大紅大紫的色系，以黑色、鉛灰色、石子色為時興，顯得清麗。上海的電子、機械產品也以質量可靠著稱；各種商品都顯得較為精巧，這是與上海人心細手巧，擅長於工藝等特性分不開的。

上海人務實的商業精神還反映在上海人的服務態度上。

上海各商場比較關注平民的購買能力和心理。外地人到上海，喜歡購買上海貨，除上海商品質量本身較好之外，他們還看重上海的服務，認為買上海人的東西也較放心。上海商家的一言一笑，既有坦誠感又無憨傻感，既有睿智感又無狡詐感。在上海灘淮海路的大商場裡，那些二十多歲的女售貨員，穿著素淡，恬靜微笑，介紹商品婉轉輕柔，讓人欣然掏了腰包。可以說上海人最諳「微笑服務」的內涵。

上海人的服務態度與北京人的服務態度往往形成對比。

兩個來自西北的戰士到上海一家麵館吃麵，兩人要一斤麵，麵館裡的賣票小姐忙勸告說：「你們兩人吃一斤麵會吃不完，你們可先要六兩麵，不夠再添。」結果兩人只吃了六兩麵就飽了。他們後來出差到北京，也在飯館裡吃飯，發現肉餅又鹹，還有一股味道，找到服務員，服務員不管，說找經理。經理出來卻說：「肉餅品質絕對沒問題，至於鹹嘛，本店可以供應開水。」戰士以後談到這兩件事頗有感觸，說是人與人就是不同。

在北京的集貿市場有一個現象也與上海差別很大，例如買菜零頭，如六毛三分，一般上海就收六毛錢，去掉零頭，而北京則常會收七毛錢，這在上海人看來是難於理解的。實際上，這種小事正可以看出上海人的商業精神。

敢為人先，開拓創新，這也是上海人務實精神的一種表現。

九○年代初，上海證交所成立，上海股民踴躍入市，是全國股民最多的城市。

上海的服務，至今仍在領導著全國的潮流。雖然新奇怪異時髦的特徵一度南下，而成為廣東的特色，但「上海服裝」這四個字在全國各地仍有極大的吸引力。「上海服裝」字面下的意思是：做工精緻，用料考究，體現著上海人的精緻作風。

上海與外商簽訂的合同符合規範，細節考慮周到，執行中少有麻煩，因而成功率較高。統計顯示，上海的外資企業成功率最高達九八%，居全國之首。八〇年代末，連續三年的全國「十佳合資」企業評選，上海均占半數。

上海浦東開發區無論是其開發速度、建設效果、投入產出，在全國來講都是第一流的。在商品經濟大潮席捲中國大地的今天，上海掙錢的速度和數量都是搶先的。

講求實際的精神使上海人重視事物的實用，而本能地反感那種遠離現實的、空洞抽象的說教和大道理，他們是頑固的現實主義者。他們沒有那種為追求某種抽象價值不惜玉碎的政治激情，而是更關注切身的經濟利益。

上海人更接近於西方人例如美國人，他們不會為那種空虛、缺乏實用價值的事而投入感情。

上海人也沒有中國某些地方的商人通常易犯的毛病，將個人感情與生意交織在一起。上海人做生意是生意歸生意，交情歸交情，絕不會為雙方有交情而在生意上作謙讓。

上海人也比較注重商業技巧。華聯商廈開到全國許多大中城市就是一個例證。在商品宣傳上、注重氣派、注重企業的形象。如桑塔那轎車的廣告，非常注重購買者的心理，針對潛在市場，大為宣傳該車的品質。

總而言之，上海人具有商業精神，是受到西方商業行為影響最多的群體。上海人的商業氣質是精明仔細認真，略顯拘謹摳門；上海人商業行為上的性格具有雙重性，一方面看是狡猾機警，另一方面看是誠實可信，他們的行為多受現代市場經濟的制約和規範，嚴格在市場規則範圍內行事。

上海人，是值得信賴的生意夥伴。

三 具有經商天賦的浙江人

德國人利希霍芬對浙江人也有一番評價：

浙江省人，由雜種多樣的人組成，只是近百年才服從中國的統治。山地風土各異，沿海較為整齊，與福建相同。沿海有特殊種族，如寧波人，寧波人在勤奮、奮鬥努力、對大事業的熱心和大企業家精神方面較為優秀。一般的浙江人性格柔軟，給接觸者以好感。紹興居民與寧波及寧波附近的居民人種不同，下顎明顯突出，容貌醜陋，年輕人尤其如此，上年紀的人則不明顯。居住在從桐溪到杭州的錢塘江流域的人比其他地區的中國人穿著更漂亮，居室也綺麗，樣式美觀，幾乎沒有窗，裡面骯髒。牆塗成白色，遠望甚是好看。吃食比北方人好，但談不上乾淨。皮膚病患者多得驚人。街道用精心打製的石塊鋪成。居民很能幹，善於背東西，女人和男人一樣幹粗活、撐船。年輕女子和老婆婆把褲管捲起，在水中拉縴，與男子無二。鄰省江西，做這種工作的都是男子。在中國，相鄰的地區也會存在巨大的差別。

寧波人是浙江人中的特殊分子，寧波人在上海勢力很大，船夫、水手大部分都是寧波苦力，寧波出身的男傭正驅逐著廣東出生的。然而勢力更大的是買賣人，尤其是商業中的寧波人，完全可以和猶太人媲美。廣東商人作為大商人，要求和歐洲一樣的價格，而寧波商人則更看重小的、零碎的利潤。寧波人中最值得注意的是寧波北部的慈溪人。紹興人，有著和慈溪完全不同的精神傾向，下級官吏輩出。

這個德國人，他對浙江人的看法特別是經商才能的看法是犀利的。雖然有一些地方還不能讓人苟同，但他這些見解無疑是一個有益的參考。

中國商人數量最多的地方是哪裡？是浙江。

中國商人中最有經商才幹的是哪兒的人？是浙江人。

中國歷史上，安徽商人、山西商人，都曾紅極一時，然而俱往矣，他們都是「無可奈何花落去」，他們代表的是過去。

只有浙江商人，從過去走到現在，生意興隆、事業發達，真正是「財源茂盛達三江，生意興隆通四海」。他們代表的是現在。

浙江人從過去順利走到現在，靠的是什麼？靠的就是商業頭腦。

浙江人的商業頭腦是在歷史過程中形成的。

盛產商人之地

浙江人從事經商活動，有得天獨厚的地理優勢。浙江地處東海之濱，居大陸海岸線中段，海道輻輳。內陸河道縱橫，交通非常方便，與外地聯繫便捷。浙江氣候適宜、土地肥沃、物產豐富，有發展對外交易的物質基礎。

浙江人經商，有悠久的歷史傳統。他們在長期的經商實踐中，積累了許多經商的經驗。早在秦代以前的越國大臣范蠡輔助勾踐打敗吳國之後，就棄官從商，經營有方，富甲天下，可以說是浙江歷史上最早的大商人了。晉時，寧波「商賈已北至青、徐，南至交廣」，走南闖北地做生意，唐代時，寧波、溫州都是貿易港。泛海興販的浙江商人從寧波出發，橫渡東海到日本島。當時大商人李鄰德、李延赤、張支信、李處人等，都自備船舶，往返於日本與寧波、台州、溫州等港。南宋期間，杭州、寧波、溫州等地官方都設有市舶司，專管海外貿易，與高麗、真臘（柬埔寨）、日本都有商船往來。當時溫州以「其貨纖靡，其人善賈」而名聞全國。當然這些商人大都在官府的管制下做生意，有一些人就是專為朝廷販運貨物的。明清時期，政府厲行海禁，寧波、溫州一帶的合法海外貿易一度停滯，而走私貿易異常活躍。嘉靖年間，通番者已「不可數計」，甚至「極遠之物，皆能通之」。商人還經常裝載硝黃、絲棉等違禁諸物抵日本、西歐諸國進行貿易。

明清時期，浙江境內先後崛起兩大商幫，一個是浙江衢州的龍游商幫，一個是大名鼎鼎的寧波商幫。這兩大商幫都在中國商場上叱咤風雲，都在中國商業史上留下大名。

最先崛起的龍游商幫，雖然身處偏僻之地，但卻見識不凡。龍游商人經商的意識與外省商幫不同，除了做自己熟悉的傳統商業行業生意之外，還經營新的、對商人素質要求較高的行業，如古玩、珍寶、書業等。並且在僻處浙西山區之地萌發出資本主義生產關係。而在當時，全國僅有江南蘇州一帶才有這種新型的生產關係。

後崛起的寧波商幫，在見識上不僅不遜於龍游商幫，而且更勝一籌。當海上貿易被清廷禁止之後，馬上轉向新的商業行業。他們以傳統商業如糧食、布帛、藥材等為安身立命之基，以沙船販運業、輪船運輸業和錢莊銀行為支柱產業，快速積聚資本。鴉片戰爭之後，迅速進軍上海，在上海這座大通商口岸中扎下了根，並以強大的勢力雄踞上海灘，執掌上海金融業的牛耳。

寧波商人並不就此罷手，他們又一鼓作氣，更新經營項目，搶占新的市場。他們開拓勞務性商品的經營活動，全力經營進出口貿易、五金顏料業、鐘錶眼鏡業、呢絨洋布業、日用洋貨業、西藥業、房地產業、保險業、證券業、公用事業和新式服務業等新興行業。這些行業的經營都取得了傲人的成績。

浙江商人不僅人數多，而且富商大賈多。這些富商大賈在中國商業史上都是赫赫有名的人物。

說浙江是盛產商人的地方，一點也不為過。浙江商人曾以「遍地龍游」和「無寧（波）不成市」而聞名天下。近代則更是不得了，除了浙西衢州和浙東寧波之外，浙江的溫州、東陽等市的商人名頭又再次聲震全國，名動天下，連歷史上盛產下級官吏的紹興人也改變了「無紹不成衙」的舊風習，解開了身上的政治情結，投身於商海之中。

天生的商人

浙江人商業頭腦發達，某貿易公司負責人說：「浙江人真會做買賣，簡直是天生的商人，連猶太人也比不上他們。」浙江人的確是天生的商人，其商業頭腦無可比擬。

浙江人做生意最大的特點是審時度勢，捕捉商機，順應潮流，適時創新。

昔日的龍游商人能在徽商、晉商稱雄商界時崛起，並不是偶然的，他們避開徽商、晉商占優勢的商業行業，另闢蹊徑，專門經營兩大商幫顧不及商業行業，從而在商界積累起力量，悄然崛起。

昔日的寧波商人更是見識超群，其遠見卓識常令人拍案叫絕。海上貿易做不成，改作內地貿易；傳統商業積聚資金後，又改做有厚利的支柱行業；通過支柱行業發大財後，又將資金投入更大的金融業之中，同時搶灘城市勞務性的工商業。處處占得先機，領先一步的結果是生意滿盤皆活。國內生意做下去將面臨困難，又適時抽走資金，奔向東南亞、日本、香港、台灣等地，在海外形成著名的海外寧波幫，威勢震動海外。

寧波商人的商業經營，真是絕了。

當人們被浙江人的經商氣勢唬得一楞一楞時，中國浙江又冒出一批浪跡四海、不辭勞苦、精明透頂的商人，這批商人與寧波商人不一樣，他們不是巨賈大亨，也不是小商小販，他們有自己的購銷網，有自己的加工基地，他們的經營範圍很廣，從家電到服裝，從零部件到成套設備，從日用雜品到高科技產業，樣樣俱全，人們對他們由陌生到熟悉，從他們口中綿軟的方言，人們知道他們來自：溫州。

溫州人做生意不辭勞苦，只要有錢賺，他們就不在乎體力與腦力的付出，也不在意經商的生活環境如何。溫州人信奉薄利多銷、和氣生財，溫州人不好大喜功，賺起錢來一絲不苟，踏踏實實。溫州人有的是江南人特有的那種精打細算、兢兢業業的精神。

不管人們怎樣褒貶，溫州人是浙江人中有鮮明特色的一個群體。他們有傳統浙江人的勤勞、精明、細膩，也有現代的開放意識和商業頭腦，他們吃苦耐勞、眼光敏銳、腦子靈活、腿腳快。改革開放以來，溫州人最大限度求發展。他們最早從事勞務輸出，最早從事小商品批發，最早與國外企業做配套聯合，溫州人走的是外向型的發展之路。

新的一輪太陽即將升起，溫州人正面臨著光明。

浙江人的商業頭腦好用，外地鮮有能與之相比的。

浙江人經營商業，最愛出奇制勝。在這一點上他們與山東人完全不同。山東人喜歡按部就班從正面發起進攻；浙江人卻常正面佯攻，出奇兵從側面或後面，一舉攻占商業陣地。他們擅長的是轟動效應，比如浙江某公司在全國各大報登出招聘啟事，聲稱要招聘年薪五十萬元的總經理，一時之間，全國鬧得沸沸揚揚，該公司一下名聲大振。馬家軍在田徑場上揚威世界時，馬上就有浙江某公司生產的什麼「鱉精」，號稱是馬指導親自配方的人體最佳補品，這些都是商家的伎倆。雖然感覺出是花架子，但你仍不得不佩服這些浙江人的腦筋。

浙江人也有靜悄悄的時候，這種時候出現，那就是浙江人已派出「小分隊」，要奇襲「白虎團」了。越是這種狀況，當地商家越要小心你的陣地，否則一天早上睡醒，才發現「城頭已經變換大王旗」了。四川成都市的東大街，過去都是本地商人的店鋪，不知不覺一下變成浙江人的「燈具一條街」，生意很不錯，令成都的商人個個羨慕不已。

浙江人經商，可以說是無孔不入，無處不在。這是浙江人的一個光榮歷史傳統。昔日的「龍游遍地」，「無寧（波）不成市」，已經說明了這一點，而今浙江人，更是「再接再厲」，「百尺竿頭更進一步」，越顯活躍了。全國各地可以看見浙江商人的身影，連「世界屋脊」的西藏也成為浙江人的聚居之地。

浙江商人，是令全國其他地方商人又佩服又疑懼的商人。

四 雄風難再的安徽人

安徽人有經商的歷史傳統。

歷史上的「徽商」，名動天下。那是一段令安徽人懷念的美好時光。

「無徽不成鎮」的俗諺在長江流域廣為人知。「遍地徽」，更是譽滿中華。

明清時期的徽商，能與其比肩而立的僅有晉商。但那輝煌的時代畢竟很快過去了。

或許徽商衰落得太快了。

或許徽商代表一個歷史的過去。

徽商，一個歷史的怪胎

明清時代的徽商，誰也不會料到，他們在中國商業史上只是曇花一現的人物。

徽商確實太自信了。

當年偏處安徽一隅的徽州，一個人口並不太多的地區，經過多年的經商發展，居然成為在中國商場上舉足輕重的大商幫。

他們活躍在大江南北，黃河兩岸。其商業資本之鉅，活動範圍之廣，經商能力之強，從賈人數之多，在商界首屈一指。

徽商之富給當時的中國人留下了極為深刻的印象：揚州是當時江南最富庶的地方，大富商充斥揚州城，其中大部分是徽人。

近人胡適曾對自己身為徽商之後頗感自豪，說「漢口雖由吾族開闢，而後來亦不限於此鄉」。也就是說，漢口的繁榮，績溪胡氏實有開創之功，後來胡氏家族以外的徽州其他家族人前去經商者也很多。

徽商的資財可分為三個等級，有百萬兩銀者為上賈，二三十萬銀兩以上的為中賈，二三十萬者以下的為下賈。故有「徽商富按江南」之稱。後來的紅頂子商人胡雪巖擁有的資產已達數千萬銀兩，名冠全國。

徽商如此氣派、如此厚財，足以說明徽人善於理財，其商業頭腦是很發達的。如此發達的商業頭腦為什麼沒能取得寧波商人那樣的業績？甚至連「土老財」晉商票號的氣勢都有些招架不住？

一個商業頭腦發達，又曾在歷史上有過傲人成績的徽州商幫，卻走向了窮途末路，不僅不能「鳳凰涅槃」，甚至連「枯樹逢春」的可能都沒有了。

歷史終於醒悟了：這是一個時代的怪胎。

徽州歷史上地狹人稠，素有「七山一水一分田，一分道路和田園」。本地所產的糧食每年僅能維持三個月左右，是一個被貧窮圍困的地方，而且「百貨仰給於外」。環境迫使人們很早就注意到商品交換。為了彌補和徹底改變自己的生活處境，他們很快就開始向外拓展。大批的徽州人懷揣著借挪來的幾兩碎銀，呼朋喚友外出經商。當時的民諺形容說「前古不修，生在徽州，十二、三歲，往外一丟」，憐憫之情，溢於言表。

徽商雖然親戚朋友一窩蜂都湧出去經商，在商界中形成了勢力強大的商幫。表面上看起來他們極富商業精神，骨子裡卻並非如此。

徽人的經商觀念是外商內儒，然而他們的情結卻是「外商內政」。徽人刻骨銘心嚮往的，仍是中國傳統的「儒生入仕」之途。他們經商，實際上是他們政治情結的一個極端表現。

徽州人，明時的著名學者汪道昆就曾指出：「夫賈為厚利，儒為名高。夫人事儒不效，則弛儒而張賈，既廁身饗其利矣，及為子孫計，寧弛賈而張儒，一弛一張，迭相為用。」意思是說，做生意是為了牟取巨額利潤，讀書則是為了追求功名，讀書博不到功名，就應當去經商，賺了一筆錢後，為了子孫後代考慮，寧願讓他們放棄經商而去讀書。以商養文，以文傳家，作為立家的兩種手段，視情況而交換使用。

這話可是把徽人的心態說白了。

在黟縣西遞村，徽人家家戶戶都有對聯，真可謂是詩書禮義之家。僅其對聯來看，誰也看不出這是一個大徽商聚族而居的村子。所有的對聯都是中國正統的儒家思想的反映，很少有商人那種趾高氣揚的味道。與商人有關的對聯，只有兩幅。

一幅是：

讀書好營商好效好便好，
創業難守成難知難不難。

一幅是：

淚酸血鹹悔不該手辣口甜只道世間無苦海，

金黃銀白但見了眼紅心黑哪知頭上有青天。

正因為徽人有強烈的光宗耀祖、光耀門庭的思想，他們對中國正統的入仕之途最為嚮往。他們雖然為生活計，迫不得已去經商，卻是為了「以商養文」，所以他們對子弟習儒和參加科舉考試尤為注重。徽商不惜重金辦教育、創書院，因而徽州地區文化發達，人材輩出，成為有名的詩書禮儀之幫。以致明代大文學家湯顯祖發出了「一生癡絕處，無夢到徽州」的感嘆。

徽商重視培養宗族子弟業儒的傳統，對徽商競爭是很有利的，徽州鹽商之所以能夠力克陝商人，而操商界的牛耳，除了地利之便外，更重要的是徽商善於利用宗族勢力，與封建政治勢力取得密切聯繫，從而控制了總商大權，壟斷了兩淮、兩浙鹽業。

徽商在商界的成功，是適應了封建社會的特性，他們代表了封建社會商人的最高成就，然而他們的事業是依附封建社會而存在的，封建社會的衰亡，便導致他們一同滅亡的命運。

五 經商果決的福建人

福建人具有雙重性格。

德國人利希霍芬評價福建人說：

福建人由各種各樣的人組成，在近幾個世紀才臣服於中原主權的。在福建內地，隔山就會有不同的風俗習慣，沿海較為統一，與浙江同。

福建省民常有械鬥。

利希霍芬的評價雖不完整，但他已看出兩個問題，一是福建百姓的多樣性，如各式各樣的人組成，隔山就會有不同的風俗習慣。二是民性剽悍，時常械鬥。

這樣就構成了福建人的雙重性格：

械鬥，就是成幫結夥的群毆。這表明宗族和鄉土關係的群體的緊密聯繫。為親族宗族和鄉里的利益可以奮不顧身。械鬥又說明了勇敢剽悍的福建人的破壞性。

福建人的性格決定了他們經商的風格：敢於冒險，也敢於破壞。

總之一句話，福建人經商果敢堅決。

福建人的商業氣質

福建人經商，最敢冒險，可以說，福建人是中國最具冒險精神的群體。

福建人的祖先來自中國各地。唐代時是北方中原百姓遷徙到福建。元代後期是南方江蘇、浙江、江西、湖南等地人口遷入福建。這些遷入福建和南方其他省份的人都被稱作「客家人」。客家人是中國最有毅力耐性而又最固執的人群。他們歷經艱險，背井離鄉來到一個陌生的環境，要創業繁衍後代，他們吃的苦最多，見識也廣泛，因而他們具有不達目的不罷休的堅韌不拔氣質，他們是中國政治家和商人的主要來源。

福建省中的客家人居多，他們的性格影響了整個福建人。但他們並未完全朝政治方向發展，而是朝商業貿易發展下去。

早在唐宋時期，福建人的海上貿易就已經興起，海商開始發展。

福建海商的雙重性格暴露無遺。福建人是中國幾個省份移民來的客家人和當地土著民的綜合。他們各自保持自己原先的風俗習慣，保持自己的宗族，他們對別的宗族有很深的防範之心，因而表現出對某一件事，有完全不同的意見。

當嘉靖年間海寇橫行之時，福建各地的士大夫對於海商、海盜的態度有著明顯的不同。漳州和泉州二府，是海商和海盜最為集中的地區，因此，這兩個地方的紳士們，一般都主張開放海禁，允許民間自由從事海上貿易活動。而興化、福州以及閩北諸府，進行海上貿易的人較少，以故經常遭受海盜的侵擾，因此這些地方的士大夫則極力主張嚴禁通海。

福建人的冒險性與破壞性雙重性格是一個方面，福建人還具有遷徙性和鄉土性的另一雙重性格。

客家人普遍都極富家庭觀念，因為他們在遷徙他鄉經歷磨難時，只有家庭家族是與他們站在一起的。所以在一般情況下，一個人從降生到老死，都脫離不了家庭生活，脫離不了對家族的依賴。自然而然就產生了「在家千日好，出門半日難」對家庭依賴的思想。認為「出外食魚食肉，不當（不如）在家食飯食粥」。他們平日厮守田廬、耕讀傳家、安土樂業的觀念根深蒂固。在閩西的一些客家鄉村，大部分人的活動範圍是很少超出本縣之外的，一般情況下都視離鄉背井為畏途。有時不得已而離家，也一般要想盡一切辦法回歸故土，重新納入家庭和族系。在家庭和家族中，他們有一種安全和幸福感。

但是客家又是在長期的遷徙生活中生存發展下來的一個特殊群體，它除了保留傳統社會安土重遷的農民意識之外，長期的遷移經歷又使他們養成一種開拓型的民風，因而他們又具有冒險進取、並不永遠固守故土的一面。特別是他們接受海洋文化影響後，更是如此。客家文化是移墾型文化，為了生存和發展，他們也可以視遷徙為常事。「情願在外討飯食，不願在家掌灶爐」便是這種精神的表現。他們認為在外討飯碰上機會尚可發跡成名，若株守老家，便可能一輩子沒出息了。因此，客家是集保守性和冒險性於一身的矛盾群體，一方面他們戀土戀家，另一方面他們又喜歡在外面闖蕩，保守性和冒險進取性在他們身上奇妙地結合在一起。

一旦外部社會產生壓力或刺激，他們會毫不猶豫地走向社會，去冒險、去競爭、去進取。

於是，福建人形成了很獨特的商業氣質，最明顯地反映在華僑身上，遠在海外的華僑，一方面為了發財，不辭辛勞，到處奔波經商，從不放棄任何商業機會，冒險的事是常有的。另一方面，他們又思戀故土，鄉情最濃。他們對國內家庭情意綿綿。銘心鏤骨，認為「瓜愛連藤，人愛尋根」，普遍具有「富貴不還鄉，如穿錦衣夜行」的傳統觀念。因而，不少華僑掙了錢後總是要設法匯到家裡購置田產，建造房屋，或捐資興建家鄉學校，有的甚至在年老時還要千方百計回鄉居住，以夙「葉落歸根」之願。

務實興邦

海洋為福建人帶來商業文化，衝擊著傳統意識形態，影響著他們的性格。

福建人進入海洋經濟後，群體文化發生變化。以商謀生的方式使他們有了商業精神，傳統儒家思想中的輕商成分逐步被現實洗刷掉，過去處於平衡的思想發生了傾斜，出現商業上極端冒險的精神。最後演變成政治思想上保守、經濟思想上先進的微妙混合體，成為道道地地關心物質需求的商人。他們不會帶頭去搞革命推翻政府，或編寫洋洋灑灑的現代思潮理論；但是卻能夠從國外買進先進的機器，了解國際市場的動向，興建新式學堂——很自然地進行現代化的實務。這種實務是他們以實務的方式來實現的。

福建人有很強烈的務實興邦的願望。他們有著光榮的出資資助革命的歷史。旅居海外的華僑募捐集資，支持中國的國民革命和抗日戰爭，其中最為典型的例子是南洋華人領袖福建華僑陳嘉庚。

陳嘉庚，福建同安縣人。現代最著名的海外華僑領袖。早年受孫中山的號召加入同盟會。他經營有方，事業蒸蒸日上，成為南洋第一大富商，又把賺來的錢慷慨地捐給中國的革命事業。滿清垮台，他發動華僑捐款給家鄉福建的軍政府，支援北伐，發動華僑抵制日貨、興辦海外華校、支援抗日戰爭、聲援中共。他為中華民族的正義事業提供了自己的最大貢獻。最後返鄉定居，逝世前捐出了自己的遺產。陳嘉庚的一生轟轟烈烈，正氣凜然，可歌可泣。

陳嘉庚的胸懷是博大的。他除了捐款支持國內抗日戰爭之外，他還捐出家產，在家鄉修建了廈門大學、集美航海專科學校等數所大學，他對家鄉和祖國傾注了極大的熱愛，為國家興盛，家鄉富裕，他不惜毀家破產，他為了集資修建學校，省吃儉用達到了近乎苛刻自己的地步。

人們評價他：百年來最偉大的福建人。

歲月滄桑，昔日的華僑愛國商人已逐漸離去。但他們血液中所浸透的務實興邦的精神卻一代一代留傳下來。今天的福建人，在改革開放的時代，膽氣更壯，豪氣逼人。他們敢於開拓、勇於創新的精神已經超越他們的祖輩，而祖輩那些保守性經過時代的洗禮已沖刷乾淨，在他們身上已找不到一絲蹤影。

福建人務實興邦的代表是閩南人。

閩南人自古以來就有漂洋過海闖世界的傳統，早在宋元時期，泉州就是當時盛極一時的東方大港，是海上絲綢之路的重要起點，曾有過「漲潮聲中萬國商」的盛況，由於對外開放和海洋文化歷史悠久，人們的「出洋」意識特別強烈。尤其是到了近代，泉州港由於南面廈門港的崛起而衰落了，經濟日漸蕭條，泉州、晉江一帶土地又很貧瘠，老百姓生活很苦，迫使大批泉州人漂洋過海，到海外去尋找一條生路，以居住在台灣、香港和東南亞一帶為多，泉州成為我國最大的僑鄉之一。改革開放以來，一千五百多萬泉州籍海外鄉親為故鄉的經濟發展做出巨大的貢獻，他們源源不斷地引來大批資金、技術，帶來了廣闊的國際市場和先進的管理方式，海外僑商的巨大商業優勢推動了泉州經濟的強勁起飛。

閩南重商文化氣氛很濃，這是歷史傳統所造成的。世世代代受這種文化薰陶的閩南人有著極強的經商發財意識，泉州流行一句話：不能當老闆不算好猛男！經商辦企業當老闆是年輕一代泉州人孜孜以求的目標，這種價值取向在石獅、晉江、南安的年輕人中表現尤為明顯。不到二十歲或二十出頭的年輕人管理一個幾十人甚至上百人的企業的現象經常可以看見。閩南人經商果決，如果他有十萬元，那麼他會再貸十萬元用於投資，而不會小農經濟式地到銀行存上五萬，只拿五萬出來投資。石獅建市後的第三代企業家大都才三十出頭，大都十歲以前就已經輟學經商，從小就諳熟生意之道，長大後又正好遇到改革開放的好時機，便如魚得水，憑著一股衝勁，很快發達起來。由於發財致富心切，一些閩南商人進入認識誤區，他們不遵守市場規則，也開始製造假冒偽劣產品，尤其以晉江、石獅嚴重。這是福建人所具有的破壞性的一種表現。幸運的是福建人能夠自律，自己將這種破壞市場規範的行為抑制住。閩南的經濟進入了重質量重信譽的嶄新階段。

現在石獅一大批第四代企業家正在崛起，他們都是二十來歲的年輕人，用不了幾年的時間，他們就會成為有建樹的新型企業家。

福建人務實興邦，頭腦中較少顧忌，更不會瞻前顧後，他們經商有膽略、有魄力、有勇氣。年輕人是「初生牛犢不怕虎」。中老年人是「鷹擊長空，魚翔淺底」，他們很有一點「自信人生二百年，會當水擊三千里」的豪邁氣概。

有兩首流傳甚廣的閩南語歌曲最能體現閩南人的性格和文化特徵。一曲《愛拚才會贏》可謂唱出了閩南人的心聲，「拚」和「贏」兩個字淋漓盡致地刻劃出了閩南人敢闖敢拚、勇於進取的精神底蘊；另一首《浪子的心情》則反映了漂洋過海，浪跡天涯的海外遊子艱苦創業的奮鬥精神，抒發了他們對故土無比思念的情懷。這兩首歌在閩南可以說是家喻戶曉，婦孺皆知。

今天晉江口三角區市場經濟的初步繁榮與閩南人的重商傳統和拚搏精神是分不開的，過去晉江一帶工業基礎薄弱，國有大中型企業幾乎是空白，其經濟的特徵是以非國有經濟、市場經濟和中小企業為主，占了經濟總量的九成以上，因而具有無比的活力。一個嶄新的閩南在崛起，福建在崛起。他們有著光輝燦爛的明天。

六 擅長經商的廣東人

十九世紀末，德人利希霍芬如此評價廣東人：

在廣東，居住和雜居著語言、相貌、膚色、社會地位千差萬別的不同種族。廣州市及其附近的開化種族，在所有的智能、企業精神、美術情趣方面都優於其他所有的中國人。廣東人幾乎掌握著中國所有工業，其工業製品數百年前就傳到了歐洲，說不定這個種族是當年海洋殖民者中有才能的人種的後裔，當地居民有客家族和土生土長的廣東人。客家族有特殊的方言，客家話完整保存著原有的語言形式，除北部和東部的若干地方外，省內大部分地區說客家話。客家族人民是勞動人民，從事農耕，在城市和港口從事交通和勞動。省內都市、商市中沒有客家族人，或者說，處於上層的是廣東人。廣東人對經營大商業和大交通業有卓越的才能。他們生長在自古形成的氛圍中，受其薰陶，形成了一個典型的人種。廣東人活躍在其他各省，尤其是沿海諸省的大城市中，他們受過良好的禮節和學校教育，膚色淡黃、有色，體格健壯、肥碩，這種膚色和體格，在客家人之中是看不到的。

當代的廣東人，是客家人和當地居民的共稱。利希霍芬的劃分法現在已經過時。客家人與當地人已融為一體，無法區辨了。

利希霍芬有一點看得很準，廣東人的企業精神是很優秀的。

通權達變

廣東人與浙江人都是屬於那種商業頭腦發達的群體。

但兩者之間也有差別，浙江人善於捕捉商機，廣東人則善於通權達變。

廣東人是富有經商傳統的。

明清時期，廣東海商形成了商幫，海商商幫是廣東商幫的中堅。廣東海商商幫也遇到明政府的海禁政策，海商也與福建海商一樣當過亦商亦盜的商人，但廣東海商較福建海商要明智得多，當他們見明政府要剿滅海商海盜時，不是與朝廷硬抗，而是轉變經商形式，亦商亦盜的海商或是轉向內地進行商業貿易，或是介入港口貿易，或是向航運企業轉變。

這種轉變雖然是迫不得已的，但卻預示著廣東商幫走上了一個新的路程。

廣東商人與徽商、晉商、寧波商一樣，追逐的是厚利。

廣東商品經濟的發展，為廣東商幫的快速崛起提供了堅實的物質基礎。

商品性農業經濟的發展，使農業分化出更多的商品生產部門，而且還分出更多的手工業部門，也同時產生了商品包裝、運輸行業，從而促進了社會分工的擴大。商品經濟的繁榮，使得從事加工等手工業和包裝、運輸行業的人口日益增加。城市人口不斷擴大。

廣東經濟進入了歷史上發展最快的時期。

廣東人的觀念也發生了相當大的變化。正統的「萬般皆下品，唯有讀書高」和「入仕封爵」的封建觀念被廣東人毫不留情地摒棄了。當時有既當官又經商的；有棄吏職而經商的；有棄儒而經商的；有棄農經商的；也有當官退休後經商的。

所以明清時期廣東商人是多種社會成分構成的，其中以「棄儒就商」和「棄農經商」者為多。這就說明，當時商業已經成為廣東社會人人嚮往的熱門職業。連當官的和當官退休的都在經商，真是開當時風氣之先。所謂「非經商不能昌業」，「無商不富」，是社會輿論對商業具有代表性的看法。

通權達變是廣東人獨特的行為方式。這種行為方式是由廣東人的變通思維所決定的。

廣東新會人梁啟超就民族性比較過沿海環境與內陸環境對人的思維特徵的不同影響。他說：「海也者，能發人進取之雄心；陸居者以懷土之故，而種種主繫累生焉。試一觀海，忽覺趨然萬累之表，而行思想，皆得無限自由。彼航海者，其所求固在利也，然求利之始，卻不可不先置利害以度外，以性命財產為孤注，冒萬險而一擲之。故久於海上者，能使其精神日以勇氣，日以高尚，此古來瀕海之民，所以比於陸居者活氣較勝，進取較銳。」

廣東人的「活氣」，即變通思維「較勝」，其進取心也就較強。廣東人這種變通思維，在近代表現得非常明顯。例如，親眼目睹香港的近代資本主義社會和資本主義生產方式後，深感中國再按照傳統的生活方式下去是不行了。於是太平天國運動的思想家洪仁玕在其《資政新篇》中系統地提出了仿效西方資本主義國家經濟制度，建立以機器工業為主體的經濟體系，改革政治制度，破除舊的思想文化觀念。至康有為、梁啟超時，為變法，率先上書的勇氣，震動朝野，一時，變法維新，風行天下。康有為是維新思想的集大成者，在《大同書》中，提出了廢除私有財產，實行財產公有，乃至消滅階級、人人平等的思想。

廣東人追求變通的思想觀念一直是不斷延伸，連綿不絕地繼承下來的。

本世紀之初，孫中山先生提出了「中國傳統，西洋精華，自己創見」的主張，認為「文明有善果也有惡果」，「取其善果避其惡果」。他創立的三民主義思想，是中國近代民主思想史上重大飛躍。他的民族主義思想吸取了中國從近代反抗西方侵略和民族壓迫的鬥爭實踐的經驗。

他的民權主義思想立足於對封建社會專制王權的批判，並借鑒西方資本主義的共和思想，進而提出了「天下為公」的思想。

變通的思維在孫中山時發展到頂點，賡即轉變成革命和革新。

廣東的政治家、廣東的商人都以通權達變著名。他們絕不拘泥於成規，而是審勢再定。

改革開放以來，廣東人再一次體現其思維的靈活性，為適應現代社會和趕上西方發達的工業社會，廣東人以務實的精神，再一次開創了風氣之先。

「文革」以前，廣東還是相當的貧窮落後，但廣東人在改革開放後能夠一躍而起，正是因其深刻的文化傳統和徹底的革新精神。廣東人不像北方人，較少儒家思想的浸染，而更多受港澳登陸後的西洋文化影響。因此當實行打開大門的政策後，廣東人首先脫穎而出。而他們擁有的經商傳統和商業精神使他們很快進入「商人」角色，迅速地取得顯著的經濟成就。

廣東人通權達變的最典型例子，莫過於「紅燈」之說。

廣東人說，改革開放十幾年來，廣東的發展是靠用活用足中央的政策，是「見了綠燈趕快走，見了紅燈繞著走」。廣東人強調，除了不能做的什麼都可以做。

廣東人的商業精神

廣東人致富發財的願望最為強烈。

這怨誰呢，明擺著鄰居有個香港。那裡的財富吸引了廣東人，廣東人的眼中放出希冀之光。

廣東人不來虛的，廣東人以務實著名。改革開放以來，港澳台華資為廣東經濟的大發展帶來空前良好機遇。廣東比鄰港澳，華僑眾多，祖籍廣東的華僑華人在二千萬左右，遍布世界五大洲，占全國華僑、華人總數的七成。在六百萬港澳同胞中，祖籍廣東的占八成以上，歸僑僑眷、港澳同胞的親屬約有二千萬人，美國的《時代》周刊認為廣東的經濟取得如此巨大發展，是海外華人大量對其投放資金，同時帶去技術，使得廣東經濟不斷飛躍，以致廣東創造出經濟奇蹟。在廣東的境外資金，很大部分都是華資，其中港資獨占廣東境外資金的鰲頭。至一九八八年，廣東全省的三資企業發展到三千多家，在前來汕頭投資的境外商人中，九成以上是祖籍潮汕地區的華僑、港澳同胞和僑胞。

除經濟特區外，廣東重點僑鄉中山、順德、東莞、台山、潮州、揭陽、汕尾、梅州、清遠等縣市，進入八〇年代以來，相繼升格為地區市。這些新興城市，都是在對外開放政策指引下，主要得益於僑資、港澳台資湧入而發展起來的。其經濟規模和城市建設都是以日新月異的速度在發展，它們是廣東經濟大發展的希望所在。

近十幾年來廣東人被外地人刮目相看，其取得的成功，很大程度上得益於廣東的「三來一補」企業及鄉鎮企業，這些企業的資金都是從外商手中引進過來的，這些財神爺為廣東創造了驚人的效益。以廣州為例，在廣州登記來華投資中，外資占社會固定資產投資總額的比重已從一九七九年七・三％提高到一九九三年三〇％左右。三資企業投資總額占全省比例達一八・七

%，位列全省第三位（第一位深圳，第二位東莞）。外資的進入，也為廣州經濟持續增長提供了海外市場。如今在廣州的外資企業滲透到工業各個部門，如廣州寶潔（日用化工）、廣州標誌（汽車）、廣州鋼鐵。第三產業中外資的滲透程度比工業有過之而無不及，都創造了巨大的經濟效益。

這些「三來一補」企業和鄉鎮企業，最富活力，其所具有的商業精神大都是港澳式的，更接近於歐美方式，他們對商業利潤的追求有一種鍥而不捨的精神。

廣東人有強烈的競爭意識。

廣東人把時間轉化為一種物質，注重實實在在的東西。為了追求自己地位和金錢上的滿足，必須在利益的驅使下進入一種「瘋狂」的競爭狀態。競爭之中，藏著變通、靈活和不拘形式。在工作中，廣東人也表現出一種競爭的精神，連新聞輿論傳媒領域，電台、電視台也成為爭奪觀眾的戰場。廣東的電台眾多，有珠江台、新聞台、廣州一台、廣州二台、廣東音樂台、廣東英文台、教育台等。電台為了適應聽眾的口味，每年都要進行節目大調整，特別在受眾參與性上下功夫，同時電台不斷換馬，用新面孔來樹立清新的聽眾感覺。廣東的電視台除了有兄弟台之爭外，還有來自港澳台的電視節目競爭，因此廣東本地的電視台只好引進港澳台的電視節目版塊以爭取觀眾。廣東的電器、食品等各式各樣的商戰一浪緊似一浪，大家都明白，誰在競爭中取勝，誰就獲得最大利潤。

競爭狀態下的廣東人，連走路都是快節奏的。

廣東人除了有競爭意識之外，還有一種開放意識。開放則表現出一種摒棄墨守成規束縛的精神。廣東人的開放，用俗話說就是「兼收並蓄」。

廣東人「兼收並蓄」面向的是市場：香港或巴黎的最新時裝剛出來，廣東人已經開始生產了。

外地歌星到廣州來搶灘，廣州人將他們包裝好，錄製好歌曲，又把他們推向全國。

廣東的商品形式和內在質量越來越精細，以致與國外商品都沒有多大差別了。

廣東的冰箱、空調、微波爐、熱水器、電鍋等家用電器，是用國外引進的生產線生產出來的，在國內市場占有相當大的分額。

廣東的人才不夠用了，於是來一個重獎人才，引進人才，引得「孔雀東南飛」。為了長期引進人才，廣東率先成立了全國人才交流引進中心。

廣東人的「兼收並蓄」瞄準的是有市場前景的商品。

廣東人的「兼收並蓄」是全方位的。除了商品外，還「兼收並蓄」域外文化，不過都是些品味不高的市民文化。

廣東人做事勤懇，耐心細緻，相當認真，肯吃苦，有不達目的絕不罷休的精神。但在做生意時比較勾心鬥角，玩弄心眼，見人說話。為謀厚利，敢做違法之事，如放高利貸、搶劫等。

廣東人沒有多少政治情結，商業情結較普遍。商品意識強，有濃厚的商業文化色彩。經商富於創新，不拘成見。

一句話，廣東人是「天生具有商品意識」的人。

七 有經商潛質的四川人

歷史上，四川人不愛經商。

德國人利希霍芬當然不會忘記對四川人作出十九世紀時的評價：

在人口過剩的四川，居民作為相鄰所有省份移民的子孫組成的混合體，集中了他們一切優秀之處，他們有高度發達的文化和強烈的自尊心，熱情而溫順，但沒有繼承先祖的商業精神。另外，引人注目的是，東西部的高山地帶，居住著蠻子、西蕃、玀玀等異民族，他們有的正在被漢族同化，有的還保持獨立。四川人性格詳述如下：

正如四川的山水是中國各省中最美的一樣，其居民除了局部以外，以其生活方式的精醇和性格的和藹，都是卓越的。與一般的中國人相比，其穿著較為清潔，保有秩序和禮儀的人較多。雖然他們對外國有不少的偏見，但可以看出，他們絕不是輕率淺薄地形成自己的見解，而是根據親身的體驗作出正確的判斷。……居民的生計主要靠農業、家庭手工業、小買賣業、舟船運輸業。他們也和全體中國人一樣愛錢，但他們所具有的不過是微弱的商業精神，於是，不得不把棉的輸入和絹、麝香、藥材、白蠟的輸出這種大宗買賣讓給有大商業精神的陝西人和江西人，把錢莊和當鋪讓給山西人。四川人在軍閥中也無大名聲，官場勢力也很微弱，但他們和十八省的有識階級處於同一水準之上。他們對中國固有書物學問的熟讀程度雖不突出，但理解力一點也不差……這個省的人安土重遷，在其他省份，很少能見到四川人。

四川的城邑與農舍截然不同，在其他任何省分，農村與城市的差別都沒有這麼大。中國人喜歡聚居，城市與農村相距不遠，其差異沒有性質上的，只是大小不同。但四川的居民分散居住，或者成為一個個小的群體。

看來利希霍芬也注意到四川人缺乏商業精神這一點。

與商業無緣的四川

四川歷史上是不產商人的地方。這是與四川獨特的歷史地理環境有關。

四川是一個「四塞之國」，一個典型的盆地，東邊是大巴山、巫山，北面是秦嶺，西面是邛崍龍門山脈，南面是大婁山、烏蒙山組成的一個嚴嚴實實的盆地邊緣區。

這種盆地地形極不利於四川與外省的聯繫，由於入川通道少，交通極不方便。故唐代大詩人李白對故鄉四川這種交通不便的狀況，發出喟然長嘆：「蜀道難，難於上青天」。

四川盆地對外交通不便，但盆地內卻地勢較平坦，而且河流眾多，土壤肥沃，雨量充沛，是農業生產的樂園。

幾乎中國所有的物產，四川都能生產。封建的自耕自足的小農經濟在這裡達到近乎完美的程度：人們生產出自己所需要的一切農產品，男耕女織，雖不很富庶，但也安心樂業。這種自給自足的小農經濟嚴重地限制了商業的發展，同時也嚴重限制了四川人的眼界。

二十世紀五〇年代，中央政府在川修建了寶成鐵路，然而附近的四川農民卻很不理解，說是我們四川的好東西都被火車運走了。他們留戀的，依然是昔日那種自給自足的經濟方式。

儘管如此，四川人還是有著商業傳統的。卓文君與司馬相如相戀之事千古傳名，由於卓文君父卓王孫不同意這門親事，卓文君毅然相隨司馬相如在臨邛街上做起飲食生意，「相如滌器，文君當壚」，成為千古韻事。卓文君的父親卓王孫就是當地一個經商致富的大富商。

魏晉六朝時，四川盛產茶葉，由於飲茶人多，四川還出現了經營「茶粥」的店鋪和茶館。晉人傅咸《司隸教》記載說：「聞南方有蜀姥作茶粥賣，為廉事打破其器具。後又賣餅於市，而禁茶粥以困蜀姥，何哉？」可見蜀人也有外出做生意的。

四川宋代出現了中國第一張紙幣交子，這種紙幣的出現與四川商業經濟的發展有關。四川的宋刻蜀本書籍在當時很有名，被認為是書中精品，很受士人喜愛。當時四川製茶、造紙、蜀錦、製漆器等手工業技藝相當高，物產又很豐富，照此下去，四川商業肯定能夠發展起來，四川人經商的積極性肯定也會起來。

但四川人的大商業精神最終未見顯露。四川人的商業精神被歷史扼殺了。

當宋代四川經濟正蓬勃發展時，蒙古軍隊鐵騎衝入四川盆地，與四川軍民拉鋸戰相持了十餘年，合川釣魚台一戰，四川軍民雖重創了蒙古軍隊，使大汗蒙哥負傷而逝，延長了南宋的壽命，但四川的經濟為此付出了慘重的代價。

明代四川經濟雖已恢復，商業也剛發展起來，李自成、張獻忠相繼率軍入川，橫掃川中，十數年的戰亂和災害，使得四川遍地餓殍，屍橫遍野，人口銳減。

清初，大批人口從「湖廣填四川」，這些內遷的湖北、湖南、廣東、福建人多是從事農業的客家人，他們本身都無從商的傳統。

四川的經濟，從盛到衰，反覆演變，四川人的商業傳統數次被中斷。

歷史將自給自足的小農經濟中好不容易滋生出的微弱商業精神給扼殺了。

明代後期和清初，陝西商人挾在淮揚積累的鉅萬家財揮師南下，爭奪四川最有厚利的井鹽。資本小、人數少的四川商人哪裡是陝西商人的對手，結果「川省各廠灶，秦人十居七八，蜀人十居二三」。只能拱手相讓，失去對本省商業至關重要的控制權。

陝西商人控制了四川井鹽，更是「如虎添翼」、「肥上添膘」，接連又爭奪和控制了四川茶葉、藥材、布帛等其他行業，四川商人只有招架投降的分兒。

陝西商人接著又控制四川全省的銀錢匯兌、存款、借貸、典當行業。四川成了陝西的「殖民地」。江西商人也乘隙而入，在四川從事藥材、木材等生意。

四川本地的商人根本未成氣候。

所以說四川人不愛經商，缺乏商業意識，是因為天府之國的產出大致夠四川人生活，似乎沒有必要背井離鄉去賺大錢。而且商業傳統又屢次被歷史中斷，人們也缺乏商業經驗。在古代，四川人去外地做生意的極少，而溝通四川經濟內外交往的卻是陝西人、江西人。

商業潛質

從很多方面看，四川都是一個缺乏商業精神的地方。

四川人生活在一種由四川盆地構成的相對封閉社會裡，這裡是「天府之國，地肥人勤」，這種小農寡國的儒家思想對四川人產生了很大影響。所以四川人長期保存著重農桑、尚節儉、不善商賈、敦厚誠實的古樸民風。所以四川人流行「生意錢六十年（指一代），種田錢萬萬年」；「千行萬行，莊稼為王」；「多樣味道不如鹽，千樣行業不如田」的俗諺。

在強調中庸、名分的儒家禮教文化薰陶下，在優越的自然環境中生活的四川人形成了一種安寧、和諧、知足常樂的性格特徵。雖然四川人自強，但當生活部分得到了滿足時就開始注重安寧穩定，缺乏發展開拓和競爭意識。儘管四川人進取心比較強，但又企求較大的心理安全感，不願走出自己熟悉的環境。常囿於自己所熟悉的環境而心滿意足。

四川人對生活的要求不是很高，他們滿足於小康生活，能夠填飽肚皮，生活還算富足，就能使四川人產生極大的滿足感，他們陶醉於「穀滿倉，酒滿缸」的生活，不願擴大生產規模，不想也不急於尋找各種經營致富的途徑。認為「知足者常樂」。

所以有人說「四川人沒有做老闆的相，只配做打工仔」。從某種角度來講，這句話是有幾分道理的。四川人勤勞儉樸，做事心細，這是勞動者的良好素質，但四川人又怕競爭，不願擔風險，所以四川人缺乏商業精神。從古至今，四川一直商業不發達，缺乏商業氣息，與四川人不願競爭，滿足於小康生活有關。另外，四川人重親情薄利益的性格也使他們對商業利潤不太感興趣。他們一般不會為了商業利潤而離鄉背井告別家人在外經商。

但四川人又是一個有商業潛質的群體。這不是與前面所說的矛盾嗎？並不矛盾。

四川人大都是客家人的後代，客家人的特點在他們身上有充分的表現，如安土重遷，講求親情，勤勞樸實，腳踏實地。但客家人又是一個移墾群體，他們富有開拓精神，有不達目的誓不罷休的執拗勁。

如果說四川人缺乏商業精神，那是歷史與過去。客家人移徙到四川，發現四川是比他們所經過的所有地方更適合農業耕作，他們當然要把四川作為首選居留之地。他們不再對外省感興趣，一心忙著自己的家業。加之他們又沒有商業傳統，自給自足的小農經濟當然足以使他們心滿意足。

但是進入現代工業社會則不同了。最初外出打工的四川人基本上是百分之百都要返回家鄉的，他們只求在外掙點活錢，使生活過得輕鬆一些。周圍大家的生活水準都相似，發財的欲望並不強烈。

但他們在打工的過程中，發現財富竟然是分布很不平均，他們對貧富懸殊的現象有了了解，商業經營的願望開始逐步產生。九〇年代初，據某社會學家對四川廣漢縣一百名在廣東打工的青年調查：當問及今後的打算時，五成的人回答想回家結婚生孩子，四成的人想掙夠了錢回家做點小買賣，一成的人想繼續在外面闖。

五成對五成，一半對一半。就是說四川打工仔中有一半的人願意從商了。

這對四川人來說，是一個量變。而四川人缺的就是量變，量變到一定規模，就會產生質變。

四川人無論在軍隊還是在大學，都比較受歡迎，這不僅是四川人實幹、能吃苦，而且還在於四川人有頭腦、有衝勁。拿一位高校招生的人士說：我們願意招四川學生，四川學生哪怕分數低一點我們也願意，因為四川學生有後勁。

四川人有後勁，這是許多地方的人公認的，這種後勁，就是來自客家人那種不屈不撓，百折不回，不達目的誓不罷休的幹勁。拿現在比較時髦的話來說：一個人在事業上能否取得成功，除了看他的智商之外，更重要的是取決於他的情商。所謂情商，就是人們控制自己感情、控制自己行為的能力。四川人就是情商較高的群體。這些就是四川人的潛質。

四川人經商潛質還表現在四川人追逐時髦的勁頭、對新生事物感興趣的勁頭上。在這一點上，四川人具有浙江人那種順應時代潮流的特點。尤其是四川城市居民。

四川人的服飾，在全國來說都是比較新潮的，而且更新換代的速度在逐步遞增；過去時興上海服裝，後來覺得上海服裝不夠時髦，繼而又時興廣東服裝，後來覺得廣東服裝也不夠時髦，又直接時興起香港等地服裝。

四川人對炒股票的熱情是名列全國的。當股票一級市場剛興起時，成都的紅廟子股票市場被國外新聞媒體稱之為「世界最大的股票黑市市場」。四川炒股人數之多，上市企業之多，僅次於上海和深圳。

四川人對炒郵票也是如癡如迷，成都是中國四大郵市之一。

四川人什麼都炒，炒產權、炒房地產、炒期貨、炒骨董、炒字畫。

四川成都是全國四大音響中心之一，全國四大書畫市場之一，全國四大書刊市場之一。

四川人是客家人的後代，客家人那種深藏著的開拓冒險的精神，一旦被激起來，四川人就會擁有商業精神。有後勁的四川人中就會產生大商人。這種趨勢已經顯露。

全國最大的私營企業集團希望公司已在四川出現。第二大的通威集團也是四川的。

全國最大的彩電企業長虹公司，最大的摩托車公司嘉陵公司都相繼崛起，中國彩電行業的兩次大戰，都是由長虹公司發起的。

全國最新排名的十大私營企業富豪，四川不僅榜上有名，而且還有幾位。

當然四川人的商業精神是泛指而言，在四川各個地方是很有差異的。

四川大巴山區即川東北一帶，人民性格樸實憨厚，而憨則近於愚。離商人要求相差甚遠。

川東人有冒險精神，敢打敢衝，頗似福建人。其中不乏類似牟其中的大商業家。

川西人精明能幹，有些類似上海人和浙江人，但在計算上不如上海人，在冒險和吃苦耐勞方面又不如浙江人。其趨厚利的本性，又類似安徽商人和山西商人、寧波商人。

川北人大都具有傳統客家人的習性。安土重遷，且商品經濟不夠發達。此地是出政治家的地方，出大商人的可能性目前不大。

「在川一條蟲，出川一條龍」，四川人只要走出夔門，就會丟掉自己身上的惰性，煥發出生活的激情，聰明才智也就會展露出來。

四川人在商界的崛起指日可待。

八 期望不高的江西人

同樣，德國人利希霍芬對江西人也有一個評價：

江西人與鄰省的湖南人明顯不同，幾乎沒有軍事傾向，在小商業方面有很高的天分和偏愛，掌握長江中、下游地區的大部分小商業。湖南人沒有商人，而軍事思想精神十分突出。江西則缺乏軍事精神，取而代之的是對計算的興趣和追求利益的念頭發達。江西人和山西人、廣東人一樣善於算計，但僅限於做小商人，開雜貨店。金融業屬山西人，大商業屬廣東人，江西人在做小買賣方面才能卓越。他們沒有湖南人那種剛健，也缺乏可以博以好感的浙江人的柔軟，他們最明顯的表現為「心胸狹窄的利己主義和冷酷的小家子氣」。

對於江西人的商業精神評價基本是準確的，但最後的結論顯然欠妥。

缺乏進取的商人

歷史上，江西商人是一個較有影響的地方性商幫。說它很有影響，並不是說江西商人如何了不起，而是說江西商人的從業人數多，活動範圍廣，從業項目多。僅此而已。

江西商人多，但都是些小商人。

江西商人經營的項目多，但都是利薄的小商業。

江西商人多是小本買賣，難成氣候。這並不是江西商人不肯吃苦，也不是江西商人不善於經商，當然更不是江西人腦袋笨，而是江西人有許多觀念是與商業原則背道而馳的，有些做法是與商業精神相矛盾的。

江西商人是江西流民運動的產物，大多數人都是從流民時開始經商的。由於流民都是些窮人，文化水準低，資本小，所以都是些小買賣。大多數只能聊以維持生活。

有些商人本來具有經商素質，頭腦較活，文化素質也不錯，但他們就是發不了大財。

這個問題的癥結就在江西人的觀念上。

江西人經商觀念不僅守舊，而且迂腐。

他們知足常樂。有些商人掙了一點錢，不思更大的發展，而是趕快去買地，當土財主，過安穩日子。還有人掙了一點錢，就忙著縮小經商規模，整日看書。

再者就是將所積聚的一些資本不是投於產業或擴大商業規模，而是投給宗族修祠堂、祠廟、續修族譜或購置族田族山等宗族財產。這些錢一用，也就沒有資金來擴大商業規模了。

還有的是將所積聚的資產散給鄉鄰或宗族成員，他們重親情、鄉情超過了對利的看重。這些商人很少有當大商人的野心。

江西人經商所出現的這些現象，在其他商幫中很少看見。

江西人也是客家人居多的群體。江西這個地方是受中國封建儒家禮教影響較大的地方，因為遷徙到江西的客家人，以晉、唐北方中原家族居多，他們是中國傳統思想的正統繼承人。遷徙到江西，自唐至明，江西相對安定，糧食產量是當時全國最高的省份之一，相對穩定安適的生活，使江西人能在中國封建禮教思想的浸蝕下去進一步發掘和深化中國傳統儒學，讀書風氣盛行，詩書禮儀之邦到處皆是，其間，朱熹、二程、王陽明等大儒家相繼出現，其理論被朝廷所賞識，成為制約中國勞動人民的封建枷鎖。這些大儒家因被賞識而被重用，讀書入仕「封官進爵」的政治情結在江西普遍存在。江西人的人生道路是從一生下來就已確定了，那就是：讀書做官。

江西安樂縣流坑村就是一個很典型的例子。流坑村始建於唐五代開平年間，全村人都姓董，自稱是西漢大儒董仲舒的後代，是唐末戰亂時由安徽遷到江西的。這個村讀書習文，蔚成風氣，千年不息。該村文化名人燦若群星，先後有進士三十二名，文武狀元各一名，會元一名，解監元十名。封號男爵二名，師保六名，舉人不計其數。兩宋之間是流坑科舉仕官的鼎盛時期，上至宰相、尚書，下至主簿、教諭竟達一二百人。據說這個流坑千年不敗，其繁榮昌盛，先靠科舉，後靠工商。

流坑的情況是江西的一個縮影。

江西人的政治情結後來被歷史的演變而抑制住了。

由於明代江西人口大增，土狹人稠，無法謀生，江西民眾無奈只好中斷儒業，放棄農耕，流往省外，經商謀生。

但他們心中的政治情結始終難以去掉，因此謀生經商都是半心半意的，是他們無奈的一種選擇。而有政治情結的這幫江西人又都是江西人中素質較高之人，是有可能當大商人的群體，但他們並不是真心實意要在商業上作大發展，而只是經由經商這種形式謀生，再為宗族作出貢獻，這是無可奈何的「光宗耀祖」。

流坑村中有百座大小祠堂，數十座大小書院，加上狀元坊、魁元坊等表功性樓房，玉泉閣、魁星閣、三官殿等神社建築之類三十棟樓房，其規模頗為壯觀。

而且流坑村的族譜從南宋初年一直到一九三八年，續修不斷，非常完備。

流坑村中宗族的祠廟、書院等財產，續修族譜的經費是從哪裡來的？

這就是江西商人的錢。

經商半心半意，積聚下來的商業資本又拿去給宗族「光宗耀祖」去了。江西商人又怎麼能夠成為大商人呢？

江西人的商業氣質

江西人經商比較謹慎，不輕易許諾。

由於江西人頭腦中的傳統觀念較強，他們比較追求正統的做法，不願意冒風險。求穩是他們中的一個普遍心理。

親戚朋友之間的借款借貸，都要立有字據，他們認為帳應算在明處，也就是人們所說的「親兄弟，明算帳」，該支付的利息是一定要支付的。

江西人經商比較務實，做生意不玩花樣，他們不喜歡誇海口，不喜歡夸夸其談的生意人，他們常從心裡排斥這些人，不願與這些華而不實的人打交道，更不願意在一起做生意。

江西人做生意，一般是按部就班朝目標前進。人們很少想到或使用到盡快致富的方法，對於「暴富」和「暴利」他們敬而遠之，自己也從不去打算仿效實行。

一般來說，在生意場上，江西人對利不太貪，也不會因為利而去做整人坑人之事，在背後來暗箭，或者落井下石，或者設下圈套讓人去鑽的事基本不做。

做一筆小生意，江西人是好的生意夥伴，但做大生意則需要多加思量。倒不是江西人要在中間施壞，坑蒙拐騙，而是怕江西人猶豫不決或者疑心重重延誤了商機。

九 有實力但須改進的湖北人

德國人利希霍芬對湖北人的評價很簡短：

湖北的居民主要是農民，其商業委之於山西人和江西人，運輸業讓給了浙江人和湖南人。

大概利希霍芬覺得在湖北做生意的商人都是外省商人，對此印象深刻，才有此種評價。應該說，利希霍芬這位老外，眼光倒是敏銳，到湖北溜一圈便看出湖北人的某種主要特徵，那就是商業精神薄弱，不太熱中經營商業。

經商沒有興趣

湖北人對經商沒有多少興趣。這是一件令人奇怪的事情。

要說人，湖北人夠聰明的，腦袋很好。可以想像湖北位處華中，三教九流，各省人士盡聚其中，這樣的環境自然要培養出聰明人來，關於湖北人聰明的說法比較多。如「唯楚有才」、「湖北人鬼」，這些說法是早就聽人說過。最令湖北人滿意而讓江西人不滿意的，就是清末民國初年流傳的「天上九頭鳥，地下一個九江佬，三個九江佬，抵不上一個胡北佬」的俗話了。

這句話一定是吃了湖北人和江西人虧的人所說的。當然，在湖北吃的虧最大，所以才編出這麼一個順口溜來又褒又貶湖北人與江西人。

要說地理環境，湖北省的地理位置沒有其他省能比：位處中國腹地和長江中游，周鄰九省，是九省商品的集散地，省府武漢有「九省通衢」之稱。省內河流湖泊密布，陸路如蛛網交錯；江漢平原沃野千里，良田萬頃。能說這種自然環境不好嗎？

但湖北歷史上就是沒有商人，更沒有什麼很著名的大商人。

漢口最先的建成，不是湖北人，而是徽州人，是胡適的前輩。他曾說：「漢口雖由吾族開闢，而後來亦不限於此鄉。」

沿長江一帶的湖北城鎮中都是徽商在活動，如湖北黃陂縣一城之內半數都是徽人。黃梅、京山等縣的商業都控制在徽商和洞庭商人手中。

山西票號也紛紛在湖北漢口等地開分號、開當鋪。

寧波商人更是充斥漢口，壟斷漢口的水產海味業和銀樓首飾業、夾板船航運業。此外還經營火柴業、水電業、雜糧業、洋油業、五金業、銀行業。清末時漢口的頭面商界人物都是寧波人。沙市也是寧波商人的天下，經營的行業與漢口相似。

明清時期，包括民國時期，湖北省的商業都是外省商人控制著，湖北成為這些外省商人的「殖民地」。

湖北人似乎也不在意自己的商業市場被瓜分，他們對有錢的富商生活有些羨慕，如對徽商的那種「儒商」生活是從心裡羨慕，但也只是稍有羨慕而已。對於有錢的土老財晉商卻懷著一種鄙視之心，並不因為晉商的錢多而羨慕或曲意奉承。漢口當地俗呼晉商為「老西」或「侉子」，鄙夷之情溢於言表。一個對商人並不懷有多少敬佩之情的群體是不會去熱心經商的。

湖北人不熱心經商，可能與別人對他們的戒心有關。姑不論「九頭鳥」一說是褒是貶，但此種民諺具有一種提醒外省人注意湖北人的作用。內在含義很明顯，與「湖北佬」打交道要多長幾個腦袋，否則就不能勝算。國學大師林語堂在《吾土吾民》一書中評價湖北人說：「在漢口的南北，所謂華中地區，是信誓旦旦卻又喜歡搞點陰謀詭計的湖北人，被其他省市人稱作『天上九頭鳥，地下湖北佬』，因為他們從不服輸，他們認為辣椒要在油裡炸一下，否則還不夠辣，不好吃。」

看來林語堂老先生對湖北人懷有很深的戒心，連炸辣椒都當成一個證明。的確，與湖北人接觸多了後，對湖北人的做法常有不贊同的感受。總覺得湖北人老想利用別人，再就是覺得湖北人與人交往不夠義氣、不夠坦誠。

中國的商人雖然唯利是圖，追逐利益，但中國人畢竟生活在中國這個儒家思想浸泡過的國度裡，中國商人的經商前提就是符合顧客的心意，使顧客心理上不產生排斥感。所以無論中國哪個省的商人，都要講「商德」，都要講做生意的良心，都要講「誠信」，只有這樣，才能將生意正常做下去。如果不能使生意對方或顧客產生信任感，甚至讓他們產生心裡排斥的感覺，那生意就做不成。大概湖北人不願經商是因為外表不老實，腦筋轉得快，顧客與生意對手不放心的緣故。

湖北人本意也許是想經商的，但別人懷有戒心，就不好做生意了。一次生意做不成，還接著做第二次，但是如果十次只做成一次或一次都做不成的話，誰還願意繼續做下去呢？湖北人是聰明人，看到這種情況，他絕不會再去浪費精力了。

腦筋轉慢一點

湖北人現在喜歡經商了。

改革開放以來，全國形成了「經商熱」，既然全國都在經商，聰明的湖北人也要經商，而且經商業績還很不錯。

剛開始經商，大家都是在「啟蒙」，經商的人魚龍混雜，奸商也多，不懂市場的人也多，湖北人正好露一手，在大家都摸不準對方底的時候，湖北人總算是「英雄有用武之地」。漢正街「小商品一條街」迅速崛起，街上那些個體戶很快富有起來，資產上百萬的人多得是。漢正街是十華里長街，全是小商品批發，當時在全國算是最大的小商品批發市場，南北商人雲集於此，一九九〇年統計，平均每天交易貨款達五．一億元。改革剛剛起步的年代，就有如此成績，實在令人佩服。這條街上就有不少的湖北人在經商，資產在百萬元以上者比比皆是。

但是湖北人容易「聰明反被聰明誤」。湖北又是一個市場競爭極不規範的地方。

據報載，武漢的武聖路文化市場的盜版書速度之快令人難以置信，往往新書剛剛上市，盜版就出場了，並且折價低於正版書的幾倍。當時《獅城舌城》、《廢都》等都是以定價的四分之一批發的。不僅文化市場如此，其他的「水貨」市場也多。人一旦利令智昏，就要出問題。

湖北人如果將聰明用於正道，那是沒話說的，但如果湖北人將聰明用歪，用在邪路上，那危害也是不少的。在市場經濟不規範的情況下，在貧富差別開始懸殊時，在生意對手頭腦不是很好用時，稍微產生一絲邪念，都可能導致湖北人的威信受損的事情發生，坑、蒙、哄、騙，就使得商業信譽直線下降。在湖北人中，這種人還不算少。難怪有位到武漢談生意的河北商人說，到湖北做生意得格外小心謹慎，不然上當了還不能說，即所謂「啞巴吃黃連——有苦難申」了。這當然也許言過其實，但多少是有親身體會的。

所幸的是，湖北人是聰明的人，不會不注意到自己整體的形象。目前「漢貨精品」的戰役序幕已經拉開，全國各大商場正翹首以待。

湖北人，只要把腦筋轉慢一點，多想想市場規則，多想想中國傳統的「商德」，就一定會在中國商場中迅速崛起。